全国高职高专公共课程"十二五"规划教材

计算机应用基础教程

（Windows 7+Office 2010）

侯冬梅　主编

钱国梁　副主编

张海丰　刘乃瑞　编著

中国铁道出版社有限公司

CHINA RAILWAY PUBLISHING HOUSE CO., LTD.

内 容 简 介

本书包括 8 章，分别介绍了计算机基础知识、中文 Windows 7 及其操作、中文 Word 2010、中文 Excel 2010、中文 PowerPoint 2010 的基本操作。在介绍知识点的过程中穿插了大量案例和各种操作技巧；然后介绍了 IE 8 浏览器的主要功能及搜索引擎的使用方法；最后介绍了计算机网络与 Internet 基础；每章后均附有课后作业。

本书内容丰富、知识面广、简明易懂，重点突出对学生实践动手能力和解决实际问题能力的培养，强化职业技能训练。

本书可作为应用型本科院校、高等职业院校、高等专科院校及成人高校相关专业的教材，也可供相关培训课程使用。

图书在版编目（CIP）数据

计算机应用基础教程：Windows 7+Office 2010/侯冬梅
主编. 北京 ：中国铁道出版社，2012.7（2019.7 重印）
（全国高职高专公共课程"十二五"规划教材）
ISBN 978-7-113-14782-2

Ⅰ. ①计… Ⅱ. ①侯… Ⅲ. ①Windows 操作系统—
高等职业教育—教材 ②办公自动化—应用软件—高等
职业教育—教材 Ⅳ. ①TP316.7 ②TP317.7

中国版本图书馆 CIP 数据核字（2012）第 108408 号

书 名：	计算机应用基础教程（Windows 7+Office 2010）
作 者：	侯冬梅 主编

策 划：秦绪好		读者热线：（010）63550836
责任编辑：赵 鑫 何 佳		
封面设计：刘 颖		
封面制作：刘 颖		
责任印制：郭向伟		

出版发行：中国铁道出版社有限公司（100054，北京市西城区右安门西街 8 号）
网　　址：http:// www. tdpress. com/51eds/
印　　刷：三河兴达印务有限公司
版　　次：2012 年 7 月第 1 版　　2019 年 7 月第 15 次印刷
开　　本：787mm 1092mm 1/16　印张：17.75　字数：431 千
印　　数：38 001～39 000 册
书　　号：ISBN 978-7-113-14782-2
定　　价：35.00 元

《计算机应用基础教程（Windows 7+Office 2010）》是中国铁道出版社聘请多名富有一线实践教学经验和项目实施能力教师精心打造的实用教材。本书从工作岗位对办公软件通用技能的要求着手，结合日常学习和生活对计算机应用的需求，采用"需求是什么——属于哪类操作能够解决的问题——如何操作——利用这些操作还可以满足哪些实际需求"的编写理念，注重读者应用技能的全面提升，更加注重结合各种情景分析解决问题的思路、方法和步骤，而不是简单的任务驱动式步骤操作，对于读者解决实际问题的能力有很大的提高和帮助。

全书共分为8章，各章节的主要内容如下：

第1章 计算机基础知识，主要介绍计算机软件、硬件系统的基本组成、数字技术与信息存储的基本原理、多媒体计算机和计算机的性能指标，最后着重介绍了计算机病毒与防治的安全意识建立。第1章所讲述的内容，主要强调用户正确认识和理解计算机的工作原理，培养用户正确使用计算机的科学素养，在讲述内容上还兼顾了全国计算机等级考试一级大纲中对基本知识的要求。

第2章 中文Windows 7及其操作，从基本操作方法入手，介绍了视窗操作界面的组成、操作方法，主要介绍了Windows 7文件和磁盘管理、使用库管理文件的方法，以及通过控制面板进行系统维护的常用技术，希望通过对这些知识的介绍，能够基本解决非计算机专业用户在安全使用和维护系统正常工作方面的烦恼。

第3章 Word文字处理软件，本章比较全面地介绍了文字处理中的文字排版技术，并对表格、图形、图像、数学公式、邮件合并技术进行了介绍。本章主要以解决实际案例中的问题导入知识，不仅仅强调解决问题的操作步骤，更强调在解决问题时介绍和归纳操作方法和思路，同时介绍了大量高效、实用的操作技巧和思路，希望读者在学习过程中可以很快提高使用Word工作的效率。

第4章 Excel电子表格软件，从基础知识入手，由浅入深地介绍了电子表格的使用。本章精心编写的12个案例均来源于工作、生活的实际需求，通过案例讲解了Excel的基本操作，包括工作表的创建、工作表的编辑、工作表的格式化、公式与函数的使用、数据的图表化以及数据的管理和分析。

第5章 中文PowerPoint演示文稿制作软件，采用一个综合案例贯穿全章，基于制作演示文稿的工作过程，分解为17个子案例，采用边提出问题边分析解决问题的思路，通过主要的操作步骤介绍PowerPoint常用功能及适用场合，提高读者解决实际问题的能力。

第6章 浏览网上信息，本章着重介绍IE 8浏览器的使用，IE 8与以往任何一个版本的IE有了显著的变化和改进，一些特性可以说是革命性的，这些新特性主要包括5项：新界面、选项卡式浏览、搜索、RSS订阅源、安全性等。本章通过工作、学习、生活中的多个案例介绍了IE 8浏览器的主要功能及操作技巧。

第7章 搜索网上信息，本章重点介绍常用搜索引擎的使用方法及操作技巧，主要讲述了利用搜索引擎搜索不同类型的文件及图片的操作方法，使读者解决实际问题的能力得以提高。

第8章 网络技术基础，以家庭和小型办公网络为应用情景，首先介绍必备的网络基础知识，而后围绕情景设计了接入 Internet，组建家庭无线局域网，使用简单的网络命令检测、解决网络故障等多个案例。每个案例着重分析问题产生的原因和解决问题的切入点，配有示范性的操作步骤，并进行进一步的补充和拓展，全面提升读者解决实际生活中遇到的网络问题的综合能力。

本教材从计算机应用技术的实际出发，结合大量实例，讲述操作过程及使用技巧，针对"高职"层次特点，按照"少理论、多应用"的思路，使初学者少走弯路、快速进入信息社会。全书内容特点为图片和文字相结合，通俗易懂，而且所有内容都经过了上机测试。全书层次清晰，由浅入深，内容丰富，案例众多，图文并茂，通俗易懂，便于读者学习。本教材可作为应用型本科院校、高等职业院校、高等专科院校及成人高校相关专业的教材，也可供相关培训课程使用。

本书由侯冬梅教授担任主编，由钱国梁副教授担任副主编，张海丰、刘乃瑞讲师编著，由侯冬梅教授组织编写并统稿。第 1～3 章由钱国梁副教授编写；第 4 章由刘乃瑞讲师编写；第 5 章、第 8 章由张海丰讲师编写；第 6 章由谷新胜高级工程师编写；第 7 章由侯冬梅教授编写。

由于时间仓促及作者水平有限，书中难免有不妥之处，敬请广大读者提出宝贵意见和建议，我们会在适当时间进行修订和补充。

编者
2012 年 3 月

计算机是一种能够高速自动进行信息处理的电子设备。迄今为止，人类发明了许多的机器设备，例如汽车、飞机、起重机、望远镜、雷达等，所有这些设备都大大拓展了人脑的功能，使很多人们想到而不能做的工作变得容易实现，极大地改变了人们的工作和生活状态。现如今，在人们的生活环境中有一种知识经济的新概念，它说明生产生活越来越依赖掌握知识、提高能力水平并由此获得收益，计算机应用能力无疑是人们快速获取知识并高效工作最重要的支撑技术。所以，学习计算机应用技术，能够最大限度地延伸人们的脑力，也相当于间接提高人们的智力和技术水平。

1.1　计算机发展历史

1.1.1　计算机的发展史

美国于 1946 年研制成功第一台名为"ENIAC"（读做"埃尼阿克"）的电子数字计算机，代表着第一代电子计算机的诞生。

从组成计算机最主要的电子器件看，第一代电子计算机以电子管为主要元件。随着电子材料、电子技术的不断更新和发展，组成计算机的主要部件不断更新，又经历了第二代晶体管计算机、第三代中小规模集成电路计算机，发展至今已经是第四代大规模和超大规模集成电路计算机。纵观计算机运算速度变化，从最初的每秒运算 5 000 次达到现在每秒上万亿次的运算速度；计算机的软件技术也从需要掌握机器语言编程才能操作计算机，发展到在计算机中配置了极其丰富的软件系统，即使非专业人员也可以轻松使用计算机解决各自的工作难题。

目前使用的计算机仍然属于第四代电子计算机。未来计算机将朝着几个方向发展：一边是承担海量工作任务的计算机朝巨型化发展，一边是个人计算机越来越微型化；所有计算机都朝网络化、多媒体化和智能化方向迅猛发展。

1.1.2　计算机的主要特点

计算机有以下几个主要特点：

1. 运算速度快

现代最快的计算机工作速度已经可完成每秒上万亿次运算。正是由于计算机如此高速工作的特点，使得计算机即使用最笨的方法进行复杂计算，其速度也是人类所望尘莫及的。严格地说，计算机本身是一个没有任何灵性和智能的机器设备，但是由于它的高速度，使得计算机能够帮助人类实现很多人们靠自身力量难以完成的任务。

2. 存储信息能力强

首先是现代计算机存储信息的能力非常强大，用海量存储描述并不过分。第二是其存储信息极其可靠，信息保存多年都不会丢失。再有就是存储信息速度极快，一台普通的 PC 计算机中的存储设备，可以在很短的时间内轻松转存数万本书的信息。利用其存储的这些特性，可将大量信息资料转换存储成计算机中的数字信息。

3. 可靠的逻辑判断能力

在计算机进行信息处理和计算过程中，经常要进行大量的逻辑运算，由于其工作全部都是靠人造的电子设备实现，出错概率近乎为零。

4. 工作自动化

计算机由于工作速度极快，通常人们利用这个特点把要让计算机完成的工作方法以计算机程序的形式保存到计算机中，只要启动了计算机工作的程序，计算机就会按照人们事先编制好的程序自动从头到尾地完成全部工作。

1.1.3 计算机的主要应用

人类最初研制电子计算机，仅仅是为了使它承担工程中繁重的计算任务。现在的计算机在人们的生活中承担的任务数不胜数。可以这样说，现代计算机改变着人们的生活，如果没有计算机，今天的很多高新技术将不可能成为现实，人们的生活水平也远达不到现在的高水准。从计算机承担的工作来看，计算机主要的应用表现在如下几个方面：

1. 科学计算

这里所说的科学计算是狭义的计算，是强调完成非常复杂或巨大工作量的计算任务。比如现代天气预报是对大量数据进行极其复杂计算得出预报结果，如果离开计算机，人们几乎无法完成这样大量的计算工作。类似的工作还有很多，正因为借助电子计算机高速工作的特点，使过去很多无法实现的工作在今天可以轻松实现，计算机在工农业和科学技术领域产生了极大的经济效益。

2. 自动控制

自动控制是指在没有人直接参与的情况下，利用计算机与其他设备连接，使机器、设备或生产过程自动地按照预定的规则运行。机器人能自动完成人类要求的预定工作，就是借助计算机的自动控制功能实现的。程控电话能够实现自动控制系统，完全依赖计算机自动完成，如果没有计算机自动控制的参与，电话、手机不可能发展到今天如此快捷方便的程度。

计算机之所以能够自动控制其他设备，是因为人事先给计算机编制了相应的控制程序，利用计算机程序能够自动工作的特性，使计算机可以完全代替人工自动完成人们要求的各项工作。

3. 信息处理

信息处理是指对大量数据进行各种处理的过程，这是今天世界上多数计算机正在承担的工作。比如现实生活中的很多诸如图书馆管理系统、财务管理系统、网络查询信息等，大都借助计算机来实现的。

4. 计算机辅助系统

计算机辅助系统是指借助计算机能够进行计算、逻辑判断和分析的能力，帮助人们从多种方案中择优，辅助人们实现各种设计工作。根据计算机辅助人们完成的工作分类，常见的计算机辅助系统有：

（1）计算机辅助教学，简称 CAI。

（2）计算机辅助设计，简称 CAD。

（3）计算机辅助制造，简称 CAM。

（4）计算机辅助测试，简称 CAT。

5. 人工智能

人工智能是指利用计算机能够存储、获得并使用知识的特性，通过应用计算机的软硬件模拟人类某些智能行为。比如计算机模拟医生的疾病诊断系统、计算机与人下棋陪人娱乐等，都是现在人工智能的研究成果。虽然人工智能发展缓慢，但它是未来计算机重要的发展方向。

6. 计算机网络应用

计算机网络是指将有独立功能的多台计算机，通过通信设备线路连接，在网络软件的支持下，实现彼此之间资源共享和数据通信的系统。由于有了计算机网络系统，使得各个计算机不再孤立，由此大大扩充了计算机的应用范围。比如借助网络互相传送数据、网络聊天、下载文件等，极大地缩短了人与人之间的"距离"。

1.2　计算机系统组成

传统上把计算机组成分为计算机硬件系统和软件系统两大部分。

计算机是人研制出来模拟人脑工作原理的机器设备，其组成和工作原理难免会打上人的烙印。计算机硬件是组成计算机的全部物质实体部件，相当于人的全部身体器官。软件则是计算机工作中用到的全部技术方法和必要的数据资料，相当于人进行脑力思维时所用到的各种知识和思维素材。

1.2.1　硬件系统基本组成

传统上把计算机硬件系统分成五大部分：

（1）运算器：是计算机进行算术和逻辑运算的设备，一切算术运算和逻辑测试工作都由运算器承担，它相当于人类大脑完成思维活动的部分。

（2）控制器：是对计算机其他全部设备进行控制，使计算机整体能够协调工作的部件。控制器控制各个设备工作，依赖于人们提供给计算机的程序指令，程序指令必须经过控制器，然后再由控制器发出信号控制其他设备工作。控制器相当于人的小脑，犹如身体的一切行动由大脑意志（运算器）决定，小脑（控制器）控制相应肢体完成任务。

在计算机制造过程中，通常把运算器和控制器做在一块集成电路芯片上，统称为中央处理器或中央处理单元，英文简称 CPU。

（3）输入设备：是计算机接收外界信息的设备。常用的输入设备有键盘、鼠标等。人脑思维需要首先了解的外界的信息作为素材，对应人获取信息用到的眼睛、耳朵等器官。

（4）输出设备：是计算机把处理信息的结果传输到外界的设备。常用的输出设备如显示器、打印机等，相当于人工作时说话的嘴或书写的手等。

（5）存储器：是计算机存储程序和数据的设备。存储器分为内存和外存两大类。

内存：是计算机存储信息和程序的设备，实现相当于人脑中用于记忆的部件。计算机内存全部是由集成电路芯片组成的，它在存取信息时完全通过电信号在电路中变换实现，不需要任何机械运动，所以速度非常快，远远快于硬盘等由磁盘片机械转动实现存储的设备。

外存：也称为辅助存储器，常用的外存有硬盘、光盘、闪存盘等。外存储器是 CPU 不能直接访问的存储器，用于长久地存放大量暂时不用的程序和数据。存取外存中的信息需要经过内存。

为了更好地使用计算机，应该熟知和理解内存和外存的几个基本常识：

① 内存一般存储容量远远小于外存，内存工作时存取信息的速度远远快于外存。

② 信息必须首先调入内存才能被计算机使用或处理。通常启动一个软件就是把其程序调入内存然后执行；打开一个文件也是把该文件中的部分或全部信息调入到内存中供使用。这就如同知识进入人脑才能够被使用一样，书本上的知识如果没能进入大脑，其中的信息是无法被使用的。

③ 内存中的信息一般情况下断电后会丢失，外存中的信息则在断电后依然被保存着。

人们把 CPU 与内存之和也称为主机，相对人来说就是"大脑"，"大脑"以外的全部设备统称为外部设备。

如果一台计算机具备了全部硬件而没有安装任何软件，就如同一个人有了全部身体器官而没有任何思想和知识，对人来说近乎植物人，对计算机来说这样的机器被称为裸机。

1.2.2　软件系统的基本组成

通常人们说的软件是指计算机工作过程中用到的程序、数据和各种信息资料。程序是人们事先编制好能够让计算机按照人的意志实现特定任务的数据和指令序列。计算机之所以能做各种工作，是因为计算机中具有了人类已经为计算机编制好的程序。软件系统是计算机工作时"活的灵魂"，是计算机系统的重要组成部分。

计算机系统的软件分为系统软件和应用软件两大类。

系统软件是指由计算机生产厂商为计算机提供的基本软件。最常用的系统软件有：操作系统、计算机语言处理程序、数据库管理程序、网络通信软件、各类服务程序和工具软件等。系统软件不能满足用户使用计算机的最终需要，但是满足用户最终需要的软件必须依赖系统软件提供的支持才能正常工作。

应用软件是指用户为了自己特定的业务应用而编制的专用软件。为了进行图书管理开发的图书管理系统，为了进行文字处理开发的 Word 文字处理软件，为了娱乐而开发的各种游戏软件，都是为了特定应用需要开发的专用软件。几乎所有行业都需要依赖计算机解决各自不同的应用问题，人们的需求又多种多样，所以应用软件的数量极其丰富。所有解决用户最终问题的软件都属于应用软件。

系统软件依赖于机器，而应用软件则更接近用户业务。

计算机中几种常用的系统软件有：

1. 操作系统

操作系统（Operating System）是最基本、最重要的系统软件。它负责管理计算机系统的各种硬件资源（例如 CPU、内存空间、磁盘空间、外部设备等），具体工作有：

（1）处理机管理：它的任务是管理中央处理器（CPU）在什么时间做什么事。例如，计算机要同时满足用户既播放音乐又要进行数据计算，甚至还同时下载文件等多项工作，所有这些工作都需要 CPU 来处理。但是 CPU 只有一个，任何一项工作都不能全程独占 CPU，如何让一个能高速工作的 CPU 满足用户同时做好多项工作要求，需要通过处理机管理实现对 CPU 工作时间、内容、顺序进行合理安排调度。

（2）任务管理：是对计算机要做的工作任务进行调度管理。正在进行的工作任务要获得处理机提供的服务，已经完成的任务要终止与处理机的联系，还有一些任务可能正在排队等待开始接受处理机的服务，这一切都必须借助任务管理做出合理的安排，才能使计算机有条不紊地正常工作。

（3）内存管理：计算机中的内存是分成数十亿个存储单元存储信息的，每个单元都有一个称为单元地址的编号，哪些存储单元存放了什么信息，哪些单元正处于闲置状态可以存储新进入内存中的信息，使用信息时应该到哪个单元去找到所需要的信息，在存储单元近乎海量的情况下靠人脑是不可能实现高效率管理的，为此操作系统的内存管理承担了管理内存的全部任务。

（4）外存管理：磁盘的存储空间远远大于内存空间，对外存的管理与内存管理具有同样道理，也必须通过操作系统的外存管理才能很好地完成相应管理任务。

（5）设备管理：计算机主机连接着许多设备，有专门用于输入、输出数据的设备，也有用于存储数据的设备，还有用于某些特殊要求的设备。所有设备通常来自于不同的生产厂家，型号更是五花八门。如果没有设备管理，用户一定会茫然不知所措。设备管理为用户提供设备的独立性，使用户不管是通过程序逻辑还是命令来操作设备时都不需要了解设备的具体操作细节，设备管理在接到用户的要求后，将用户提出的使用设备要求与具体的物理设备进行连接，再将用户要处理的数据送到物理设备上。

操作系统在实现上述管理的同时，还提供用户与机器进行交流的界面，对用户的应用软件提供强有力的支持，负责解释用户对机器的操作命令，使它转换为机器实际的操作。在 PC 上使用最多的是 Windows 系列的操作系统，部分计算机还使用 UNIX、Linux 等操作系统。

2. 计算机语言处理程序

计算机语言分机器语言、汇编语言和高级语言 3 大类。

（1）机器语言：是指机器能直接认识的语言，它是由"1"和"0"组成的一组组代码指令。

（2）汇编语言：实际是由一组组与机器语言指令一一对应的符号指令和简单语法组成的。

（3）高级语言：比较接近日常用语，对机器依赖性低，即适用于各种类型机器的计算机语言。如：BASIC 语言、C 语言、Java 语言等。

只有机器语言是计算机本身能够识别和直接执行的，汇编语言是人们为了方便使用机器语言，把机器语言改写成人类容易记忆的符号语言，计算机并不能识别和执行汇编语言。必须借助汇编程序，把人们用汇编语言编写的程序转换为机器语言后才能执行。

高级语言是人类自创的接近人类语言的程序语言，同样是计算机无法识别和执行的，要想让计算机识别并执行高级语言程序，可以借助"编译程序"或"解释程序"两种方法之一，将高级语言程序翻译成机器语言程序。

解释程序对高级语言程序逐句解释执行。这种方法的特点是程序设计的灵活性大，但程序的运行效率较低。

编译程序把高级语言所写的程序作为一个整体进行处理，编译后与子程序库链接，形成一个完整的可执行程序。这种方法的缺点是编译、链接过程需要消耗一定的时间，但可执行程序运行速度很快。

语言处理程序就是指汇编程序、编译程序和解释程序，借助这些程序可以把人们用计算机不识别语言编写的软件转换成计算机能够执行的程序。

3. 数据库管理系统

日常许多业务处理，都是对数据库进行管理，所以计算机制造商也开发了许多数据库管理程序（DBMS）。

1.3　计算机中的信息存储

1.3.1　二进制

人类生活中使用 0 到 9 十个数字和逢十进一的原则表示数据，即十进制计数法。

电子计算机则只用 0 和 1 两个数字和逢二进一的原则计数，即二进制计数法。

计算机内各种运算和信息存储，都以二进制为基础。计算机内部之所以采用二进制，其主要原因是二进制具有以下优点：

（1）在工业技术上非常容易实现。用双稳态电路的两种状态分别表示二进制数字 0 和 1 是很容易的事情，利用磁场完全相反的两个方向也很容易分别表示 0 和 1，现代光盘存储中利用对光盘刻录时的凹凸也很容易表示 0 和 1。

（2）可靠性高。由于二进制信息中只使用 0 和 1 两个数字，可谓泾渭分明，使得传输和处理时出错概率极低。

（3）运算规则简单。与十进制数相比，二进制数的运算规则要简单得多，例如 1 位数的加法运算只有 0+0、0+1、1+0、1+1 四种可能的运算，这不仅可以使计算机运算器的结构得到简化，还特别有利于提高运算速度。

（4）适合表示逻辑量。用二进制数中的 0 和 1 分别表示逻辑量中的两种状态"真"和"假"，十分自然贴切和简单。

虽然计算机采用二进制数，但是人们使用计算机时仍然使用自己所习惯的十进制数，这是因为计算机接收了人提供的十进制数后先由计算机将其自动转换成二进制数存储和处理，输出处理结果前又将二进制数自动转换成十进制数，使得人们可以不使用二进制依然能够方便使用计算机完成各种工作。

采用二进制进行 1+1 的加法操作时，由于 1 加 1 应该等于 2，因为没有数字 2，只能向高位进一，这就是"逢二进一"的原则，这和十进制采用"逢十进一"原则道理相同。

例如，从 1+1 开始，把若干个 1 在结果的基础上反复加 1，得到一组二进制数加法，运算如下：

$$1+1 = 10,\ 10+1 = 11,\ 11+1 = 100,\ 100+1 = 101,$$
$$101+1 = 110,\ 110+1 = 111,\ 111+1+ = 1000,\ \cdots\cdots,$$

根据加 1 的次数可以推论：二进制的 10 表示十进制数的 2，二进制的 100 表示十进制数的 4，二进制的 1000 表示十进制数的 8，二进制的 10000 表示十进制数的 16，……

一个二进制数中的同一个数码 1，其出现在不同数位上表示的数值也是不同的。比如二进制数 11111，从右往左数，第一位的 1 就是 1，第二位的 1 表示 2，第三位的 1 表示 4，第四位的 1 表示 8，第五位的 1 表示 16。

用十进制说明这个二进制数的含义，有以下关系式：

$$（11111）（二进制数）=16+8+4+2+1$$
$$=1 \times 2^4+1 \times 2^3+1 \times 2^2+1 \times 2^1+1 \times 2^0$$
$$=31（十进制数）$$

一个二进制整数，从右边第一位起，各位的基数对应的十进制数分别是 $2^0, 2^1, 2^2, 2^3, \cdots, 2^n, \cdots$

由于进制只是表示数的一种方法，所以无论采用哪种进制表示数据都可以。但是采用二进制和十进制数表示一个相同的数据时，通常二进制数占用的位数要比十进制长得多。例如十进制数的 1 000，对应的二进制数则是 1111101000。二进制要用 10 位之多，非常不方便记忆。为此，人们提出八进制和十六进制，这两种数制既很容易与二进制进行相互转化，又可以大大压缩记忆二进制数据的长度。

八进制只用到 0、1、2、3、4、5、6、7 共八个数字，且采用逢八进一的原则表示数据的方法。

十六进制则是使用 0、1、2、3、4、5、6、7、8、9、A、B、C、D、E、F 共十六个数字和逢十六进一的原则表示数据的方法。这里的 A、B、C、D、E、F 分别表示相当于十进制的 10、11、12、13、14、15，这是因为十六进制逢十六才能进位，逢 10 到 15 时都不能进位，为了只用一位数表示 10 到 15，人们规定了把 10 到 15 之间的一位十六进制数依次用 A～F 表示。

八进制和十六进制仅仅是人们为了简化记忆二进制数数据过长问题引入的数制，实际上在计算机中并不使用这两种数制。

本书仅仅对二进制、八进制和十六进制进行引导介绍，如果读者没有特别需要，一般了解到此即可。如果涉及相关的计算问题，建议借助 Windows 软件中的计算器完成。

打开 Windows 中的"计算器"程序的方法如下：

单击桌面左下角的"开始"菜单，选择"所有程序"→"附件"→"计算器"命令，即可打开计算器程序窗口。为了进行多种数制的计算或转换，在计算器窗口按照如图 1–1 所示选择"查看"→"程序员"命令，即可看到计算器左边出现十六、十、八和二进制的一些设置，如图 1–2 所示。建议读者尝试进行各种练习，此处略去。

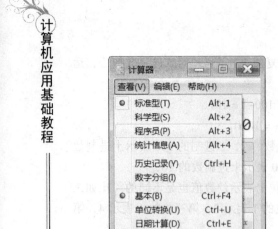

图 1-1　计算器窗口　　　　　　　　图 1-2　科学型的计算器窗口

1.3.2　计算机信息编码

1. 西文字符编码

在计算机中使用的字符主要有英文字母、各种标点符号、运算符号等，这些所有的字符也都以二进制的形式表示。但是用二进制表示字符信息时，字符与二进制的计算毫无关系，计算机仅仅用一个二进制表示一个字符，字符不同则对应的二进制数也不同。使用哪个二进制数代表哪个字符，完全是人为来规定的，对所有符号的规定就构成了字符编码。

把所有字符和它们一一对应的二进制数写在一个表格中，就是字符编码表。

计算机中使用最普遍的编码是美国信息交换标准代码，也称 ASCII 码（American Standard Code for Information Interchange）。ASCII 码是用 7 位二进制数进行编码的，从二进制数的 0000000 到 1111111（相当于十进制数的 0 到 127）共 128 个数，即能够表示 128 个字符，这些字符包括 26 个大写和小写的英文字母、0～9 的阿拉伯数字、32 个专用符号和 34 个控制字符。具体每个字符对应的二进制数如表 1-1 所示。

例如，大写英文字母 A 的 ASCII 编码是 1000001，小写英文字母 a 的 ASCII 编码是 1100001，数字 0 的 ASCII 编码是 110001。需要注意的是，在 ASCII 码表中字符的顺序是按 ASCII 码值从小到大排列的，这样便于记住常用字符的 ASCII 码值。为了便于记忆，也可以记住相应的 ASCII 码十进制值或十六进制值。

作为 ASCII 编码的字符，理论上占 7 个二进制位，但是由于很多计算机是以 8 个二进制位的存储空间作为一个存储单元，所以实际上计算机在存储这些字符时给每个字符分配一个单元，即 8 个二进制位的存储空间，ASCII 编码占 8 位中的后 7 位，并且规定最高位统一补数字 0。

在计算机中，每 8 位二进制数所需存储空间也称为 1 字节。

2. 汉字编码

在存储中文汉字的时候，只使用 8 位二进制数就不够表示数千上万个汉字了，所以规定使用 2 字节（两个 8 位，即 16 位）存储一个汉字符号，为了避免使一个汉字与两个 ASCII 字符发生混淆，规定存储汉字的两个 8 位的最高位均为 1。

表 1-1 ASCII 码字符表

高 3 位 低 4 位	000	001	010	011	100	101	110	111
0000	NUL	DEL	SP	0	@	P	.	p
0001	SOH	DC1	!	1	A	Q	a	q
0010	STX	DC2	"	2	B	R	b	r
0011	ETX	DC3	#	3	C	S	c	s
0100	DOT	DC4	$	4	D	T	d	t
0101	ENG	NAK	%	5	E	U	e	u
0110	ACK	SYN	&	6	F	V	f	v
0111	BEL	ETB	'	7	G	W	g	w
1000	BS	CAN	(	8	H	X	h	x
1001	HT	EM	)	9	I	Y	i	y
1010	LF	SUB	*	:	J	Z	j	z
1011	VT	ESC	+	;	K	[	k	{
1100	FF	FS	,	<	L	"	l		
1101	CR	GS	–	=	M	]	m	}
1110	SO	RS	.	>	N	↑	n	~
1111	SI	US	/	?	O	↓	o	DEL

　　1980 年中国颁布了汉字国家标准 GB 2312—1980，里面共收录了 6 763 个汉字，其中第一级是常用汉字 3 755 个，按汉语拼音字母排序；第二级汉字是次常用汉字计 3 008 个，按笔形顺序排列；还有 682 个常用的符号。

　　正是因为字符编码采用二进制编码形式存储，所以计算机可以对字符信息进行排序。排序比较字符大小的时候，计算机是通过对比字符的编码确定字符大小的。

　　在计算机中的汉字，还涉及汉字存储、输入和输出时的几种编码方法。

　　（1）汉字机内码。采用 2 字节（16 个二进制位）存储一个汉字的方法，这 2 字节存储的信息被称为汉字机内码。

　　（2）汉字输入码。汉字输入码是指直接从键盘输入汉字输入法时键入的字符码。在不同输入法下输入同一个汉字需要键入的符号是不同的。例如，要输入一个"大"字，在拼音输入法下输入"da"即可，在五笔字型输入法下需要输入"dddd"，所以输入码是不同的。但不论使用何种输入法输入"大"字，都会把输入码转换成它所对应的机内码，即得到相同汉字机内码。

　　（3）汉字字形码。字形码是在显示和打印汉字时用到的。汉字显示是在屏幕上通过显示点阵描述汉字的模样。一般显示用 16×16 点阵，相当于在横竖各有 16 空白的方格平面内写字，写字时笔画经过的方格上被涂黑，没有经过笔画的方格是白色的，这样就可以用二进制的 0 表示没有被涂黑的方格，用 1 表示被涂黑的方格，共计用到 16×16 共 256 个二进制位存储一个汉字的图形，字形码就是存储一个汉字模样时使用的 256 个二进制位，对应占用的存储空间就是：

$$256（二进制位）/8（位/字节）=32 字节$$

把所有汉字的字形码存储到磁盘上构成一个文件，即是汉字字库。

由于相同汉字在使用不同字体进行书写时得到的形状不同，所以每种字体的所有汉字字形码构成不同的字体字库，这就是计算机中需要多种汉字字库的原因。

汉字的机内码仅仅存储了是哪个汉字，显示和打印汉字的时候才涉及使用何种字库的问题。用户使用计算机中的汉字时，需要借助汉字的输入码确认要使用哪个汉字，系统再把该汉字存储成汉字的机内码，显示或打印的时候则自动到字库中查找汉字对应的字形码，才能按照汉字的模样进行输出。默认情况下汉字一般采用宋体字库中的字形信息，如果需要使用其他字体，则一般需要进行文字的格式设置来实现。

1.3.3　计算机存储容量与存储单位

自电子数字计算机诞生以来，计算机的内存和外存存储容量得到突飞猛进的扩充。了解一般存储容量和存储单位对于正确判断存储设备是非常必要的，是学习使用计算机必备的基本常识。

描述计算机的存储单位主要有以下几个：

1 个二进制位称为 1 bit，读做 1 比特。

8 个二进制位称为 1Byte，也称 1 字节（单位字符为 B）读做 1 拜特。

更大的单位有：

1 KB=1 024 B

1 MB=1 024 KB

1 GB=1 024 MB

1 TB=1 024 GB

这里的 1 024 恰好是 2^{10}。

目前主流 PC 的内存容量大约在 1～4 GB 左右，主流硬盘的容量大约在 500 GB～2 TB 之间，主流闪存盘的容量在 8 GB 左右。

一张数码相机所拍摄的照片的容量一般在 3～5 MB 之间；一个能播放 1 小时左右的高清晰电影文件的容量一般占用 400 MB 左右的存储空间；压缩的 MP3 格式的音乐（歌曲）文件容量主要根据播放的时间长度影响占用的存储空间，大约在每分钟 1 MB 左右。

一张 CD 光盘的存储容量为 700 MB 左右。一张 DVD 光盘的存储容量大约在 5 GB 左右。

1.3.4　图像的存储

图形图像是计算机中经常使用的信息。正如文字在屏幕显示一样，图像也是由很多点阵组成的信息。图像存储从原理上分，主要有位图和矢量图两种。

以位图方式存储图像，需要存储图像的横向和纵向点的数量，以及所有行列中每个点（也称像素）的信息，每个点对应位图中的"位"。在计算机显示器中，每个像素的色彩都是由红、绿、蓝三原色的数量多少决定的。例如，白色的红、绿、蓝值均为 255，黑色恰好就是没有任何颜色的光点，其红、绿、蓝的数值均为 0。正因为如此，常常可以看到一幅数码照片占用的存储空间接近一本百万汉字的图书。由于位图方式保存的是组成图像的全部点的信息，所以当位图被放大或缩小时，由于像素的数量没有改变，图像的分辨率就会降低，图像的清晰度自然就大打折扣。

矢量图用矢量代替位图中的"位"。简单说来，矢量图不再对全部像素逐个存储，而是用矢量给图的几何部分作标记。例如，一幅矢量图是红色背景上有一个黄色的圆圈。它的表达方式是先用计算机语言调用调色板描述红色背景，再用带矢量的数学公式来描述圆圈形状（半径、圆心位置）、圆的线条粗细和颜色等，这就使得图形的放大、缩小和移动变得十分简单，仅把公式中的矢量变量的参数稍微修改即可。所以矢量图有很多优点：能无限放大、缩小而不失真；不需要将图像每一点的状态记录下来；通常占用的存储空间也相对位图方式小很多。但是对于数码照片中的自然风光、人物等类图像，其特点是形状非常复杂，难以用几何方法描述形状信息，使用矢量图方式保存文件就很难做到，所以基本上都是采用位图方式存储图像信息。

完全的位图图像文件通常占用很大存储空间，所以在采用位图格式保存图像时，绝大多数图像还采用一定的压缩技术，例如数码相机拍摄的照片文件大都是这样处理图像后保存信息的。

视频是在一定时间内播放出保存的多幅连续图像，同时视频中还保存可同步播放的声音信息，所以视频信息占用的空间通常更大。为了减少视频占用的存储空间，视频更强调压缩技术的应用。

1.3.5　声音的存储

要知道在计算机中声音的存储方法，首先应对计算机如何以数字形式记录声音的原理有所了解。

音乐、语音等声音都是不规则波形，计算机描绘声波的方法是把波形分成间隔相等的时间片，并进行"采样"。

例如图 1-3 是一个对声波采样的示意图。其原理是在每间隔等量的时间间隔上，采样出声波的振幅数值，然后把这些不同时间取得的不同波幅（对应图中的"a、b、c、d、e、f……"各点测出波幅的数值）数值保存起来作为记录声音的信息。以后再用和采样时相同的速率来还原声音波形，即可播放和原声音相似的声音了。

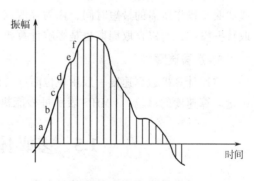

图 1-3　声波形采样时间

很明显，还原出声音的保真度取决于采样的多少。从图中可以看出，d 点和 e 点之间还有一个稍微向上凸起的部分，e 点和 f 点之间有下凹部分，这两部分在声音还原时都会产生失真。要想完全还原出来，在 d、e 之间，e、f 之间还要增添采样点。也就是说采样点越多，声音记录的保真度就越高，但存储的信息量也相应增加。

每秒采样的次数称"采样率"。Windows 声音文件中采样率最低为每秒采样 8 000 次。这个采样率只能适用于普通乐器声音。对于高音就显得不够了。

经常需要把 CD 中的音乐转换成 MP3 格式的声音文件，在使用软件进行转换过程中通常有两个以上设置采样频率转换的选项，要想获得保真度高的声音效果，势必要牺牲更多的存储空间。

1.4　计算机主要的性能指标

评价计算机硬件的性能指标可以从 CPU 的主频、字长、内存容量、存取周期、运算速度等方面来衡量。

1. 主频

在计算机中，脉冲是一个按照一定幅度和时间间隔连续产生高低变化电压的信号，在单位时间（如 1 s）内所产生的脉冲个数称为频率。主频即是 CPU 工作时脉冲的频率。

CPU 主频的作用类似于体育项目中划龙舟比赛鼓手击鼓的频率，鼓手击鼓速度越快，划船手划水的频率也越高，当然船行进的速度也越快。但是，主频再快也必须保证其他部件速度能够协调一致，跟上主频的节奏。

CPU 主频越高，通常其工作速度也越快。

2. 字长

字长是指计算机的运算器能同时处理的二进制数据的位数，通常字长越长，计算机的运算速度也越快。

3. 内存容量

内存储器中可以存储的信息总字节数称为内存容量。内存越大，系统工作中能同时装入的信息越多，相对访问外存的频率越低，使得计算机工作的速度也越快。

4. 存取周期

内存进行一次存或取操作所需的时间称为存储器的访问时间，连续启动两次独立的"存"或"取"操作所需的最短时间，称为存取周期。由于计算机在工作中需要极其频繁地进行存取数据操作，所以存取周期也是影响计算机工作速度的一个重要参数。

5. 运算速度

描述计算机运算速度一般用单位时间（通常用 1 s）执行机器指令的数量表示，MIPS 是衡量运算速度的单位。1 MIPS 表示每秒能执行 100 万条机器指令。

1.5　多媒体技术和计算机

媒体通常是指用于存储和传送各种信息的载体。多媒体是指能够同时获取、处理、存储和展示两个以上不同类型信息媒体的技术，这些信息媒体包括：文字、声音、图形、图像、动画、视频等。从人们使用计算机处理信息的角度，可将媒体大致归为最基本的五类：

（1）感觉媒体：能直接作用于人们的感觉器官，从而使人产生感觉的媒体。感觉媒体是信息的自然表示形式，如语言、声音、图像、动画、文本等。

（2）表示媒体：为了传送感觉媒体而人为研究设计出的媒体，目的是借助这种媒体能更有效地存储和传输感觉媒体。表示媒体实际上是信息在计算机中的表示，例如对文字的编码、声波转换成数字形式和图像的数字表示方法等。

（3）存储媒体：用于存放某种媒体的媒体。主要用于存放表示媒体，即存放感觉媒体数字化后的代码。因此，存储媒体实际上是存储信息的实体，常见的存储媒体主要有磁盘、CD、DVD 或闪存盘等。

（4）显示媒体：用于将表示媒体的数字信息转换为感觉媒体的媒体。表示媒体只是存储信息，而计算机处理结果需要输出，因此，显示媒体实际上是输入与输出信息的设备，如显示器、扬声器（喇叭）、打印机等。

（5）传输媒体：用于传输某些媒体的媒体。实际上是传输介质，主要借助计算机网络实现媒体的传输。

计算机多媒体具有以下一些基本特征：

（1）多样化：多媒体特别强调的是信息媒体的多样化，它将图文声像等多种形式的信息集成到计算机中，使人们能以更加自然的方式使用计算机，同时使信息的表现有声有色，图文并茂。

（2）综合性：指将计算机、声像、通信技术合为一体，使用计算机把传统的电视机、录像机、录音机的性能综合在一起，将多种媒体有机地组织起来共同表达一个完整的多媒体信息。例如，通过一张教学光盘可以看到文字注释，并配有赏心悦目的画面和优美的背景音乐，伴随着悦耳的朗读，时而还配有动画或视频，从而使人通过多种感官获取知识。

（3）交互性：指人和计算机能互相交流对话，方便人们在使用多媒体信息时进行人工控制。交互性是多媒体计算机技术非常重要的特征，交互性使得计算机多媒体与传统媒体发生重大变化。交互性使用户能够按照自己的意愿来进行一定的控制，参与到多媒体信息播放的全过程中。

（4）数字化：指多媒体中的各个单媒体都以数字信号的形式存放在计算机中。

多媒体技术均采用数字形式存储信息，对图文声像形成对应格式的数字文件。为了方便各种型号的计算机系统都能处理多媒体文件，国际社会或一些知名公司各自制定了相应的软件标准，规定了各个媒体文件的数据格式、采用标准以及各种相关指标。在计算机硬件方面，也正致力于硬件标准的统一，使网络上的不同计算机都能够使用多媒体软件。

正是因为计算机使用了多媒体技术，才使用户能够在计算机上把高质量的视频、音频、图像等多种媒体的信息处理和应用集成在一起，借助计算机的交互性，使人机之间具有更好的交互能力，为用户提供形式多样和操作更方便的人机界面。

计算机中的多媒体软件必须能够解决视频和音频数据的压缩和解压缩的技术问题，其要求的主要设备是计算机、CD 或 DVD 光驱、声卡、操作系统、音响这五个部分。现在主流计算机的 CPU、内存、硬盘配置已经都能满足多媒体有相应的基本要求。

1.6 计算机安全和计算机病毒

只要是使用计算机的用户，几乎没有人不曾为计算机病毒烦恼过。对待和防范计算机病毒不仅仅是技术问题，在某种意义上说已经成为现代文明中的一个社会问题。由于计算机病毒的危害，完全可能造成社会和经济活动的停滞和灾害。在实际生活中，受到计算机病毒伤害最多、最重的往往是那些既不了解计算机病毒相关知识、又缺乏防范病毒意识的非计算机专业用户群体。所以，把计算机病毒的基本知识普及到所有用户，并提高人们对计算机病毒防范意识、掌握使用杀毒软件的方法，是极其必要的。

1.6.1 计算机病毒及其传播途径

《中华人民共和国计算机信息系统安全保护条例》明确定义计算机病毒是"编制或者在计算机程序中插入的破坏计算机功能或者破坏数据，影响计算机使用并且能够自我复制的一组计算机指令或者程序代码"。

计算机病毒一定是人为编制的程序，通常程序代码短小精悍，病毒在用户非授权的情况下控制 CPU 完成病毒传播和危害计算机系统的全过程。

计算机病毒主要通过下面两个渠道传播：

（1）计算机网络：病毒可以通过网络从一个站点传染到另一个站点，从一个网络传染到另一个网络。网络传播病毒速度是所有媒介中最快的，严重时可导致整个网络中所有计算机系统的瘫痪。

（2）磁盘、光盘、闪存盘传染：病毒通过首先传播到各种存储介质上，然后利用人们在不同的计算机上使用带有病毒的存储设备，实现病毒从一台计算机传播到另一台计算机。

1.6.2 计算机病毒的主要特征

计算机病毒一般具有以下几个特征：

（1）传染性：也称繁殖性，传染是它的一个重要特性。它通过修改其他文件，实现自我复制到其他文件、磁盘，从而达到扩散的目的。

（2）隐蔽性：或称隐藏性，是指病毒程序大多把自己嵌入正常文件之中，用户找不到病毒文件，所以很难被发现。

（3）潜伏性：很多计算机被病毒侵入后，·病毒通常并不立即开始进行危害计算机系统的活动，需要等一段时间或待一定的条件成熟后才开始危害计算机系统。

（4）激发性：激发性是针对潜伏性而言的，激发是指达到一定条件后，病毒才开始严重危害计算机系统。比如历史上的 CIH 病毒，只有到了系统时钟为 4 月 26 日这一天才开始破坏计算机系统，在这之前病毒只进行传播和潜伏，使绝大多数受到此病毒传染的计算机用户对此病毒在较长的时间内浑然不知，到激发条件满足时，造成的破坏已经一发不可收拾了。

（5）破坏性：是指病毒对计算机系统的正常工作具有一定的破坏。即使有的病毒不直接删除或修改用户的文件系统，不直接造成用户计算机系统不能正常工作，但是其长期驻存在用户计算机系统中，长期窃取 CPU 资源，使用户的计算机系统工作效率降低，也被视为一种破坏性，唯一区分病毒破坏性的就是所谓良性病毒或恶性病毒罢了。

一般病毒都同时具有上述 5 个特征，根据病毒的个例不同，可能其某个特征并不明显。

1.6.3 计算机病毒的症状

计算机病毒破坏力有多大，完全取决于病毒编制者的能力和目的，各种病毒表现的症状各不相同。所谓良性病毒一般仅仅长期窃取 CPU 资源、不断复制文件使磁盘系统碎片越来越多，降低计算机系统的工作效率，最恶性的病毒则彻底毁坏用户的文件系统，给用户带来难以估量的损失，更有甚者还修改用户计算机主板上 ROM 中的信息，使用户依靠个人力量完全无法使计算机恢复正常工作。从目前发现的病毒来看，主要症状有：

（1）磁盘空间莫名其妙减少；

（2）由于病毒本身或其复制品不断侵占系统空间，使可用系统空间变小；

（3）由于病毒程序的异常活动，造成频繁异常的磁盘访问，使系统工作速度明显变慢；

（4）开机过程突然毫无道理明显变慢；

（5）丢失数据和程序；

（6）打印出现问题；

（7）死机现象增多；

（8）不断生成莫名其妙的文件；

（9）系统出现异常动作，比如突然死机自动重新启动；

（10）屏幕经常出现一些不正常的信息；

（11）程序运行出现异常现象或不合理的结果；

（12）系统感染不能识别闪存盘，或者识别后不能读取闪存盘上的文件；

（13）无缘无故不能进行网络连接。

总之，造成很多系统不正常的主要原因大都是病毒惹的祸。所以人们有一句话称"病毒是个框，什么问题都可以往里装"，此话虽然可能冤枉了病毒，但是绝大多数问题确实是由于计算机病毒引起的。所以一旦计算机系统出现问题，建议首先考虑先排除可能是病毒发作，然后再检查是否是系统的否些硬件或软件出了问题。

1.6.4　计算机病毒的防治

对待计算机病毒首先要建立强烈的预防的意识，具体在使用计算机过程中应注意养成良好的习惯，建议尽量做到：

（1）尽量避免使用来路不明的磁盘和文件，必须使用时一定要先检查有无病毒并及时杀毒；

（2）不要轻易打开来路不明的电子邮件；

（3）不随意下载和安装不必要的软件；

（4）不访问非法的、不健康的网站；

（5）对重要的数据和文件另用磁盘及时进行复制与备份，避免病毒可能成巨大的损失。

计算机病毒的清除：

（1）手工清除：对技术人员素质要求很高，只有具备较深的计算机专业知识的人员才能采用。

（2）借助反病毒软件清除病毒，这是针对非计算机专业用户最重要的方法。

毕竟很多病毒并不都是极其恶性的病毒，尤其是还处于潜伏期的病毒并不可怕，只要经常注意用杀毒软件检查电脑，完全可将病毒的危害减少到最低程度。

目前国内外有很多查、杀病毒的软件，如国内的瑞星、金山毒霸等杀毒软件，国外的卡巴斯基、诺顿杀毒软件（Norton Antivirus）等也都是值得信赖的。杀毒软件能检查计算机中是否存在病毒程序，并能删除这些病毒程序。

第 1 章　计算机基础知识

使用杀毒软件最重要的是要经常保持对杀毒软件升级，过去常见一些不熟悉计算机的用户几乎不对软件进行升级，以为安装了杀毒软件就可以高枕无忧了，这是十分错误的。

1.7 课后作业

1. 结合计算机的特点，思考一下电子计算机和生活中使用的计算器有什么区别？为什么说计算器不是计算机？

2. 现在计算机用途如此广泛，思考一下，举例说明某个行业的计算机如果停止工作一分钟，会带来什么样的混乱？

3. 打开 Windows 中的计算器程序窗口，利用它练习将任意一个十进制数转换为二进制数、八进制数和十六进制数。

4. 简述计算机病毒具有哪 5 个特征？为什么说病毒必须同时具有这 5 个特征才被称为病毒？

5. 一般人都听说过利用计算机进行犯罪，建议上网搜索了解一下制作计算机病毒和利用计算机犯罪有什么相同和不同？

6. 把下面 7 个字符串按照字符进行比较大小，写出从大到小的顺序：

①计算机；②小鸟；③美国；④中国；⑤car；⑥39 级台阶；⑦Teacher。

7. 如果计算机内保存一句英文"I love you."，应该占用几字节？这几字节中的存放的二进制数所对应的十进制数依次是什么？

8. 已知道国标 GB 2312—1980 存放的某种字体是 48×48 点阵，那么这个汉字库对应的文件至少占用多少字节？

9. 一本厚度为 300 页的中文小说大约有 32 万个汉字，一张容量为 650 MB 的 CD 光盘大约可以存储多少本这样的图书？

第 2 章

➜中文 Windows 7 及其操作

Windows 7 是使用多个窗口操作的一种工作环境，是微软公司视窗操作系统升级到第 7 个版本，也是目前 PC 机上广泛使用的操作系统。在计算机中，所有可以被用户使用并提供服务的软件、硬件和数据统称为资源。Windows 操作系统在计算机中完成着处理机管理、内存管理、外存管理和设备管理等资源管理任务。使用它每打开一个窗口，就是开始进行一项工作任务，要负责每个任务的内存分配、设备使用分配、数据处理等许多任务。对用户来说，需要执行菜单命令或双击对应的程序图标启动程序，或者双击要处理的文档、文件，然后由系统自动启动相应的程序和对应的文件。所以说，使用 Windows 最重要的是知道要使用文件的位置，熟悉启动程序的方法，了解如何安装和卸载程序。随着深入学习计算机，为了使计算机更适合自己的使用习惯，还特别需要了解计算机应用环境的一些设置方法和效果。

2.1　Windows 7 启动与基本操作

2.1.1　Windows 7 启动与关闭

接通计算机电源，直接按机箱上的电源按钮启动系统，稍等片刻，输入密码登录后启动 Windows 7，这时看到的屏幕画面称为"桌面"，如图 2-1 所示。

图 2-1　"桌面"

桌面上摆放着形态各异的若干图形，每个图形下边标有文字说明，在 Windows 7 中称为图标。每个图标都是系统提供的程序或可以使用的资源。

桌面最下面的横条是任务栏，任务栏最左边有""形状的"开始"菜单，计算机的所有操作都可以从它开始。任务栏最右边是"通知区域"，有时钟、音量控制等按钮。

鼠标是 Windows 不可缺少且常用的输入设备，使用鼠标可以快速选择操作对象并对它们进行各种操作与管理。仅仅使用鼠标就可以完成 Windows 中的绝大多数操作。使用鼠标可进行指向、单击、双击、拖动、右击等非常简单的几个操作。

特别需要注意的是，右击桌面的任意位置，都会弹出快捷菜单，随着右击对象或位置的不同，弹出的快捷菜单也差异很大。尝试一下分别右击桌面的空白位置、"计算机"或任意一个图标，查看快捷菜单的区别。随着以后不断熟悉计算机的使用，特别要提醒读者留心思考观察弹出的快捷菜单与右击的对象是什么关系，这样便于快速掌握使用快捷菜单。

图 2-2 选择"开始"→"所有程序"
命令看到的各种命令

单击任务栏左边的"开始"菜单，然后可以移动鼠标到各级菜单中选择可以启动相应程序，更多软件的启动需要先选择"所有程序"命令，然后可以看到展开很多新内容，如图 2-2 所示，然后单击文件夹形状 的菜单，还可以在其下面展开更详细的相关菜单，最后选择其中一个可以打开对应的软件窗口。

工作结束后为了关闭计算机，应首先关闭所有窗口，然后单击"关机"按钮，稍后即可看到计算机关闭。

2.1.2 窗口的组成和基本操作

每个窗口都是 Windows 7 工作的一个矩形工作区。在桌面打开一个窗口时，背景是桌面，随着不断打开多个窗口，它们之间可以互相叠压，如同在办公桌上摊开了多份资料。放在最前面且标题行为深蓝色的窗口是目前操作的窗口，称为当前窗口。例如，在桌面上双击"计算机"图标，打开的"计算机"窗口如图 2-3 所示。

图 2-3 "计算机"窗口

1. 窗口组成

一般窗口组成包含如下元素：

（1）标题栏：标题栏是放在窗口的最上面的蓝条，多数窗口标题栏上显示的文字标识了窗口的名称。若标题栏显得蓝色稍微深一些，该窗口是活动的窗口，也称其为当前窗口。通常在打开多个窗口的情况下用鼠标拖动标题栏可以调整窗口在桌面上的位置。标题栏最右边还有三个对窗口操作的按钮。

（2）最大化按钮：标题栏右边的按钮"▢"是最大化按钮，单击它可以使窗口调整到最大，最大化的窗口通常会占满屏幕。

（3）还原按钮：标题栏右边的按钮"▢"是还原按钮，在窗口在已经最大化的窗口中，窗口右上角会出现"还原"按钮，单击它可以使窗口恢复到原来的大小。

（4）最小化按钮：单击最小化按钮"▭"，窗口被缩小到任务栏上的一个标签（横条）。再单击任务栏上的标签，窗口又还原成原来大小。

要使所有的窗口都最小化，右击任务栏左侧的空白位置，弹出快捷菜单如图2-4所示，选择"显示桌面"命令，可以立即看到桌面全景。

（5）关闭按钮：单击窗口右上角的关闭按钮"✖"，结束程序的运行关闭窗口。关闭窗口将把窗口程序所用的内存释放。

图2-4 右击任务栏左侧空白
位置弹出的快捷菜单

（6）菜单栏：菜单栏是摆放在标题栏下面的一组文字，其中列出了在窗口中工作的各类命令。单击菜单栏上的文字，会在下面拉出一组菜单，所以也称下拉菜单。一般下拉菜单提供了大量的命令，利用它们可以完成大部分工作。

Windows 7之前版本的资源管理器都具有菜单栏，所以很多计算机老用户不适应Windows 7不显示菜单栏的界面。为了打开"计算机"窗口的菜单栏，可单击图2-3左上方"组织"右边的下拉按钮，弹出如图2-5所示的下拉菜单，再选择"布局"→"菜单栏"命令即可看到出现菜单，再如法炮制选择"导航窗格"命令可以看到下面分出了两个窗格，最后窗口如图2-6所示。

图2-5 打开"菜单栏"和
"导航窗格"操作

图2-6 显示"菜单栏"和"导航窗格"
的"计算机"窗口

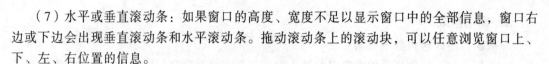

（7）水平或垂直滚动条：如果窗口的高度、宽度不足以显示窗口中的全部信息，窗口右边或下边会出现垂直滚动条和水平滚动条。拖动滚动条上的滚动块，可以任意浏览窗口上、下、左、右位置的信息。

（8）边框：每个窗口四周都有边框。将鼠标指针指向窗口的边或角上，当鼠标指针成为双向时拖动，可以调整窗口的大小。

（9）工作区：工作区是窗口中最大的区域，用于处理和显示对象信息。

（10）状态栏：通常窗口的最底行会显示目前在窗口中操作的对象个数、容量等信息，以及当前窗口所处的状态等。

2．窗口的基本操作

在 Windows 7 中，程序和数据文件都以图标的形式显示。双击桌面或任意窗口中的程序或文件，都会执行该程序或启动相应的程序打开该文件。执行程序或打开文件即是把程序或文件调入内存，使其处于使用状态，用户看到的即是打开了该窗口。

如果要移动窗口、调整窗口大小、使窗口最小化或最大化、拖动利用滚动条浏览窗口中的内容、关闭窗口等，可参看上面的方法进行操作。

要调整窗口大小到适中，将鼠标指向窗口的任一边框或四角任一位置，待鼠标指针成为双向的"↔"、"↕"、"↖"或"↗"形状时，沿指针方向拖动鼠标即可放大或缩小窗口。

要使所有的窗口都最小化，更常用的方法是单击任务栏最右边的"显示桌面"按钮"▌"，再次单击它可以重新回到原来的显示画面。

在打开多个窗口时，如果要在那个窗口操作，单击该窗口中的任一位置，它立即被放在最前面，成为当前窗口。

2.1.3 菜单和工具栏的组成与基本操作

Windows 7 有三种菜单：任务栏上的"开始"菜单、窗口标题行下面的菜单栏和快捷菜单。在很多菜单中，有些命令的右端有一个黑色的三角形，移动鼠标到该行，右端又会出现一组下级菜单。由于菜单是逐级弹出，其也称为级联式菜单。

1．菜单栏的组成

几乎所有窗口的标题栏下面都有一组文字组成的命令，单击其中的文字，在下面弹出一组菜单命令。例如图 2-7 所示"计算机"窗口中的菜单。

有些菜单命令的右端显示"…"，表示执行该命令会打开一个对话框。

有些菜单上的文字为灰色，表示目前还不具备执行的条件，不能执行该命令。

有些菜单命令的左边显示"√"，表示该命令已经选取，再次执行该命令将取消选取。

有些命令的功能彼此之间互相排斥，在这样的命令组中，只有一条命令的左边出现"●"，可以选择同组的其他命令取消原来命令左边的"●"。

2．执行菜单命令

单击菜单栏上的文字弹出菜单，移动鼠标到下级某个命令并单击，即执行了一个菜单命令。如图 2-7 是在菜单栏上依次选择"查看"→"排列方式"→"类型"命令，只有单击菜单最末级的命令才是有效命令。

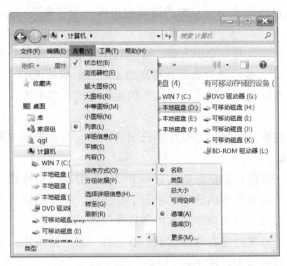

图 2-7 下拉菜单

3. 执行快捷菜单命令

在 Windows 7 中，用鼠标右击窗口中的任一对象，都会弹出一个菜单。这类菜单包含了对该对象操作的最常用命令，所以称为快捷菜单。单击快捷菜单中的命令行，即执行了一个命令。

4. 使用工具栏

为了方便用户操作计算机，很多窗口的菜单下面还放有一些工具栏。单击工具栏上的按钮，实际上是执行一个命令，即做了一个操作。

有些窗口可能有多个工具栏，这类窗口中都有一个"视图"或"查看"菜单项，在其下拉菜单中一般可以打开或关闭各种工具栏。

2.1.4 对话框的组成及基本操作

对话框是用户与 Windows 及其程序进行信息交流的一个界面。为了使系统处于某种状态，通过执行一个命令打开对话框，在其中可以进行设置。

图 2-8 所示为一个典型的对话框。可以在"计算机"窗口中选择"工具"→"文件夹选项"命令打开它。在对话框中的几种元素及操作如下：

（1）标题栏：标题是对话框的名称，是位于对话框上面的文字。拖动标题栏可以调整对话框的位置。

（2）选项卡：有些对话框包含的设置项目很多，把同类型的设置项目缩成标题下面的一个标签，如图中的"常规"、"查看"、"搜索"等，单击标签可以展开对应的选项卡。

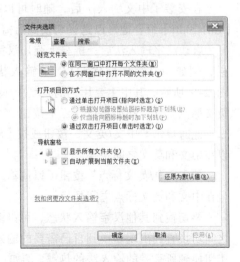

图 2-8 "文件夹选项"对话框

（3）单选按钮：在一组互相排斥的选项中，必须且只能选择一个设置项目，每个选项左边显示一个圆圈。单击该选项，左边的圆圈内出现一个"●"，表示只选中该组中的这一个选项。

（4）复选框：选项左边有一个小方框，可以选择任意多个选项。单击该选项或方框，方框内出现"√"或"X"，表示选中光标，再次单击时可以取消选中。

（5）文本框：文本框是用来输入文本信息的矩形方框，单击方框出现闪烁的光标即可键入文字。

（6）列表框：列表框是显示了所有可供选项的框体。当列表框中显示不下所有选项时，其边上会出现滚动条。

（7）下拉列表框：下拉列表框是右边有一个"▼"形状三角按钮的列表框，三角按钮为下拉按钮。要选择下拉列表框中的选项，单击下拉按钮，在下面展开供选择的所有项目，再单击选择其中的一个选项，列表框中显示出你选择的选项。

（8）数值设定框：用来指定数值的方框，右边有一对三角按钮。单击上面或下面的三角按钮，左边框中的数值会增大或减小。

（9）滑标：用来设置数值大小的小方块，拖动它可以调整参数的值。

（10）命令按钮：标有文字的按钮，单击它立即执行一个命令。有些按钮上有"…"，表示单击该按钮还会再打开一个对话框。

在对话框中操作，一般需要单击"应用"按钮才能使操作生效，单击"确认"按钮会关闭对话框并生效，单击"取消"按钮则做的设置操作被放弃。

2.1.5 中文输入法

中文 Windows 7 中本身提供了多种中文输入法。在安装系统时预装中文简体微软 ABC 等多种输入方法。如果用户需要，还可以专门添加其他的输入法，当然也可以删除不需要的输入法程序。

1. 切换中英文输入法

在安装了中文输入法后，随时可以按【Ctrl+Space】组合键切换到汉字输入状态，再按【Ctrl+Shift】组合键可以选择切换到所需要的某个具体汉字输入法。

启动汉字输入法后，屏幕上弹出汉字输入状态栏，例如中文简体微软 ABC 的输入状态栏，如图 2-9 所示。其中主要用到的是"中/英文"、"中/英文标点"和"功能菜单"三个按钮。

此时单击"中文/英文"按钮或按【Shift】键可以在中文和英文之间切换。

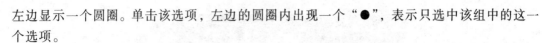

图 2-9　中文简体微软 ABC 输入法状态栏

单击"中/英文标点"按钮可以使输入的标点符号在中文和英文标点之间切换。

要切换到其他汉字输入状态，可以多次按【Ctrl+Shift】组合键在各种汉字输入法和英文之间切换直到出现切换到自己需要的输入法。但是这种多次切换很不方便，推荐用户定义快速切换到自己所喜爱的输入法的热键。例如，要定义切换到中文简体微软 ABC 输入状态为按键盘左边的【Ctrl】和数字【0】键，定义步骤如下：

（1）在任务栏右侧的""形状的"语言工具"按钮上右击，弹出快捷菜单，如图2-10所示。

（2）选择"设置"命令打开"文本服务和输入语言"对话框，然后单击"高级键设置"选项卡，如图2-11所示。

图 2-10　弹出快捷菜单

（3）选择"输入语言热键操作"列表框中的"切换到中文（简体，中国）-中文（简体，中国）-微软拼音 ABC"选项，然后单击"更改按键顺序"按钮，弹出"更改按键顺序"对话框，单击选中"启用按键顺序"复选框，然后再在下面的两个下拉列表框中依次选择 Ctrl+Shift 和"0"选项，如图2-12所示。

图 2-11　"文本服务和输入语言"对话框

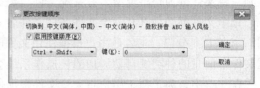

图 2-12　"更改按键顺序"对话框

（4）单击"确定"按钮，返回到"区域选项"对话框，再单击"确定"按钮。

以后要切换到"中文简体-微软拼音 ABC"汉字输入状态，只要同时按住【Ctrl+Shift】和字符区的【0】键即可。

注意：不能按小键盘区上的【0】键。

2. 中英文标点符号与全角、半角字符

在汉字输入状态条处于"英文标点"时，直接按键盘上相应的标点符号键即可录入英文标点。单击状态栏上的英文输入按钮，切换成"中文标点"状态，此时录入中文标点的按键如表2-1所示。

表 2-1　录入中文标点按键

中文标点	对应的按键	中文标点	对应的按键
。句号	.	《左书名号	<
，逗号	,	》右书名号	>
！惊叹号	!	：冒号	:
、顿号	\	￥人民币符号	$
"左引号	"（奇数次）	；分号	;
"右引号	"（偶数次）	·实心点	@
'左引号	'（奇数次）	—连字符	&
'右引号	'（偶数次）		

英文字符、数字及某些其他字符有半角和全角之分，单击输入法状态栏上全角/半角按钮，然后即可按照状态栏显示的状态录入全角或半角字符。

2.2 传统文件管理

在 Windows 中，用户可以使用的所有软件、硬件都统称为资源。它们可以是桌面、磁盘、光盘、文件夹、文件、打印机，以及其他各种软件和硬件设备。管理应用程序和用户文件都借助于"计算机"图标。在 Windows 7 以前版本也称为"我的电脑"或"资源管理器"。传统文件管理主要是根据文件、文件夹在磁盘上的组织结构管理。

2.2.1 Windows 7 的文件系统

文件（File）是存储在外存上具有名字的一组相关信息的集合。文件中的信息可以是程序、数据或其他任意类型的信息，比如文档、图形、图像、视频、声音等。磁盘上存储的一切信息都以文件的形式保存着。在计算机中使用的文件种类有很多，根据文件中信息种类的区别，将文件分为很多类型，有系统文件、数据文件、程序文件、文本文件等。

每个文件都必须具有一个文件名，文件名一般由两部分组成：主名和扩展名，它们之间用一个点（.）分隔。主名是用户根据使用文件时的用途自己命名的，扩展名通常是由系统根据文件中信息的种类统自动添加的，操作系统会根据文件的扩展名来区分文件类型。

在 PC 中，为了便于用户将大量文件根据使用方式和目的等进行分类管理，采用树形结构来实现对所有文件的组织和管理。树形是一种"层次结构"。层次中的最上层只有一个结点，称为桌面。桌面下面分别存放了"计算机"、"我的文档"、"网上邻居"、"回收站"等，它们本身也同样是一个树形结构，用来存储下级的信息，在它们的基础上还可以继续进行延伸。用户可以根据存放文件的分类需要在下级再任意创建文件夹，每个文件夹里可以放文件或下级的文件夹。

操作系统通过树型结构和文件名管理文件。用户使用文件时只要记住所用文件的名称和其在磁盘树型机构中的位置即可通过操作系统管理文件。为了避免文件管理发生混乱，规定同一文件夹中的文件不能同名，如果两个文件名完全相同，它们必须分别放在不同的文件夹中。

Windows 7 还新提供了一种对处于不同磁盘、不同文件夹的文件进行管理的新形式"库"。利用库可以把不同磁盘不同文件夹中的文件和文件夹"组织"到一起方便统一管理。

Windows 7 规定，文件可以使用长文件名（最多 248 个字符），命名文件或文件夹可以用字母、数字、汉字及大多数字符，还可以包含空格、小数点（.）等。文件名最后一个点右边的字符串表示文件类型。

用户通过文件名使用和管理文件，需要了解文件所在的磁盘、文件夹，这样才能找到并使用它。

2.2.2 了解"计算机"窗口界面

桌面的"计算机"图标是用来管理 Windows 7 系统资源最重要的工具，也是用户使用最多的资源管理工具。系统中的所有资源都可以利用资源管理器窗口找到，"桌面"作为最上级的结点，其他资源以树型结构逐级列在"桌面"的下级。

1."计算机"窗口界面

双击桌面的"计算机"图标，打开"计算机"窗口如图 2-13 所示。可以看到窗口分成两个窗格。观察窗口左窗格，可以看到最上边是"桌面"，其右下稍微缩进的有"库"、"家庭组"和"计算机"等，表示右边稍微缩进的内容是其左上方的下层资源。

图 2-13 "计算机"窗口

任何资源的左边都有一个图标，比如磁盘、光盘、回收站等，而文件的图标样式最多，文件的图标样式由其类型决定，文件类型是系统根据其扩展名加以区分的。

单击左窗格左边"▷"形状的小三角按钮，可以展开计算机下层的其他资源，看到包含了多个磁盘、可移动磁盘和光盘等，右边显示了同样的内容，如图 2-14 所示。

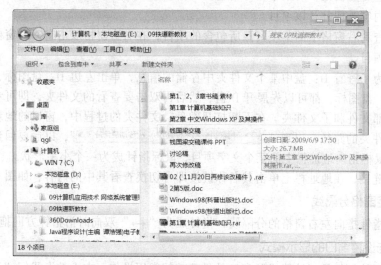

图 2-14 "计算机"子目录窗口

如果继续单击下级某个资源左边的三角按钮，还可以继续展开更深入一级的文件夹等。计算机里的所有资源都以树形结构组织起来，最上级为"桌面"。

2. 改变显示顺序或显示形式

为了改变图标的显示顺序，可以选择"查看"→"排序方式"菜单下的相应命令，如图 2-15 所示。

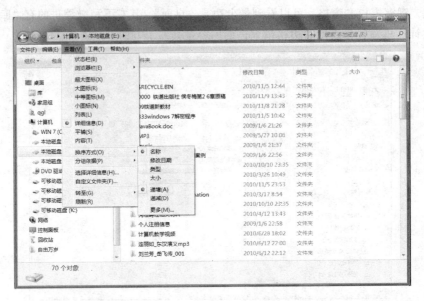

图 2-15　改变图标的显示顺序菜单命令

观察窗口中各个图标的显示形式，为了改变图标的显示形式，可以选择菜单栏上的"查看"命令，然后选择"超大图标"至"内容"之间的相应命令。

3. 查看上一级或下一级资源组成

如果要查看左窗格中的某个资源所包含的内容，单击左窗格中的该项目，立即在右边显示其包含的内容，即打开该项目。

如果想查看右窗格中的某项资源所包含的项目，在右边窗格双击它，右窗格即显示出它下级的所有项目。

例如，为了查看 D：盘中某个文件夹中存储的信息，单击左边 D：盘图标，或者在右边窗格双击 D：盘图标，都可以先展开 D:盘，然后再双击要查看的文件夹，即可看到该文件夹中存储的全部文件和子文件夹。在不断打开磁盘、文件夹的过程中，窗口的地址栏会不断切换到相应文件夹的路径，出现"▶ 计算机 ▶ 本地磁盘 (D:) ▶ 移动硬盘备份 ▶"，以后要回到其上级的某个位置，将鼠标指向地址栏上的某个文字项目，鼠标指针成为一个小手形状"🖑"，表明它本身也是一个链接，在地址栏上单击其名称链接即可切换查看其中的内容，如图 2-16 所示。

4. 调整窗格分隔线

将鼠标指针指向左右窗格的分隔线，指针成为"↔"双向时沿指针方向拖动即可。

5. 预先设置窗口的显示模式

上面介绍的仅仅是"计算机"窗口是最基础的常用操作。古人教诲我们"工欲善其事，必先利其器"。经常使用计算机进行文件管理工作，最好先把窗口中的文件显示模式设定成便于观察和查找文件的形式，对以后方便操作和提高工作效率大有益处。依据大多数人使用 Windows 7 的喜好和经验，以下几个设置对后期操作是广泛受到重视的：

图 2-16　打开的某个文件夹

（1）一般人都喜欢"计算机"窗口中的文件或文件夹始终以"列表"方式显示，这种方式排列文件资源清晰明了，容易查找到要处理的文件。

（2）同时还要求在地址栏中明确显示当前窗口中的文件所在的详细位置，这样在打开多个窗口的情况下，便于随时掌握所操作对象的位置。

（3）同时还希望系统不要隐藏文件的扩展名，即同时显示文件的主名和扩展名。

实现这上述三项设置的操作步骤如下：

（1）在打开的"计算机"窗口选择"工具"→"列表"命令，使窗口中的图标预先处于"列表"显示方式。

（2）如图 2-17 所示选择"工具"→"文件夹选项"命令，打开"文件夹选项"对话框。

（3）单击"常规"选项卡，在"浏览文件夹"下选中"在同一窗口中打开每个文件夹"单选按钮，在"打开项目的方式"下面选中"通过双击打开项目（单击时选定）"单选按钮，如图 2-18 所示。

图 2-17　在"列表"显示方式下选择"文件夹选项"命令

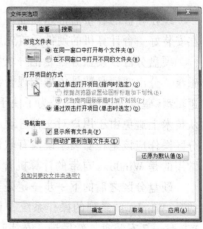

图 2-18　"常规"选项卡

（4）单击"查看"选项卡，在"高级设置"列表框中拖动垂直滚动条找到并设置如下几个项目：

① 选中"鼠标指向文件夹和桌面项时显示提示信息"复选框。

② 选中"显示驱动器号"复选框。

③ 取消选中"隐藏受保护的操作系统文件（推荐）"复选框。

④ 选中"显示隐藏的文件、文件夹和驱动器"单选按钮。

⑤ 取消选中"隐藏已知文件类型的扩展名"复选框。

⑥ 选中"在文件夹提示中显示文件大小信息"复选框。

最后对话框设置如图 2-19 所示。

（5）单击最上面"文件夹视图"下的"重置文件夹"按钮，弹出图 2-20 所示的"文件夹视图"对话框，注意读懂对话框中问题的含义，单击"是"按钮返回图 2-19。

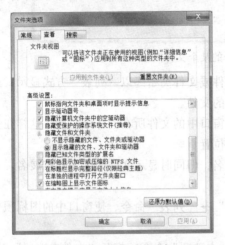

图 2-19 "查看"选项卡

图 2-20 "文件夹视图"对话框

（6）单击"确定"按钮关闭对话框。

2.2.3 管理文件和文件夹

现在硬盘的容量通常达到上百 GB 之大，为了以后更方便分类管理磁盘和磁盘上的文件，在安装好一台计算机的硬件后首先应将硬盘分区。

硬盘分区：硬盘分区是把一块物理上的磁盘分成多个独立的 C:、D:、E:、……等多个磁盘，分出的硬盘数量依据物理硬盘的大小和用户的要求，分出的每个看似独立的磁盘称为逻辑盘。磁盘分区的目的是为了便于以后把计算机系统文件与用户的数据文件分别独立保存，从技术上避免由于用户对文件管理不当造成误删除系统文件，以保证系统始终能够正常运行。分区操作应该是在安装系统所有软件之前完成的。目前对磁盘进行分区的软件有很多种，最常用的是 Windows 自带的计算机管理程序。

硬盘分区之后的下一步一定是安装操作系统。对 PC 机的绝大多数用户来说，首选安装的是 Windows 系列的操作系统，目前安装最多的当属 Windows 7 了。安装过程是先插入 Windows 7 安装盘，然后进入安装向导按提示进行操作即可顺利完成。

系统盘：在所有计算机上都规定 C:盘是系统盘，其他磁盘由用户根据需要用作保存用户信息。如果没有特别的原因，尽量不把用户的数据文件保存在 C：盘是一个重要的原则。相当一些人为了方便找到所用的文件，把重要的文件或文件夹直接保存到桌面，殊不知桌面本身也是系统盘 C：盘上的一块空间，建议尽量不把重要信息直接保存在桌面。

1. 创建文件或文件夹

文件夹是保存文件的存储空间，用户主要通过把用户的文件分类保存在不同的文件夹实现文件的分类存放。

比如某办公室的一台计算机要由多个人共同使用，为了避免多人的文件混放发生冲突，每个人都要建立自己专用的文件夹。考虑计算机信息存储的树形结构，每个人把个人的工作文件都存放在属于自己的文件夹中，即可避免互相信息发生冲突。

对个人专用的文件夹，一般还要考虑对文件分门别类保存，这样就在自己文件夹下可以再建立多个子文件夹，以后随着细分文件，还可以在子文件夹中再建立更下级的文件夹。

例如，在 D：盘上创建一个名为"个人专用"的文件夹，再在此的文件夹中分别创建名为"工作日志"、"上级指示文件"和"财务往来"的子文件夹。

操作步骤如下：

（1）双击桌面上的"计算机"图标，打开"计算机"窗口然后再双击"本地磁盘（D：）"，打开 D：盘。

（2）在窗口空白位置右击，弹出快捷菜单，依次选择"新建"→"文件夹"命令，如图 2-21 所示，在窗口中出现一个名为"新建文件夹"的文件夹。

图 2-21　快捷菜单

（3）此时光标在"新建文件夹"几个字末尾闪烁，键入"个人专用"几个汉字后按【Enter】键。

（4）双击刚建立的"个人专用"文件夹，打开其窗口，参照步骤（2）、（3）依次再建立"工作日志"、"上级指示文件"和"财务往来"子文件夹。

建立文件夹的要点是，首先确认要打开要建立文件夹的在哪里并打开其所在窗口，其次是在其空白位置上选择"新建"→"文件夹"快捷菜单命令，然后输入文件夹的名称。

建立好文件夹后，可以把窗口的"文件夹"窗格打开，在左窗格中展开"个人专用文件夹"看到其层次结构，如图 2-22 所示。

图 2-22 在"文件夹"窗格查看所建文件夹的结构

如果要创建文本文件或其他类型的文件，可以参照上面的方法，选择"新建"菜单下级的其他菜单命令。

2. 使用菜单复制、移动文件或文件夹

复制文件或文件夹是保留一个文件或文件夹的副本。复制文件或文件夹首要的工作是找到并选中要复制的文件，其后才可进行复制操作。

利用"发送到"快捷菜单命令是把硬盘上的文件直接复制到移动磁盘上的常用方法。如果要把硬盘上的文件或文件夹复制到移动磁盘上，可以右击要复制的文件或文件夹，选择快捷菜单上的"发送到"命令，将其移动到某个磁盘上。

例如，图 2-23 是在打开 D: 盘"个人专用"文件夹窗口的情况下，选择快捷菜单的"发送到"→"可移动磁盘（H：）"命令把"个人专用"文件夹及其中全部内容文件复制到移动磁盘 H:。

另外一种常用的复制文件或文件夹的操作方法就是利用剪贴板。

例如，要把 D: 盘"个人专用"文件夹中的"课程表.docx"文件复制到硬盘 F:上。操作步骤如下：

（1）双击"计算机"打开其窗口，双击"本地磁盘（D：）"后再双击"个人专用"文件夹，找到要复制的文件。

（2）单击选中要复制使其显示为蓝色。

（3）在选中的文件右击，选择弹出快捷菜单中的"复制"命令，如图 2-24 所示。

（4）打开要复制到的目标盘 F:，再在其窗口空白位置右击，执行快捷菜单菜单中的"粘贴"命令，如图 2-25 所示。

移动文件或文件夹是把一个位置中的内容更换位置放到另一个位置的操作。

例如，把前面复制 D: 盘"个人专用"文件夹中的"课程表.docx"文件移动到磁盘 F：上改为移动操作，操作步骤与前面非常类似。参照图 2-24 的操作步骤到出现快捷菜单，然后执行其中的"剪切"操作，这是把选中的文件先移动到剪贴板上，最后打开要移动到的目标盘 F:，再在其窗口选择"编辑"→"粘贴"命令即可看到原来位置的文件出现在目标盘上了。

图 2-23　利用"发送到"快捷菜单命令复制文件夹到移动磁盘

图 2-24　复制文件时的快捷菜单

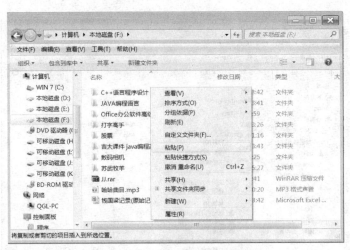

图 2-25　粘贴文件时的快捷菜单

3. 使用剪贴板

请注意在复制和移动文件的操作中都用到了剪贴板。剪贴板（Clipboard）是 Windows 中非常重要且极其常用的工具，利用它可以方便地在程序、文档和各个窗口之间互相传送信息。由于有了剪贴板，使得 Windows 中本来互不相干的多个任务能够轻而易举地互相传送数据，彼此不再孤立。

剪贴板是 Windows 中的存储信息的临时存储区，可以存储文本、声音、图像，还能存储文件或文件夹，通过它可以把多个程序分别制作的图、文、声像等信息粘贴到一起。

使用剪贴板非常简单，只用到"复制"、"剪切"和"粘贴"三个基本操作。

复制操作：向剪贴板传送信息的操作称为"复制"。决定要把哪些信息传送到剪贴板上，首先应选中要传送的信息，然后执行窗口中的"复制"命令。

在 Windows 中只有一块剪贴板，所以再次向剪贴板传送信息时，将替换剪贴板中原来已有的信息。

在 Windows 教材中可以看到很多操作过程中的窗口、对话框的屏幕界面，截取这类界面也是利用剪贴板复制屏幕画面得到图像后插入到教材文档中的，复制屏幕界面的操作有两个：

（1）按【PrintScreen】键可以把屏幕上显示的整个画面图像复制到剪贴板上。

（2）按【Alt+PrintScreen】组合键可以把屏幕上当前窗口（或对话框）的整个画面图像复制到剪贴板上。

把屏幕上的画面图像复制到剪贴板上以后，可以在需要这些图像的地方进行"粘贴"操作即可看到图像内容了。

建议立即练习截取屏幕画面到剪贴板，然后选择"开始"→"所有程序"→"附件"→"画图"命令，打开"画图"软件窗口，在"画图"窗口进行粘贴，观察截取到的屏幕图像。

剪切操作：剪切是把选中的移动到剪贴板的操作。此操作把选中的信息向剪贴板传送的同时，还把它们从所在的窗口中删除。剪切前先选中信息，然后选择"剪切"命令。

粘贴操作：粘贴是把剪贴板上的全部信息传送到当前窗口的操作。

粘贴要求剪贴板中事先已经存储了信息。要在一个窗口中粘贴信息，首先使这个窗口成为当前窗口，再确定要粘贴的信息放在本窗口中的位置，然后选择"粘贴"命令。

把剪贴板上的信息传送到某个位置后，剪贴板中的信息不会丢失，所以还可以在其他位置多次粘贴。

"复制"、"剪切"、"粘贴"是 Windows 中极为常用的操作，通常在菜单栏、工具栏或快捷菜单中都有相应的命令。只要具备了使用剪贴板命令的条件，通常执行这些命令可以任意选择如下方法之一：

（1）单击窗口上的"编辑"菜单，再选择上述命令之一。

（2）在窗口中右击（选中的信息），弹出快捷菜单，选择上述命令之一。

（3）单击窗口工具栏上对应的按钮。

进行"复制"操作还可以按【Ctrl+C】组合键，"剪切"按【Ctrl+X】组合键，"粘贴"按【Ctrl+V】组合键。

4. 使用拖动方法复制、移动文件或文件夹

被复制、移动的文件夹所在的位置称为源位置，复制、移动文件或文件夹到达的位置也被称为目标位置。如果在屏幕既能看到要复制或移动的文件或文件夹，也能看到目标位置（无论它们是否在同一个窗口），更方便的方法是把选中要复制的文件或文件夹直接拖动到目标位置。

为了学习使用拖动方法复制和移动文件，首先打开如图 2-26 所示的三个窗口并把它们摆放在图示的位置，通过如下几个拖动文件练习说明复制和移动操作的方法：

图 2-26　打开三个窗口以便练习拖动文件操作

练习 1：从中间"E:\个人专用"文件夹窗口拖动"工作日记.doc"到左上"D:\"窗口空白位置，拖动时随鼠标指针出现被拖动的文档图标，鼠标指针旁边还出现"➕复制到 本地磁盘 (D:)"符号。拖动后看到左上窗口也出现了"工作日记.doc"文件。

练习 2：在按住【Shift】键的同时，从中间"E:\个人专用"文件夹窗口直接拖动"工作日记.doc"文件到右上"F:\"窗口的空白位置，可以看到源位置"E:\个人专用"文件夹窗口中的"工作日记.doc"文件消失，它出现在右上窗口中。注意拖动时鼠标指针旁边出现"➡移动到 本地磁盘 (F:)"符号，标志着拖动是移动文件操作。

练习 3：为了把右上窗口中的"哈哈曲目.mp3"文件复制到同一窗口中的同一文件夹，在按住键盘上的【Ctrl】键的同时，拖动"哈哈曲目.mp3"文件到同一窗口的空白位置，可以看到鼠标指针旁边出现"➕ 复制"符号。

练习 4：为了把右上窗口中的"哈哈曲目.mp3"文件移动到同一窗口中的"苏武牧羊"文件夹，直接拖动"哈哈曲目.mp3"文件到同一窗口的"苏武牧羊"文件夹即可，拖动时鼠标指针旁边出现"➡ 移动到 苏武牧羊"符号。

练习 5：把中间窗口的"财务往来"文件夹直接拖动到桌面上的"回收站"图标上，拖动时鼠标旁边显示"➡ 移动到 回收站"，符号表示是直接删除这个文件夹，当然在回收站保持了一份该文件的备份，备份的目的是为了允许用户重新找回删除的文件。

练习 6：把中间非 C 盘窗口的某个文件或文件夹直接拖动到桌面上的空白位置，拖动时鼠标旁边会显示"➕ 复制到 桌面"符号。

操作要点：

在视野范围内拖动文件或文件夹到任一窗口空白位置或其中的任何文件夹上，一般是移动或复制操作，操作时应该关注鼠标旁显示的是"复制"还是"移动"字样，根据自己的操作需要，在拖动到目标位置松开鼠标前，考虑是否按住【Shift】键或【Ctrl】键实现自己的目标，操作时应小心关注鼠标指针给出的提示信息。使用拖动方法复制或移动文件通常比使用菜单来得更方便简洁。

5. 选中文件或文件夹操作

选中文件是告诉计算机要操作的对象。根据要操作的文件的数量和位置，有多种选中文件的方法：

（1）选中一个文件：单击使其显示为蓝色即是选中；

（2）选中连续的多个文件：打开窗口，首先单击第一个要选中的文件或文件夹。如图 2-27 中先选中"个人专用"文件夹，然后按住【Shift】键的同时单击最后一个"1.txt"文件，第一和最后一个之间的所有文件和文件夹成为淡蓝色，表示它们都处于选中状态。

图 2-27　选中连续的多个文件

（3）选中不连续的多个位置：那么首先单击第一个要选中的第一个文件或文件夹，然后按住【Ctrl】键的同时依次单击其他要选中的文件或文件夹，使它们都成为蓝色即可。例如图 2-28 中是首先选中"个人专用"文件夹，然后在按住【Ctrl】键的同时依次单击后面的多个选中的文件，只有单击过的文件被选中。

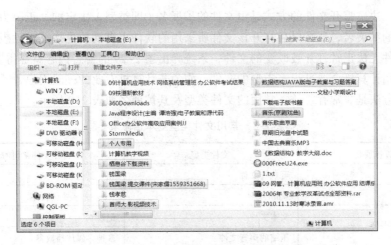

图 2-28　选中不连续的多个文件

（4）如果要取消选中某个文件或文件夹，按住【Ctrl】键的同时再单击它即可。

（5）如果要取消对所有文件或文件夹的选中，单击窗口中的任一空位置。

（6）如果要选中所有的文件或文件夹，按【Ctrl+A】组合键即可。

6. 重命名文件或文件夹

文件或文件夹重命名是修改名称的操作，操作方法如下：

右击要重命名的一个文件或文件夹，弹出快捷菜单，选择"重命名"命令，该文件或文件夹的名字上出现光标，键入新名字后按【Enter】键即可。

重要说明：

（1）如果对已经被打开的文件进行重命名操作，系统会弹出出错提示框，要求必须关闭文件后才可以操作。同理，如果要对某个文件夹重命名，该文件夹中的任何文件都应该处于关闭状态。

（2）如果对文件重命名时键入新名称的扩展名与文件原来扩展名不同，系统会弹出如图 2-29 所示的警告框，单击"否"按钮使输入的新名字无效，单击"是"按钮则强制改成所输入的扩展名。

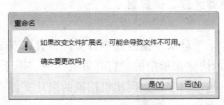

图 2-29　警告框

7. 文件的打开与文件类型

文件的扩展名是用来说明文件类型的。观察众多的文件，可以看到它们的图标样式五花八门，Windows 通过文件类型决定文件究竟采用什么图案的图标，如果重命名改变了文件的扩展名，其类型即被改变，系统也自动更换该文件的图标。

双击文件也称为"打开"文件操作。打开 Windows 中的可执行程序文件，就是执行该程序文件；打开非执行文件时，首先自动启动系统中的某个程序文件，然后借助这个程序打开双击的文件。决定打开文件的方式是由文件的扩展名（即类型）决定的。正因为如此，如果修改了文件的扩展名，那么以后打开该文件所采用的软件也自动被更换了。设想一下，如果更换后的软件无法正常打开被改变的文件，系统弹出图 2-29 的警告内容就显得非常必要。

经常使用计算机会遇见很多类型的文件，作为非计算机专业的一般用户，了解常用类型的文件使用方法是非常有益的。常用的文件类型及其扩展名如表 2-2 所示。

表 2-2　常用文件类型基本信息表

文件扩展名	文件类型	打开文件常用的软件
.exe、.com	可执行文件	无须其他软件
.doc 、.docx	Word 文档	Word 文字处理软件
.txt	文本文件	记事本
.mp3	压缩的声音文件	多种多媒体播放器
.wav	声音文件	录音机
.xls、.xlsx	电子表格工作簿	Excel 电子表格软件
.ppt、.pptx	演示文稿	PowerPoint 演示文稿软件
.bmp	位图文件	画图软件
.jpg	一种压缩的图像	画图软件
.html 、.htm	网页	浏览器

对于某些非程序文件，可能有多个软件都能对其进行处理，双击这类文件会使用系统默认的程序打开它。如果要使用非默认的程序打开它，可以采用右击该文件，选择快捷菜单中的"打开方式"命令使用其他软件。

例如，扩展名为".mp3"的文件是压缩的声音文件，由于本机器安装了"豪杰音频解霸"多媒体播放软件，其默认的图标形状"LL"，双击打开一个名为"寂静之声.mp3"的文件，先启动"豪杰音频解霸"软件，然后利用它打开（播放）该声音文件，播放窗口如图 2-30 所示。

图 2-30　"豪杰音频解霸"软件播放窗口

如果要更换使用一个"千千静听"播放此声音文件，直接双击并不能实现，需要右击此声音文件，选择图 2-31 所示快捷菜单中的"打开方式"→"千千静听"命令。

现在人们使用数码相机越来越多，数码相机拍摄的照片文件通常是.jpg 类型的文件。查看此类照片文件有如下几种方法：

首先打开存放照片文件的文件夹，单击"查看"菜单可以借助下面的"超大图标"、"大图标"、"中等图标"三种模式查看图片，图 2-32 所示为"大图标"模式显示图片的情况。

如果要更清晰逐张观察照片，只要双击要看的照片文件，即可使用"Windows 照片查看器"打开图片文件，如图 2-33 所示。

注意观察图 2-33 图片下面的一排按钮，可以对图片进行放大、缩小、左右旋转 90° 操作，唯一要注意的是慎用"删除"操作。建议读者自行尝试练习这些按钮的使用，此处不再赘述。

图 2-31　选择打开文件方式快捷菜单

图 2-32　"大图标"方式显示文件夹中所有图片

图 2-33　使用"Windows 照片查看器"打开查看图片文件

8. 设置、查看文件属性

通过查看文件属性，可以了解文件的大小、文件占用磁盘的空间、创建时间，这些都是文件被创建和使用时被系统自动保存的。文件还可以具有隐藏、只读属性，设置这些属性的用途如下：

只读属性：文件具有只读属性，那么其文件中的信息将不能被修改，要想改变文件内容，必须先取消其只读属性。

隐藏属性：文件具有隐藏属性的文件，主要是用来把文件隐藏起来，默认情况下打开其所在的文件夹，将看不到该文件的存在，同时其文件内容与只读属性一样也不能做任何修改。

例如，要查看"D:\bak"文件夹属性，并为其设置"只读"和"隐藏"属性，操作步骤如下：

（1）直接在图 2-34 所示的窗口右击"bak"文件夹，选择快捷菜单中的"属性"命令，打开"bak 属性"对话框，在"常规"选项卡中可以看到该文件夹的创建时间、位置、大小、包含文件和文件夹个数等信息。

（2）选中最下面的"只读"和"隐藏"属性两个复选框，如图 2-35 所示。

（3）最后单击"确定"按钮即可。

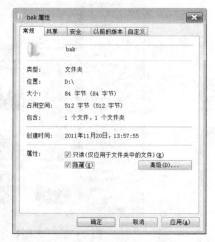

图 2-34　设置"bak"文件夹属性快捷菜单　　图 2-35　"bak 属性"对话框"常规"选项卡

设置了隐藏属性，但是在窗口中并没有发现它隐藏消失掉，该文件夹的图标颜色只是比过去淡了一些，这是因为系统设置处于"显示隐藏的文件和文件夹"状态。关于此项设置参看本章图 2-17"文件夹选项"对话框的"查看"选项卡，此时有隐藏属性的文件或文件夹仅仅是图标色彩上变淡。

9. 删除文件或文件夹

如果要删除废弃的文件或文件夹，首先打开该文件或文件夹所在的窗口找到它们。例如，要删除图 2-36 窗口中的最上面的两个文件夹。操作方法如下：

（1）在窗口中选中要删除的这两个文件。

（2）右击任一选中的文件，选择图示快捷菜单快捷中的"删除"命令，或者按【Delete】键。

（3）系统弹出图 2-37 所示的确认"删除多个文件"信息框，单击"是"按钮。

图 2-37 提示中回收站是保存删除文件的一块磁盘空间。如果需要，将来还可以从回收站中把删除的文件找回来。也就是说，采用上述方法删除的文件，实际并未被真正删除。Windows 设置回收站是为了避免用户误删了有用的文件或文件夹。

如果不经过回收站直接把文件干净彻底地从磁盘上删除，只要在执行上面方法的第二步时先按住【Shift】键操作，系统会弹出图 2-38 所示的信息框，单击"是"按钮即可。

图 2-37　询问确实要将文件放入回收站信息框

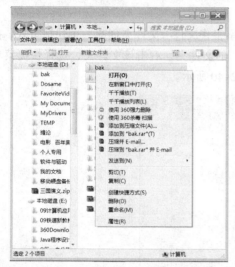

图 2-36　删除文件或文件夹快捷菜单

图 2-38　确认删除的信息框

说明：移动磁盘因为存储空间相对很小，没有回收站对应的存储空间，所以删除移动磁盘上的文件时要格外小心慎重，删除的文件不可恢复。

在桌面双击"回收站"图标打开其窗口，可以看到前面删除的 bak 和 Dosame 文件夹，选中它们并右击任意一个，弹出的快捷菜单如图 2-39 所示，若选择"还原"命令将撤销对它们的删除操作，它们重新回到删除前的图 2-36 窗口中，如果选择"删除"命令，将彻底删除他们。

10. 创建快捷方式

某人经常要使用"E:\钱国梁\教研室工作文件\计算机系工作文件"文件夹中的文件，常规打开方法是要首先启动"计算机"，打开"F:"磁盘，再自上而下逐级打开其上级的文件夹，最

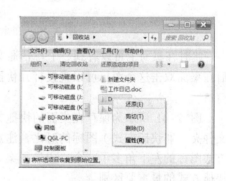

图 2-39　在回收站处理文件的快捷菜单

后才能看到其中的所有文件，对于特别注重效率的用户来说经常重复这样操作过程就显得过于烦琐。

把最常用的文件或文件夹放在方便触及的位置是提高工作效率的常用手段，桌面无疑是最佳选择。但是，如果在桌面放置过多的文件有两个缺点，其一是难免显得操作界面与环境非常混乱，其二因为放在桌面上的文件实际上是在占用系统盘 C:的存储空间，这与前面介绍过把用户的信息与系统文件分别独立保存的一般原则相违背，降低了保存用户信息的安全性。

第 2 章　中文 Windows 7 及其操作

计算机应用基础教程

为此，可以在桌面只保存文件或文件夹的快捷方式，以后双击桌面上保存的快捷方式，等同于直接打开该文件或文件夹。

快捷方式是对文件或文件夹引用的一种链接，这个链接类似于生活中向朋友送出的个人名片，薄薄的名片仅仅起到方便别人与本人联系的作用。如同送出自己的名片不等于把自己送人一样，在桌面放置的快捷方式并不是文件或文件夹的真正实体，它只占用非常小的存储空间，只为可以非常方便地引用文件或文件夹。

例如，要在桌面为快速打开"E:\钱国梁\教研室工作文件"文件夹创建一个快捷方式，操作方法是首先打开先打开存放"教研室工作文件"的文件夹，右击该文件夹，选择快捷菜单中的"发送到"→"桌面快捷方式"命令，如图 2-40 所示。

图 2-40　在桌面创建快捷方式的快捷菜单

此时在桌面上可以看到一个与普通文件夹图案非常接近的"教研室工作文件"图标，以后在桌面双击这个图标可以直接打开快捷方式对应的文件夹窗口。

图 2-41 所示为保存在桌面的快捷方式图标和一个普通文件夹（非快捷方式）图标的对比，注意快捷方式比非快捷方式图标的左下角多了一个""图案，它是快捷方式与非快捷方式的最重要区别。

图 2-41　文件夹与其快捷
方式图标对比

重要提醒：初学者在复制文件或文件夹的时候常把把快捷方式与其实体搞混，把复制文件或文件夹误操作成复制其快捷方式了。

以后删除文件或文件夹的快捷方式，相当于扔掉了一张名片，其对应的实体文件或文件夹并不会被删除。

注意图 2-40 快捷菜单中还有"创建快捷方式"命令，此命令所创建的快捷方式会放在该文件夹所在的同一位置中，将来势必还要移动到其他位置，因为在同一文件夹中存放该文件夹的同时还保存它的快捷方式，实在是画蛇添足。而"发送到"→"桌面快捷方式"命令即是直接在桌面创建了快捷方式。

11. 搜索文件或文件夹

长期使用计算机工作的用户，通常随着时间的积累会保存成百上千个的各类文件，有些文件长期不用早已忘记了当初保存它们的所用的名称或所在的文件夹。如在以后某个时刻要使用它们，采用人工搜索查找需要非常的耐心细致，且极其烦琐，利用搜索功能就简单容易多了。

要在 E:盘根目录下的"个人资料"文件夹中找很久以前做专业论证方面的早期 Word 2003 文档资料，操作步骤如下：

（1）首先打开 E:盘根下的"个人资料"文件夹，如图 2-42 所示。

图 2-42　"个人资料"文件夹窗口

（2）在搜索框中输入"专业论证"四个字，由于 Windows 7 的搜索功能是输入完马上自动开始搜索的，输入后窗口内容很快呈现如图 2-43 所示的搜索结果。

图 2-43　输入了搜索关键字"专业论证"后的窗口

（3）此时可以看到最下面显示搜索到 42 个对象的提示信息，右窗格即是搜索结果。再单击搜索框，下面弹出设置搜索修改日期和文件大小的选项，如图 2-43 右上所示，然后单击"修改日期"按钮。

（4）系统弹出日期"选择日期或日期范围"框，单击其中左右的两个三角按钮可以调整年、月范围。调整显示成 2009 年 1 月，然后先单击其中的 1 月 1 日，按住【Shift】键的同时再单击 1 月 20 日，即确定了日期范围，如图 2-44 所示。

图 2-44　选择搜索的修改日期范围

稍后片刻即可看到下面显示找到的对象，如图 2-45 所示。

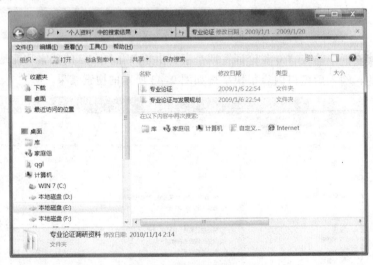

图 2-45　搜索结果窗口

为了直接打开找到的文件或文档夹，直接双击该文件即可。

如果还想知道该文件或所在的位置，可以右击该文件，弹出快捷菜单如图 2-46 所示，选择"打开文件夹位置"命令，然后窗口立即切换到该文件所在的文件夹。

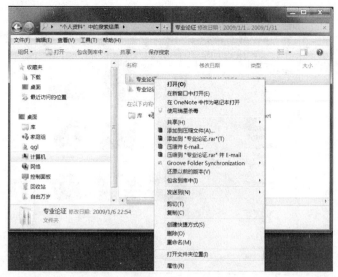

图 2-46   打开文件夹位置快捷菜单

2.2.4   新增的文件管理工具——库

传统文件、文件夹是根据其在磁盘树形结构中存储位置进行管理的。比如一个办公室内由 A 张三、B 李四、C 王五三人共同使用一台计算机，每个人都建立有自己名字的文件夹，并且每个人各自都保存了一些公司的影像、照片类资料，这样的管理方式可以很清晰界定各自的空间领域，方便实现互不侵犯。但是，作为一个公司整体来说，需要把所有的影像类文件统一管理起来，在不重复存储各自的影像类文件的情况下，使用库则可以轻松把处于不同磁盘、不同文件夹中的同类文件夹集中到一起进行管理。

"库"就是专门用来把放在不同磁盘、不同位置的文件夹"组织"到一起功能。这里的"组织"并不是更改了被包含文件和文件夹的存储位置，也不是在库中重新保存了一份文件和文件夹的副本，库描述的仅仅是一种新的组织形式的逻辑关系。

由于"库"仅仅用来描述多个文件夹的组织形式，所以库本身不属于任何磁盘，所有的库都放在桌面的下级一个称为"库"的文件夹中，在这个总"库"中用户还可以建立自己的库。

1.   库的建立、重命名、删除等基本操作

例如，要把图 2-47 图里属于三个人的文件夹里面的所有照片、视频、影像资料集中在一起管理，先要建立一个库。建立库的方法操作方法如下：

（1）打开"计算机"窗口，然后单击左窗格的"库"，右边即出现库中的内容。

（2）右击右窗格空白位置，选择快捷菜单中的"新建"→"库"命令，如图 2-48 所示。

（3）窗口中出现新建的库，在其名称位置键入"公司音像资料"，然后按【Enter】键即可。

对已经建立的库，也可以进行与文件夹相似的重命名、删除等操作。在图 2-49 的库窗口中右击刚刚建立的"公司音像资料"库，弹出图 2-49 所示的快捷菜单，里面有对应的"删除"、"重命名"命令。

图 2-47　照片、宣传片等图片分别放在三个人的文件夹中

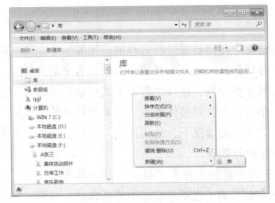

图 2-48　新建库

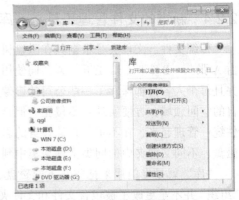

图 2-49　库的常用操作命令

2. 在库中添加要管理的文件夹

刚建立的库是空的，为了把图 2-47 中提到的几个图片、照片类的文件夹都集中到"公司音像资料"库中进行管理，一般操作方法如下：

（1）打开图 2-49 窗口，右击"公司音像资料"库，然后选择快捷菜单中的"属性"命令，弹出图 2-50 所示的"公司音像资料 属性"对话框。

（2）单击中间的"包含文件夹"按钮，弹出"将文件夹包括在'公司音像资料'中"对话框。

（3）在对话框中像"计算机"窗口一样找到并打开 F:盘的"A 张三"文件夹，看到右窗格出现"集体活动照片"文件夹并选中它，如图 2-51 所示，然后单击下面的"包括文件夹"按钮。

（4）重复（2）、（3）两个步骤介绍的方法，再把"B 李四"文件夹内的"照片影像资料"和"C 王五"文件夹内的"公司宣传片"两个文件夹也包括到库中，此时看到"公司音像资料 属性"对话框中的"库位置"下线面已经包含了刚刚选中被包含进去的的三个文件夹，如图 2-52 所示。

图 2-50 "公司音像资料 属性"对话框　　图 2-51 "将文件夹包括在'公司音像资料'中"窗口

（5）单击"确定"按钮关闭库属性对话框。

（6）再双击"公司音像资料"库，即可看到库中同时显示了上述三个被包含文件夹中的全部文件，如图 2-53 所示。

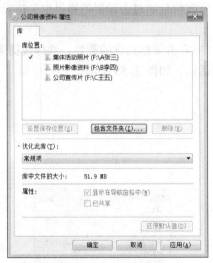

图 2-52　库"公司音像资料 属性"对话框　　图 2-53　查看库中包含的所有文件夹和
文件夹中的文件或子文件夹

3. 使用库管理文件和子文件夹

管理库中的文件和子文件夹，如同在文件夹中一样可以进行诸如复制、移动、删除、重命名等基本操作，但是操作时应该注意用下面几点：

（1）"公司音像资料"库只包含了"F:\A 张三\集体活动照片"、"F:\B 李四\照片影像资料"、"F:\C 王五\公司宣传片"三个文件夹，以后也可以把其中任意某个文件夹从库中删除，但是这里说的删除仅仅是解除了库对该文件夹的包含关系，并不能在库或磁盘上物理删除相应文件夹。

（2）要解除库包含的文件夹，可以在打开图 2-52 库"公司音像资料 属性"对话框先选中上面已经包含的文件夹，然后单击"删除"按钮即可。

（3）在图 2-53 中看到被包含的"集体活动照片"里还有"视频资料"文件夹，如果在库中删除这个文件夹，是真正删除"F:\A 张三\集体活动照片\视频资料"里的这个文件夹。

（4）如果在库中删除文件或文件夹，注意观察是否弹出放到回收站中的提示信息，即可判断是否真的删除还是解除包含关系。即使因为误操作删错了，也可以到回收站把删除的文件或文件夹还原回来。

（5）如果某个文件夹被包含在库中，将来即使不打开库窗口，只在该文件夹中删除、重命名文件，也等同于把库中的文件进行了同样的操作。

2.3 磁盘管理与维护

硬盘、闪存盘在第一次使用前都需要格式化，随着长期使用，磁盘上的空间越来越凌乱，需要维护磁盘以保持其正常高效工作的状态。

2.3.1 格式化磁盘

在对磁盘进行分区后，第一件事就是对磁盘进行格式化。对新出厂的硬盘格式化，如同在一张白纸上打好格子，以备今后写字存储信息。对已经使用过的磁盘格式化，相当于把全部写好的信息统统抹掉，重新打好格子，这样磁盘上的所有信息和过去遗留的错误也会抹光，结果是相当于回到新盘的状态。

要格式化磁盘，在如图 2-54 所示"计算机"窗口中右击要格式化的磁盘，选择快捷菜单中的"格式化"命令，弹出"格式化 移动磁盘"对话框，如图 2-55 所示。

图 2-54　"格式化"快捷菜单　　　　　图 2-55　"格式化 移动磁盘"对话框

如果选中"快速格式化"复选框，可以最快实现磁盘格式化操作，但将不检查和挑出坏的磁道，一般用于已知没有任何缺陷的磁盘；

如果不选中"快速格式化"复选框，则在格式化磁盘时还将对磁盘测试是否有局部损坏，对找出的损坏将做标记，标记的目的是以后在使用磁盘时不占用这些损坏的空间，以保证磁盘始终能正确保存信息。

建议：如果磁盘经常出现不正常的情况，强烈建议不选中"快速格式化"复选框，虽然格式化过程会消耗较多的时间，但是对保证以后正常使用磁盘非常有益。

单击"开始"按钮将开始格式化，弹出图 2-56 的警告提示，给出最后的确认机会，单击"确定"按钮将真正开始格式化。格式化完毕后弹出格式化完毕信息，此处省略不再赘述。

图 2-56　"格式化 移动磁盘"警告框

2.3.2　磁盘维护

（1）了解磁盘空间使用情况。新接手一台计算机，首先了解硬盘数量和各个磁盘容量、已经使用空间、剩余空间等情况，是熟悉环境的第一步。打开"计算机"窗口使窗口显示处于"详细信息"状态，即可看到图 2-57 所示的磁盘数量、各个磁盘的总大小、可用空间等情况。

（2）检查磁盘。由于受到计算机病毒、不正常操作、死机或磁盘正在工作时突然停电等原因影响，磁盘也会出错，尤其是闪存盘随着长期使用，出错的概率更大，严重时插入闪存盘后无法打开，使得其中的数据信息统统丢失，挽回信息的一个措施是进行磁盘检查。要检查哪个磁盘（或闪存盘），可在"计算机"窗口右击它，参照图 2-54 所示的方法，选择快捷菜单中的"属性"命令，打开"磁盘属性"对话框，在图 2-58 所示的"工具"选项卡上单击"开始检查"按钮，然后按照提示信息即可检查磁盘。

图 2-57　使窗口显示处于"详细资料"状态

图 2-58　"磁盘属性"对话框

（3）整理磁盘碎片。磁盘经过长期的使用，由于经常添加、删除文件和文件夹，磁盘上文件和剩余空间的存储结构变得越来越杂乱，磁盘上可用空间夹杂在各个文件和文件夹所占的空间之间，称为磁盘碎块。当磁盘碎块太多时，会降低磁盘工作效率，因而使用一段时间后需要整理磁盘。

整理磁盘的方法是单击图 2-58 对话框上的"立即进行碎片整理"按钮，然后按提示即可完成整理工作。

对经常使用的大容量磁盘进行整理磁盘碎片通常要花很长时间，在整理的过程中可以随时单击"暂停"或"停止"按钮，都不会使得整理工作前功尽弃，只是整理工作没有完全结束而已，可以以后再次整理。如果你已经比较了解整理程序，可以尝试单击"查看报告"按钮观察结果，建议读者尝试操作自行了解相关的知识。

2.3.3　使用闪存盘的注意事项

闪存（优）盘由于其存储量不断增大和价格越来越低廉，是目前市场上最主流的移动存储设备，其替代品有 MP3、数码照相机、手机等设备。把闪存盘插入电脑 USB 口后，其指示灯亮起，在其中保存或读取文件、文件夹信息的方法与硬盘没有任何区别。

图 2-59　"弹出 Storage Device"命令

为了安全拔出闪存盘，在任务栏右侧右击"▪"按钮，选择快捷菜单中的"弹出 Storage Device"命令，如图 2-59 所示。如果要弹出闪存盘上的文件和文件夹都处于关闭状态，系统会给出可以安全从计算机中移除的提示信息，此时即可安全拔下闪存盘了。否则告知设备正在使用中，需要先关闭相应文件和文件夹再进行关闭。

特别警示：如果闪存盘指示灯正在闪烁，那是系统正在对闪存盘进行读写操作，此时生硬地拔下优盘，对闪存盘可能是灭顶之灾，轻则造成下次无法读取出闪存盘信息，重则造成闪存盘内部的物理损伤。

在计算机硬盘多分区的情况下，一般闪存盘的盘符都是最后一个字母命名的移动磁盘，如果计算机上同时插入了两个闪存盘，此时很容易把两个移动磁盘的盘符搞混，建议为自己的闪存盘单独命名，使自己的闪存盘的名字很容易区别其他闪存盘。改名方法与在本窗口中修改文件或文件夹名字的方法相同。

2.4　控制面板与系统维护

控制面板是 Windows 中的一组管理系统的设置工具。设置可使计算机系统更符合自己个性化的需要，更方便使用。通过系统管理，还可以使自己的计算机系统更安全可行，力争更快更方便地排除系统故障。本节还介绍了一些检查系统硬件设备、测试设备是否正常的方法。

为了打开"控制面板"，可以在"开始"菜单中找到相应命令，也可以在"计算机"窗口左窗格的"桌面"下找到并单击"控制面板"，打开"控制面板"窗口如图 2-60 所示。

图 2-60 "控制面板"窗口

"控制面板"窗口中每个稍大的绿色文字是相应设置的分组提示链接，绿色文字下面的淡蓝色文字则是该组中的常用设置。单击任意绿色或蓝色文字都可以更细致观察或进行相应的设置。

2.4.1 显示外观和个性化设置

单击图 2-60 控制面板窗口中的"外观和个性化"链接，可以看到如图 2-61 所示更多详细设置项目，如设置桌面背景、文本大小、屏幕保护程序和任务栏开始菜单等。

1. 任务栏和开始菜单设置

例如，要想隐藏任务栏，隐藏"开始"菜单中的"游戏"组命令，使得找不到玩 Windows7 中游戏的入口。操作方法如下：

（1）单击图 2-61"控制面板"窗口中绿色文字链接"任务栏和「开始」菜单"，打开"任务栏和「开始」菜单属性"对话框，选中"任务栏"选项卡里"任务栏外观"下面的"自动隐藏任务栏"复选框，如图 2-62 所示。

图 2-61 "外观和个性化"中的更多设置项目

图 2-62 "任务栏和「开始」菜单属性"对话框

（2）单击切换到"「开始」菜单"选项卡，如图 2-63 所示，单击右上方的"自定义"按钮弹出"自定义「开始」菜单"对话框，拖动右边的滚动条，在"游戏"项目下面选中"不显示此项目"单选按钮，如图 2-64 所示。

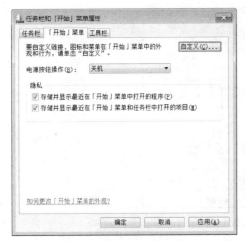

图 2-63 "「开始」菜单"选项卡

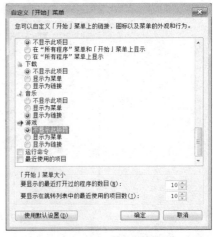

图 2-64 "自定义「开始」菜单"对话框

（3）单击"确定"按钮，返回图 2-63，再次单击"确定"按钮，即可看到任务栏被隐藏（消失）的效果，并且在"开始"菜单中再也找不到"游戏"命令了。

2. 为保护视力可进行的设置

现在依赖计算机长时间工作的人越来越多，眼睛的不适成为很多人的烦恼。为了保护视力能更长久使用计算机工作，强烈建议调整好显示器的亮度、对比度，可以尽可能降低屏幕对视力的伤害。调整屏幕亮度对比度的最佳原则是：在看屏幕信息即保证清晰又不费力的前提下，将屏幕亮度、对比度均调整到最小。

对于老式 CRT 显示器，一般显示器上有一些专门调整亮度和对比度的按钮（或旋钮），利用它们可以调整硬件到允许且最适合自己视力的范围是非常有益的。

现在主流显示器大多采用液晶技术，其上面的物理按钮通常很少。如果在利用硬件调整亮度、对比度到允许的最低后，依然感觉屏幕太亮不适合长时间工作，可以利用软件方法调整文字大小缓解用眼强度，还可以调整屏幕颜色值降低幕亮度。

单击图 2-61 窗口中"显示"下的"放大或缩小文本和其他项目"链接，弹出如图 2-65 所示的"显示"窗口，可以在其中选择放大到 125%或 150%比例，选择后单击"应用"按钮即可。

利用显示器上的硬件按钮调整了屏幕亮度之后，如果依然感觉屏幕太亮有刺眼感，可以再次通过软件方法把亮度调整到更低。

建议采用如下方法操作：

（1）首先打开一幅颜色丰富的图片文件，观察其色彩作为调整颜色前后的对比图。

（2）单击图 2-65"显示"窗口左边的"校准颜色"链接，弹出"显示颜色校准"操作向导，多次单击"下一步"按钮（前面几个步骤略），到弹出图 2-66 所示向导后，拖动"红、绿、蓝"每个颜色下面的滑块，调低对应值。

在调整"红、绿、蓝"每个颜色下面的滑块时要注意在图片和调整向导之间切换，观察整个屏幕亮度调整到不刺眼并且图片色彩失真较小到乐意接受的恰当程度。

（3）调整到较满意程度后单击"下一步"按钮，直至最后单击"完成"按钮。

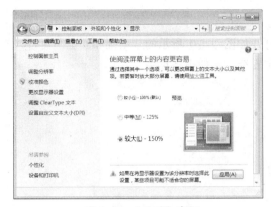

图 2-65 "显示"窗口

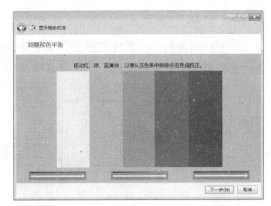

图 2-66 "显示颜色校准"向导步骤之一

2.4.2 设置日期和时钟

如果计算机已经接入互联网,要非常精确地调整系统日期、时间,最简单的方法如下:

（1）可以在图 2-60 的"控制面板"窗口的"时钟、语言和区域"链接中找到修改系统日期和时间的入口,也可以右击任务栏最右边的系统时钟,弹出如图 2-67 所示的月历和时钟,选择下面的"更改日期和时间"命令,弹出如图 2-68 所示的"日期和时间"对话框。

图 2-67 月历和时钟

（2）在"Internet 时间"选项卡中单击"更改设置"按钮打开如图 2-69 所示的"Internet 时间设置"对话框。

（3）选中"与 Internet 时间服务器同步"复选框,然后在服务器下拉列表框中选择"time.windows.com"选项,最后单击"立即更新"按钮。

（4）稍后即可见到对话框中显示同步成功的文字提示,单击"确定"按钮,然后依次关闭上述打开的对话框即可。

采用这种方法设置的时钟,至少可以保证时钟误差不超过 1 s。

图 2-68 "日期和时间"对话框"Internet 时间"选项卡

图 2-69 "Internet 时间设置"对话框

2.4.3　系统和安全

　　单击控制面板的"系统和安全"文字链接打开如图 2-70 所示的"系统和安全"窗口，里面主要提供了计算机硬件、软件信息以及相应安全方面的很多设置。

图 2-70　"系统和安全"窗口

1．了解系统硬件基本情况

　　新接触一台计算机，或检验新机器的硬件基本情况，一般通过了解其 CPU、内存容量等情况开始。操作方法如下：

　　在"系统和安全"窗口中单击"系统"链接，打开如图 2-71 所示的"系统"窗口，拖动垂直滚动条，即可看到本计算机的 CPU 类型、内存容量及计算机名、操作系统版本等信息。

　　在"系统"窗口中单击"设备管理器"文字链接，打开"设备管理器"窗口，在窗口中分别单击每个项目左边的三角" ▷"，即可看到本计算机显卡、网卡、声卡和 CPU 等主要设备型号的基本情况，如图 2-72 所示。

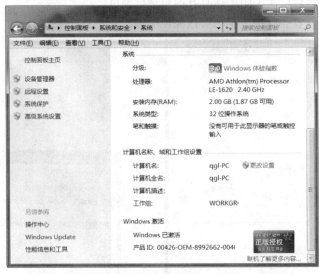

图 2-71　"系统"窗口

图 2-72 "设备管理器"窗口

2. 关于"自动更新"

Windows 自动更新是 Windows 操作系统的一项重要功能，也是微软为用户提供售后服务的最重要手段之一。随着 Windows 操作系统软件规模越来越大，难免会发现一些错误和安全漏洞，自动更新服务提供了一种方便、快捷地安装修补程序和更新 Windows 操作系统的方法。在用户启用 Windows 自动更新选项后，计算机会自动从微软公司的网站上下载最新的弥补系统漏洞的"补丁"程序，提升 Windows 的效能，使其变得更加安全。

在图 2-70"系统和安全"窗口单击"Windows Update 自动更新"下面的"启用或禁用自动更新"链接，打开如图 2-73 所示的"更改设置"窗口。

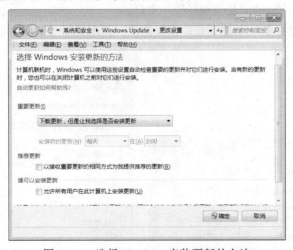

图 2-73　选择 Windows 安装更新的方法

可以根据用户的需要在"重要更新"下拉列表框中灵活选择自动下载更新、询问后决定是否更新和从不更新。

如果选择了自动下载更新，那么 Windows 将会在连接到互联网时自动搜寻并下载当前可以应用的补丁程序，并且以后的安装更新的过程也是完全自动完成的，一切都不再需要用户进行干预。

关于正版软件的小常识

在安装购买到的一套正版软件的过程中，一般都有如下字样的提示，"……本软件只限在一台计算机上安装并使用……"。经常有人专门借用朋友购买的正版软件安装盘，然后心安理得地认为自己使用的是"正版软件"。殊不知，在朋友已经在安装了该软件的情况下，再用同一正版光盘在自己的机器上安装，从法律上来说已然是盗版行为。简单地以为使用正版光盘安装软件即是使用正版软件，是一种自欺欺人的糊涂认识。

3. 系统还原

经常会出现计算机系统莫名其妙地变得不能正常启动或无法连接网络等不正常情况，除了硬件故障外，引起系统不正常的软件原因主要有下列几种：

（1）系统被计算机病毒感染。

（2）误操作删除了某些系统文件。

（3）错误地改变了某些计算机系统的设置。

（4）安装了某个与现有系统冲突的软件。

（5）错误卸载了不该删除的重要软件或组件。

还有一些其他不明的原因也会造成系统异常。对于非计算机专业的用户来说，很难判断引起系统错误的真正原因，处理起来也很为难。经常为此求人帮忙确实不是一件愉快的事，及早对系统备份以备将来不时之需还原系统无疑是一种简单快速解决问题之道。

建议刚购买（或接手）一台自己所有的计算机后，首先设置好网络连接，安装好所需要的各种软件，将系统各项必要的设置处理好并确认各个软件工作都能正常工作后，为避免未来软件系统故障进行一次系统备份（即创建一个还原点），操作方法如下：

（1）在图2-70"系统和安全"窗口中单击"备份和还原"下面的"备份您的计算机"链接，打开如图2-74所示的"备份和还原"窗口。

（2）单击左窗格中的"创建系统映像"链接，弹出如图 2-75 所示的"创建系统映像"对话框。

图2-74 "备份和还原"窗口

图2-75 "创建系统映像"窗口之一

（3）选择要创建系统映像到哪个磁盘上，比如图2-75中所示的 R：盘，然后单击"下一步"按钮，对话框成为图2-76所示的样式，单击选中要备份的驱动器为"WIN7 C:"盘，再单击"下一步"按钮。

（4）弹出如图 2-77 所示的对话框，单击"开始备份"按钮，然后系统开始备份。备份过程中可看到进度条慢慢推进，结束后给出提示完毕信息。

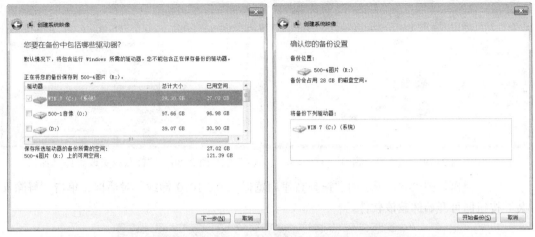

图 2-76 "创建系统映像"窗口之二　　　　图 2-77 "创建系统映像"窗口之三

备份之后，在 R: 盘上生成一个名字为"WindowsImageBackup"的文件夹。

如果某天系统出现故障，并对故障处理黔驴技穷时，利用前期早就预备好的系统映像，可以快速地使系统恢复到最初的状态。

操作方法如下：

单击图 2-74 备份和还原窗口中"选择要从中还原文件的其他备份"，然后指定恢复所用的 R:盘，即可顺利使系统盘恢复到备份前的状态。（细节略）

2.4.4　卸载程序

1. 卸载非 Windows 7 软件

很多软件在设计时就考虑的用户可能将来要卸载的问题，为此安装完该软件后即可在"开始"菜单中看到卸载该软件的命令。

例如，要卸载已经安装的"暴风影音 5"软件，可单击"开始"菜单，然后依次选择"所有程序"→"暴风影音 5"→"卸载暴风影音 5"命令，操作过程如图 2-78所示。

如果在"开始"菜单里找不到卸载某个软件的命令，即可通过控制面板"卸载程序"来实现删除软件。操作方法如下：

（1）打开"控制面板"窗口，单击"程序"链接，打开如图 2-79 所示的"程序"窗口，然后单击"程序和功能"下面的蓝色"卸载程序"链接。

图 2-78　卸载暴风影音 5 操作过程

（2）窗口切换成如图 2-80 所示的样式，例如选中一个要卸载的软件"搜狗高速浏览器

2.0.0.1070", 然后单击上面的"卸载/更改"链接。

图 2-79 "程序"窗口   图 2-80 "卸载或更改程序"窗口

（3）弹出如图 2-81 所示的"搜狗高速浏览器 2.0.0.1070 卸载"对话框，单击"解除安装"按钮即可开始卸载该软件。

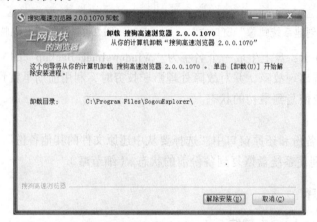

图 2-81 "搜狗高速浏览器 2.0.0.1070卸载"对话框

小知识：流氓软件

所谓流氓软件，也称"恶意软件"，是对网络上散播的带有不良目的软件的一种称呼。中国互联网协会公布的恶意软件的官方定义如下：

恶意软件（俗称"流氓软件"）是指在未明确提示用户或未经用户许可的情况下，在用户计算机或其他终端上安装运行，侵犯用户合法权益的软件。

流氓软件通常具有以下特征：

● 采用多种技术手段，强行或者秘密安装，并抵制卸载；

● 强行修改用户软件设置，如浏览器主页，软件自动启动和更改一些安全设置选项；

● 强行弹出广告，或者其他干扰用户工作占用系统资源的行为；

● 有侵害用户信息和财产安全的潜在因素或者隐患；

● 与病毒联合侵入用户电脑；

● 停用防毒软件或其他电脑管理程序做进一步的破坏；

● 未经用户许可，或者利用用户疏忽，或者利用用户缺乏相关知识，秘密收集用户个人信息、秘密和隐私。

一般流氓软件大多可能是广告软件、间谍软件、恶意共享软件。这些软件很多不是小团体或者个人的秘密所为，而是知名企业和团体涉嫌制作、传播此类软件。

流氓软件从来不提供正常的卸载工具，找不到卸载菜单或命令，强制清理流氓软件可以先在"卸载或更改程序"窗口中找到它然后卸载。如果卸载不成功，建议使用"360 安全卫士"、"瑞星卡卡上网安全助手"等免费工具进行强制卸载。下载这两款软件下官方网址分别是：

http://www.360.cn

http://www.rising.com.cn

2. 打开或关闭 Windows 功能

Windows 7 附带的程序和功能必须打开才能使用。多数程序会在安装后自动处于打开状态，有一些则在安装后默认处于关闭状态。例如，可能不希望别人利用自己的计算机玩 Windows 安装时自带的游戏，只要将其关闭即可。

操作方法如下：

（1）在控制面板的"程序"窗口中单击蓝色文字"打开或关闭 Windows 功能"链接，打开如图 2-82 所示的"Windows 功能"窗口。

（2）拖动垂直滚动条，找到"游戏"组件，取消选中"游戏"组件左边的复选框。

图 2-82 "Windows 功能"窗口

（3）单击"确定"按钮。

（4）关闭打开的各个窗口或对话框。

此时在开始菜单中"游戏"已经无影无踪了。

注意：

如果要打开某个功能，就选中其左边的复选框；

如果取消选中某个复选框，就是关闭该功能组件。

稍后看到提示安装或删除完成即可。

如果组件左边的方框中有""，表示该组件只有部分程序被打开。每个组件包含一个或多个程序，如果要打开或关闭组件的部分程序，则先选定该组件，然后单击其左边的"⊞"按钮可以展开看到更多细节。

2.4.5 账户管理

在安装 Windows 时，系统首先自动创建一个名字为"Administrator"的账户，这是本机的管理员，是身份、权限最高的账户。作为管理员，为了避免别人盗用自己的计算机，可以给自己的机器设置密码，不知道密码的人无法正常启动计算机。

创建密码和经常修改管理员密码是保障系统安全一个重要措施，对外人使用自己的计算机要加以一定限制也是保护自己的必要措施。关闭来宾账户可以避免不知道管理员密码又没有身份的人使用自己的计算机，实现这些操作必须在控制面板中完成。

1. 创建和修改密码

操作方法如下：

（1）在"控制面板"窗口，依次单击"用户账户和家庭安全"→"用户账户"文字链接，打开如图 2-83 所示的"用户账户"窗口。

图 2-83 "用户账户"窗口

（2）单击"更改用户账户"下面的"为您的账户创建密码"链接，打开如图 2-84 所示的"创建密码"窗口。

（3）在自己的用户名下面的两个文本框中输入相同的密码。

（4）单击右下的"创建密码"按钮，窗口如图 2-85 所示，此时看到原来显示"为您的账户创建密码"的文字换成"更改密码"。

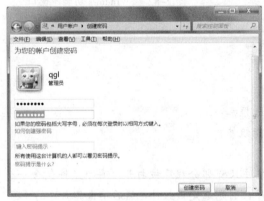
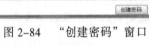

图 2-84 "创建密码"窗口

图 2-85 "用户账户"窗口出现"更改密码"

以后要修改密码只要再次打开"用户账户"窗口单击"更改密码"即可。

2. 管理其他账户

如果不得已多人共用自己的计算机，但是又想限制别人在自己的计算机上随意安装或卸载软件，可以启用来宾账户，或者为指定的某人专门创建一个权限受到限制的专用账户。

操作方法如下：

（1）单击"用户账户"窗口中"管理其他账户"文字链接，打开如图 2-86 所示的"账户管理"窗口。

（2）默认在 Guest 来宾账户下面显示"来宾账户没有启用"，表示不允许有这个账户登录到自己的计算机，现在单击这个账户，打开如图 2-87 所示的询问是否启用来宾账户窗口，单击"启用"按钮即可。以后开机或者切换账户的时候，会出现可供 Guest 来宾账户登录的界面。

图 2-86　"账户管理"窗口

图 2-87　启用来宾账户询问窗口

如果要创建一个新账户，单击图 2-86 下面的"创建一个新账户"链接，接下来系统会询问创建的账户名字、是否授权其为管理员权限等设置，由于其设置过程非常清晰易懂，请读者自行练习设置方法，此处不再赘述。

启动了来宾账户或者创建了新账户后，只要用管理员身份登录，在控制面板的"用户账户和家庭安全"窗口中，很容易找到关闭来宾账户和删除用户账户的入口，操作界面也易读易懂，按照自己的意愿选择相应操作即可。

2.5　课　后　作　业

1. 选中文件练习。

（1）练习选中 C 盘上的 Windows 文件夹。

（2）练习打开 C 盘上的 Windows 文件夹。

（3）练习选中 C 盘上的 Windows 文件夹中的前 10 个文件。

（4）练习选中 C 盘上的 Windows 文件夹中的后 10 个文件。

（5）练习选中 C 盘上的 Windows 文件夹中的全部文件。

（6）练习选中 C 盘上的 Windows 文件夹中的第 1、3、5、7、9 个文件。

（7）练习选中 C 盘上的 Windows 文件夹中的除第 3 个文件以外的前 10 个文件。

2. 显示文件模式练习。

（1）练习使资源管理器中的文件按不同方式显示，分别为"大图标"、"小图标"、"列表"、"详细信息"方式。

（2）练习使资源管理器中的文件排列顺序，为分别按"名称"、"类型"、"大小"、"修改日期"排列。

3. 资源管理器的显示形式操作模式的设置练习。

（1）练习使系统显示所有具有"隐藏"属性的文件。

（2）练习使系统显示所有已知文件类型的文件的扩展名。

4. 创建文件夹、复制、移动文件练习。

使用多种方法完成如下操作：

（1）在 E 盘上新建一个名为 ABC 的文件夹。

（2）在 ABC 文件夹中再新建一个名为"123"的文件夹。

（3）把 C 盘 Windows 文件夹中的 Pbrush.exe、Mshearts.exe 和 Write.exe 文件复制到"123"文件夹中。

（4）将"123"文件夹中的 Pbrush.exe 文件改名为 Pb.exe 文件。

（5）将"123"文件夹中的 Pb.exe 文件移动到上一级文件夹 ABC 中。

（6）将"123"文件夹中的 Mshearts.exe 文件复制到闪存盘上。

（7）将"123"文件夹中的 Write.exe 文件删除。

（8）练习打开和关闭资源管理器中的各个工具栏。

（9）练习转换当前文件夹。

（10）练习使资源管理器显示文件为详细资料方式，然后调整文件四个选项的分隔条位置。

5. 磁盘管理练习。

（1）以"完全"方式格式化闪存盘。

（2）以"快速"方式格式化闪存盘。

（3）重新命名闪存盘的名称为 Mydisk。

6. 创建一个以自己姓名命名的库，然后在打开库的同时还打开被库包含的文件夹窗口，练习复制、移动库中的文件，操作时观察文件夹内文件的变化。

7. 以管理员账户登录 Windows 7，练习设置或修改登录密码、新建一个其他类型的的账户、以新建的账户登录计算机，在多个账户之间切换，删除新建的其他账户。

8. 有条件的读者建议练习创建一个系统还原点，然后练习使用这个还原点恢复系统。

9. 练习从互联网下载一个 360 安全卫士软件并安装，摸索这个软件的使用方法。

第3章

➡️ Word 文字处理软件

Microsoft Word 被称做文字处理软件，但其能完成的功能已经远远超出了纯文字处理的范畴，其主要用于书面文档的编写、编辑全过程。除处理文字外，还可以在文档中插入和处理表格、图形、图像、艺术字、数学公式等。无论初级或高级用户在文档处理过程中所需实现的各种排版输出效果，都可以借助 Word 软件提供的功能轻松实现。毫不夸张地讲，Word 可以实现用户对文档处理文档要求的境界，已经近乎"所想即所得"，所以它也成为目前文档处理应用最广泛的应用软件。

3.1 Word 介绍

3.1.1 Word 窗口基本组成

启动 Word，可以按如图 3-1 所示方法，选择"开始"→"所有程序"→Microsoft Office →Microsoft Word 2010 命令，Word 启动后的窗口界面如图 3-2 所示。

窗口最上方居中位置为标题栏，最右边为最小化、还原/最大化、关闭按钮"— ▢ ✕"，最左边有快速访问工具栏"🖫 ⟲ ⟳ ▾"，默认放置保存、撤销和恢复 3 个按钮，右边有垂直滚动条，标题栏下面的一排文字称为选项卡，单击任意一个选项卡都可以在下面展开其对应的功能组。

标题栏下方的"文件 开始 插入 页面布局 引用 邮件 窗阅 视图 加载项"是 Word 2010 多个选项卡，每个选项卡由若干功能组组成，每个功能组内包含编辑文档时用到的一类工具。观察图 3-2 所示的 Word 窗口，看到的是"开始"选项卡中的各种工具按钮，其中包括"剪贴板"、"字体"、"段落"、"样式"和"编辑"五个功能组，每一个组内提供了多个实现编辑功能的命令按钮或下拉按钮，所有这些均为设置编辑文本和设置文本格式的主要工具。

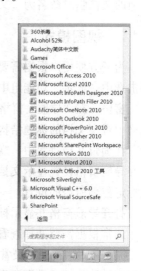

图 3-1　启动 Word 操作命令

将鼠标指针指向功能组中的任意一个按钮工具，稍微停片刻，还会在下方出现关于该按钮功能的简单说明信息。

由于 Word 功能极其丰富，不适于把全部功能命令都摆放到选项卡或功能组中，所以在有些功能组的右下角还提供一个形状为"▣"的扩展按钮，用来启动功能更丰富的对话框。读者可单击其中任意一个"▣"按钮，观察打开对应的对话框。

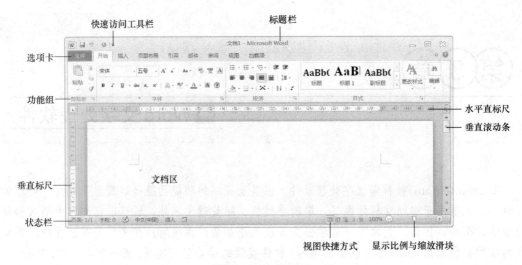

图 3-2 Word 窗口

熟悉各个选项卡和命令组中的功能的是高效工作的前提。如果在需要时找不到需要的工具，如同士兵在战场上找不到武器一样，完成任务就无从谈起了。

最下方是"状态栏"，里面包含了目前文档页数，当前所在页数，文档总字数、语言，其中显示的"插入"或"改写"反映了目前是改写还是插入状态。最右边的"□□□ □ □ 100% ○ □ ⊕"是切换视图模式按钮和调整文档在屏幕上的显示比例的滑块。

窗口中间最大的空白区域是文档编辑区。由于刚启动还没有打开任何文档，系统自动给当前的文档临时命名为"文档 1"。

3.1.2 视图模式

为了方便用户根据需要处理文档，Word 提供了多种视图模式，首先单击"视图"选项卡，单击选中"显示"功能组中的"导航窗格"和"标尺"复选框，可以看到窗口左边出现"导航"窗格。在"导航"窗格下面还有"□ □□ □□□"三个按钮，其中第一个按钮可以设置在导航窗格中观察文档的标题结构。

在编辑文档过程中，观察文档最常用最直观的是页面视图。在编辑处理长文档时，可通过在导航窗格设置显示文档各级标题查看整个文档结构，单击导航窗格中的标题则可快速把光标定位到所需的位置。

打开导航窗格并显示标题时的页面显示效果如图 3-3 所示。

通常根据需要选择查看文档视图模式，比较常用的视图及其用法如下：

（1）"页面"视图是最常用的显示模式，其特点是用户看到的文档显示样式即是打印效果，所以也被称为"所见即所得"的视图。

（2）"草稿"视图一般在处理文档中不可见的格式信息时使用。

（3）"阅读版式"视图则是主要在阅读时使用，尤其在目前显示器宽屏幕普及的情况下特别方便。进入"阅读版式"视图后窗口中的所有工具都隐藏了，需要按【Esc】键退出此视图状态，才能继续编辑文档。

图 3-3　在导航窗格显示文档标题时的页面视图示例

3.2　基本文字编辑

Word 最主要的功能是文字处理，在处理文字的过程中，涉及文字的主要操作有录入、删除、复制、移动和丰富的格式设置。纵观日常所见的各种现代和古旧书籍中的文字，文字出现在图书上的位置、形式实在是五花八门，样式繁多，下面通过几个文字排版的案例逐步介绍关于文字排版的技术。

3.2.1　案例 1——制作一个纯文字的文档

要制作的文档示例如图 3-4 所示。

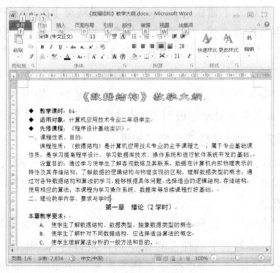

图 3-4　案例 1 文档示例

案例分析：

首行文字是"隶书"、"二号"、加粗、居中、空心。

正文前三行用到了以"◆"符号作为开头的项目符号。

文章中还使用了 A、B、C 开头的编号。

文章在磁盘的文件名是"《数据结构》教学大纲.docx"。

主要操作方法如下：

1. 建立文件

首先单击"文件"选项卡，窗口切换成如图 3-5 所示的样式，单击"左侧"的"新建"按钮，然后双击右侧的"空白文档"新建一个空白文档。

图 3-5　新建一个空白文档。

2. 在文档中按样文录入相应的文字

注意：录入一段文字后，如果文章需要另起一个新的自然段，应该按一次【Enter】键，此时会在段落文字末尾出现一个被称做段落标记的"↵"符号，并且光标另起一行，然后继续录入后面的文字即可。

在录入文字时，如果录入了错误的文字，按一次退格键【Backspace】可以删除光标前面的一个字符。录入结束后检查文档，如果发现有错误的文字，可以用任意光标移动键移动光标到有错误的文字前面，按【Delete】可以键删除光标后面的一个字符。

如果要在某个位置插入新的字符，首先将光标移动到相应位置，在确认状态栏显示"插入"时，直接录入文字即可将录入的文字插入。一般情况下，使用 Word 的用户都习惯在非"改写"时编辑文档。如果系统显示"改写"，只要按一下【Insert】键即可使其改为"插入"。

3. 设置文档的格式，使文字样式与样文相近

（1）处理文章的题目：首先用鼠标拖动方法，使第一行文字成为"《数据结构》教学大纲"黑色背景白色文字的样式，此操作称为选中文字块。选择文字块的目的是使以后的操作只对文字块中的全部文字有效。

为使本文要求的"隶书"、"二号"、居中格式，可以单击"字体"功能组"宋体 ▾"右侧的下拉按钮，在弹出的字体列表中选择"隶书"，再在其右侧"五号 ▾"字号下拉按钮上单击，选择"二号"，可以看到字体字号都改变了，再单击同一组中的"加粗"按钮 **B**；最后单击

"段落"功能组上"居中"按钮"",可以看到文字水平居中效果。

　　为了给文字设置空心效果,单击"字体"功能组右下的"▣"按钮打开"字体"对话框,在对话框"字体"选项卡可以看到刚才设置的"加粗"、"二号"、"隶书"效果已经成为选中项目,继续在"效果"栏中选中"空心"复选框,如图 3-6 所示,然后单击"确定"按钮,即可看到文字具有空心字的效果。

　　(2)选中文档标题外的前三行文字,为给每行前面添加实心菱形的符号,直接单击"段落"功能组左上角的"项目符号"按钮"≔",可以看到下面展开可供选择的项目符号,选择其中的"◆"符号,如图 3-7 所示。

图 3-6　"字体"对话框

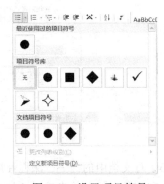

图 3-7　设置项目符号

　　(3)为了把标题下三行文字的前四个汉字设置成黑体字,可以利用 Word 先标记选中"列块"的方法快速设置,方法如下:

　　首先按住键盘上的【Alt】键不放,同时用鼠标以图 3-8 所示的"教"字为起点,拖动鼠标到右下角"先修课程"的"程"字右边,这样可以选中一个称为"列块"的方阵区域内的文字,然后单击"字体"下拉按钮选择"黑体"即可。

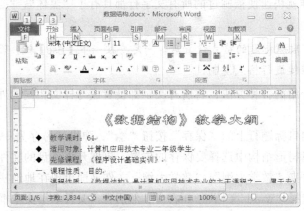

图 3-8　选择列块文字

　　(4)注意到后面很多段落开头都符合中文段落首行空两个汉字的中文惯例,为此将光标移动到要空两个汉字宽的段落中,然后单击"开始"选项卡"段落"功能组右下角的"▣"

按钮打开"段落"对话框，在"缩进和间距"选项卡中的"特殊格式"下拉列表框中选择"首行缩进"，然后在右边的"磅值"中选择"2 字符"，如图 3-9 所示。如此即可使光标所在的段落首行自动缩进两个汉字宽度。

图 3-9 "段落"对话框

（5）对文档中的"一、课程性质、目的"可以先选中这行文字，参照设置上面（1）的操作方法利用"字体"、"字号"、"加粗"等工具，设置其为"黑体"、"四号字"，"加粗"，使其与样文的文字效果相同。

在文档中还有一些"二、……"、"三、……"等与此要求同样格式的文字，依次先选中再分别进行如上三种设置就显得过于麻烦，此时可以选中已经设置好格式的"一、课程性质、目的"，然后双击"格式"工具栏上的"格式刷"按钮"✔格式刷"，这时鼠标指针成为格式刷的样式，然后依次像选中文字块的方法一样，拖动刷子形状的鼠标刷"二、……"、"三、……"等标题义字行，这样就快速使被刷过的所有文字行都具有了"黑体"、"四号字"、"加粗"的样式。

注意：完成全部次级标题的格式设置后，一定要按一下【Esc】键，否则鼠标指针会保持刷子的样子不变，继续进行格式复制。

（6）采用上面介绍的各种方法，将所有文字都设置成与样文相同的外观，即基本完成了文档的制作。

（7）最后单击窗口标题行上的"保存"按钮"🖫"，弹出"另存为"对话框。

在左窗格的磁盘树形结构中选择要保存的位置，再展开该磁盘的文件夹，最后双击选择保存文件所在的文件夹"教学大纲"，"教学大纲"文件夹即出现在地址栏中，注意"保存类型"下拉列表框中选择"Word 文档（*.docx）"，然后在"文件名"文本框中输入要保存的文件名《数据结构》教学大纲"，如图 3-10 所示，最后单击"确定"按钮即可完成文档的全部制作过程。

图 3-10 "另存为"对话框

补充知识：

一般录制文档大都只关注文字内容，所录入的文字为文本信息。就像开会传达上级文件原文一般，朗读者只读出文件中的文字内容，绝对不会宣读这些话都采用了什么字体、字号，每一段文字有什么颜色或被突出表示某种效果。但是文档印刷体却是带有上述字体、字号、颜色、缩进、着重号等丰富信息的，这些除文本以外的丰富信息都统称为"格式"，是为了排版美观和书面表达文件精神用的额外信息，在文字排版处理软件中是非常必要和常用的。

广义地讲，文档外观的一切信息都可以统称为格式，除了上述提到的格式以外，还包括诸如文档所用的纸张大小、上下左右各留了多少空白、文档的页码、页眉页脚位置，哪些文字需要另起一页等。只是为实现这些效果对应的操作功能实在太多，用户的要求又极其丰富，所以 Word 根据功能分类大都放在不同选项卡内。

小结：

上面利用格式刷快速设置文字具有相应格式的操作方法，就是把最初所选文字所具有的格式信息（上例中的"黑体"、"四号"、"加粗"等）粘（复制）到刷子上，用这样的刷子刷其他文字，当然被刷的文字也就具有了刷子上"粘有"的格式信息了。格式刷按钮提供了一种高效率设置文字格式的方法。

操作方法扩充：

（1）在编辑和制作文档过程中，一般应提前做上面的保存文档操作，这样可以将文本尽早保存到磁盘上，避免突然断电或系统死机等故障使前期的工作成果丢失，造成较大损失。

（2）在编辑和设置过程中，还可以借助剪贴板把已经录入的文档快速复制或移动到文档的任意位置。

（3）在工作过程中，如果在未关闭文件之前出现了误操作，没必要为错误操作后悔不迭，随时可以单击"快速访问"工具栏上的"撤销"按钮"↻ ▾"使文档重回到错误操作之前的状态，Word 允许撤销的次数基本不加限制，只受系统内存容量的局限。

3.2.2 案例 2——合并多个文档制作一个文集

案例 1 只制作了某专业的一门课程的教学大纲。其实每门课程都由任课教师分别编写了各自的教学大纲。本案例就是要将所有教学大纲合并成一本专业大纲文集，并且要求文集具有如下格式：

（1）全部大纲合并在一起后统一编页码，奇数页的页码放在纸张的右下角，偶数页的页码放在纸张的左下角位置。

（2）全文中每篇教学大纲一定在一张纸的首部开头（即每篇文章读另起一页开始）。

（3）文集前面有目录，目录列出各教学大纲的题目和起始页码。

（4）每页上面列有"内部讨论暂不外传"字样。

（5）文集采用 16 开纸张双面打印。

操作方法如下：

1. 将全部大纲文档合并到一个文档

（1）新建一个空白文档。

（2）单击"插入"选项卡，单击"文本"功能组"对象"的下拉按钮，最后如图 3-11 所示单击"文件中的文字"命令，打开"插入文件"对话框。

图 3-11　插入文件操作

在对话框左边找到并双击被插入文件所在的文件夹，保持"文件类型"下拉列表框中默认的"Word 文档（*.docx）"，即可找到事先用 Word 编写并保存的全部大纲文件。首先选中第一个文档，按住【Shift】键的同时单击最后一个，即可选中全部要插入的大纲文件，如图 3-12 所示，最后单击"插入"按钮，即可将全部的大纲文件合并到当前一个文档中。

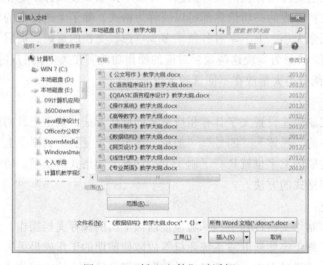

图 3-12　"插入文件"对话框

操作时务必注意一个细节：如果强调插入文档的顺序，可以分多次逐个插入文档，在每次插入新文档之前，一定要将光标定位在全文的最末尾并保证光标在一个新段落行开头，以确保各个大纲文档首尾相接，避免文档出现混乱。

（3）为了避免后期出错造成文档损失，选择合适磁盘、文件夹及时保存文档到"教学大纲汇编.docx"。

2. 设置 16 开纸张、添加页眉和页码

（1）单击"页面布局"选项卡，在"页面设置"组中单击"纸张大小"下拉按钮，在下拉列表框中选择"16 开（18.4×26 厘米）"，如图 3-13 所示。

（2）由于要求页码在奇偶页中位置不同，所以要双击页眉区域或页脚区域（靠近页面顶部或页面底部打开"页眉和页脚工具"选项卡），观察这里面提供了非常丰富的工具。借助它进行如下几个操作：

① 在"选项"组中，选中"奇偶页不同"复选框，如图 3-14 所示。

② 单击"导航"组的"转至页眉"按钮，然后输入"内部讨论暂不外传"几个字并设置成小五号字。

图 3-13　设置纸张大小

③ 单击"导航"组的"转至页脚"按钮使光标出现在页脚处，注意观察当前处在奇数（或偶数页）页脚位置，单击"页眉页脚"组的"页码"下拉按钮，在列表框中选择一种对应放在右侧（或左侧）位置的页码。

图 3-14　设置页眉页脚奇偶页不同

注意： 由于前面设置了页眉页脚奇偶页不同，所以在奇数页和偶数页的页眉要两次插入页眉文字，在奇数页和偶数页页脚位置也要分别插入页码。

3. 设置每篇教学大纲另起一页

把光标定位到第二篇教学大纲的起始处，然后在"插入"选项卡的"页"组中单击"分页"按钮。如法炮制，在后面每篇大纲起始处都重复这一操作即可。

4. 制作目录前的准备工作

前面的案例 1 只是考虑制作一个独立的大纲，一般只是把文章题目设置成粗大醒目的文字即可表示文章的题目。但是，计算机无法通过文字大小、粗细确认哪些是将来要进入目录的标题，为了后面自动生成目录，需要告诉计算机文章真正的标题是哪些，必须借助"样式"的设置实现这一目的。

（1）浏览全文找到并定位光标到一个大纲文档的题目行，然后在"开始"选项卡的"样式"组中单击"标题 1"。

重复本操作，可把每篇文章的题目行都设置成"标题 1"样式。

结合本大纲每个文档题目行都有"教学大纲"四个字的特点，为快速找到所有文章题目，在"开始"选项卡最右边的"编辑"组中直接单击"查找"按钮（不要单击其右边的下拉按钮），窗口左侧弹出"导航"窗格，在该窗格下面的"搜索文档"文本框中输入"教学大纲"四个汉字然后按【Enter】键，窗口成为如图 3-15 所示样式。

注意在导航窗格每单击窗格中一行有"教学大纲"四个字所处的文字行，就是相当于将其光标定位到该行，如果判断其为一篇教学大纲的起始行，即可用前面介绍的方法设置其为"标题 1"样式，这样设置所有大纲题目为"标题 1"就快多了。

（2）将各大纲的题目行都设置好标题样式后，单击"导航"窗格下面的"浏览您的文档中的标题"按钮""，可以看到文章的所有标题都出现在左边窗格中，如图 3-16 所示。

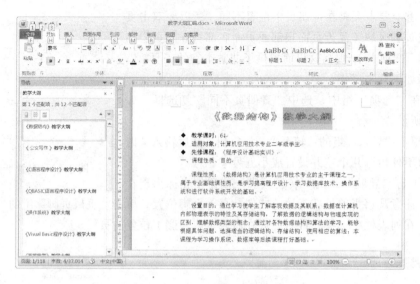

图 3-15 "导航"窗格

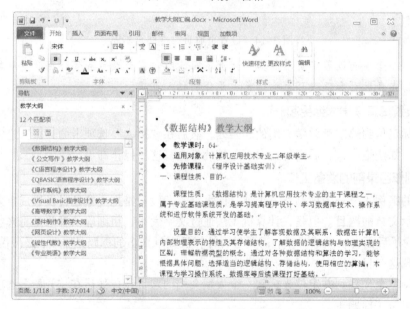

图 3-16 在导航窗格显示有文档标题的文档视图

5. 调整文章的顺序

在实际工作中，很少有文集把文章按照随意的顺序汇编成册，所以文集也必然涉及重新排列文章顺序的问题。借助文档结构图，可以很容易地调整文章在文集中的顺序。比如，要把"《数据结构》教学大纲"调整成最后一篇文章，可进行以下操作。

（1）单击文档结构图中的"《数据结构》教学大纲"，光标定位在此文章的第一行第一个字符左侧，按住【Shift】键的同时连续按向下的光标键，直至到其下一篇文章的上一行，按住【Shift】键不放手，再按一下【End】键，即可选中此文章的全文，单击"开始"选项卡"剪贴板"组"   剪切"按钮，将其移动到剪贴板上，然后把光标定位在全文的末尾，再单击"粘贴"按钮，即移动文章到最末尾的位置。

（2）多次采用"选中"、"剪切"、重新定位光标、"粘贴"几个简单操作，可以把文集中的所有文章全部重新排列成所需要的顺序。

6. 生成目录

为把目录放在文档最前面，将光标定位在文章开头位置，切换到"引用"选项卡，单击"目录"组中的"目录"按钮，在弹出如图 3-17 所示的下拉列表框中选择"自动目录 1"命令，即可看到文档开头出现了目录。

单击目录中的文字，把鼠标指针移到生成的目录左侧，可以看到如图 3-18 所示的效果，右侧有页码，标题和页码之间有连续"……"作为分割符号。实际正常显示和打印时只有其中为文本标题和页码，不会打印上面的"更新目录"和周边的细框线。

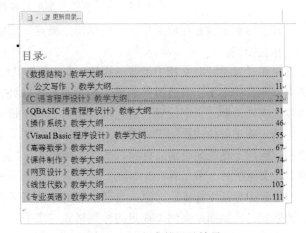

图 3-17　插入目录命令　　　　　　　图 3-18　生成的目录效果

7. 双面打印文集

单击"文件"选项卡，窗口切换后单击"打印"按钮，窗口成为如图 3-19 所示的样式。

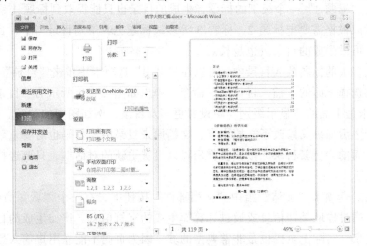

图 3-19　打印与预览视图

窗口左窗格是有关打印的设置工具，右边是打印视图。观察在打印视图右下方有调整显示比例的滑块 ，拖动滑块可以放大或缩小查看文档，当显示比例足够小时还可以看到同时预览多页的效果。拖动垂直滚动条还可以切换页面，也可以单击左边的"◂ 1 共119页 ▸"两侧的按钮切换预览页面。打印前应认真预览查错及时修改文档，避免打印出废品。

预览后在左窗格"设置"下面选择"打印所有页"，在"页数"列表框中选择"手动双面打印"，接通打印机并放好纸张，然后单击上面的"打印"按钮，系统开始打印全部奇数页，打印完毕后弹出图 3-20 所示的信息框，其含义是提示取出打印好的纸张然后翻面再送入打印机以便在奇数页背面继续打印偶数页。

图 3-20　提示取纸并翻面后放回纸张继续打印

按上述提示做好相应工作，然后单击"确定"按钮即可打印所有的偶数页。

补充知识：

页面设置是针对文档中纸张的设置，本案例涉及纸张大小的选择，还可以设置纸张横向、竖向以及页的上下左右边距的长度。由于通常页眉页脚是对文档全部纸张首尾的局部设置，所以也需要借助"页面设置"对话框对页眉页脚做相应的规定。

请正确理解样式中的"标题 1"，这里的"1"不是第一个标题的意思，它标识的是标题级别，标题 1 是最高级别的标题，当然"标题 2"、"标题 3"是指第 2、第 3 级别的标题，一般对应文章的章、节、目。

设置了标题 1 样式后，原来自己设置的标题文字的格式就会自动更改为样式中标题 1 默认的格式，比如原来案例 1 规定的标题格式"隶书"、"二号"、"居中"、"空心"都无效了，如果还要坚持使用这种格式，可以重新选中标题文字，在保持具有"标题 1"样式的基础上再次重新设置其为"隶书"、"二号"、"居中"、"空心"，然后借助格式刷快速把后面同类的标题都设置成统一的格式。

本文只有"标题 1"一个级别的标题，生成的目录也只能提取到标题 1 级别的标题，在一般应用中可以根据需要把标题 2、标题 3 等多级标题也收录到目录当中，目录中采用的标题级别越多，可供生成的目录页也越长。

要想把更多级的标题放入目录中，可以在"引用"选项卡中单击"目录"组内的"目录"按钮，然后再选择下面的"插入目录…"命令，弹出如图 3-21 所示的"目录"对话框，在"目录"选项卡最下面的"显示级别"中设置更多及目录，例如图中的"5"。

生成目录之后如果又修改了文档内容，文档原来目录中的页码也需要重新更改，此时单击图 3-18 上面的"更新目录"按钮会弹出可以设置更新的对话框，只要选择更新整个目录即可（过程略）。

在"插入"选项卡"文体"组中"文档部件"按钮下，有一个"域"命令，"域"是指需要由 Word 通过提取某些信息或通过计算而生成的字符信息。比如生成的目录是提取了样式中的标题文字。实际上页码也是非常典型的域，因为页码不能靠用户输入数字，可以尝试一下把在第一页该放页码的位置直接输入一个页码数字"1"，此时会看到全文奇数页的页脚处都错误地以输入的数字"1"做页码。

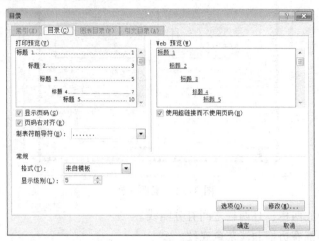

图 3-21 "目录"对话框

如果某处的文字是作为"域"出现的，单击该处，你会看到它自动以有灰色底纹出现，可以以此作为分辨是用户键入的字符信息还是"域"内容。右击域文字可以执行诸如【更新域】命令重新提取信息。

技巧：

在案例中多次需要在每篇文章前插入分页符，总利用菜单命令打开"分隔符"对话框是件非常繁琐的工作。在插入了第一个分页符后，可以利用【F4】"重复上一次操作"的快捷键，把插入"分页符"操作简化。方法是利用"文档结构图"定位光标到每篇文章首行的开头位置，按【F4】键立即重复前面的操作，即再次插入一个分页符号。

在批量处理同样内容的时候，妙用【F4】键是非常享受的事。案例中需要屡次设置样式为"标题1"，在第一次设置样式为"标题1"后，以后每把光标定位在找到的一篇题目行后立即按一次【F4】键，即可迅速完成设置"标题1"，大大提高工作效率。

小结：

通过本案例，读者学习了批量插入文件操作，了解了进行页面设置的内容以及"页眉和页脚"工具栏的使用，了解了插入页码的设置方法，知道了为什么要使用分页符，同时知道了通过使用"样式"可以告诉计算机哪些行的文字是文章的标题，以及作为目录的"域"的来源以及更新域的操作方法。

读者还应该了解"打印"对话框中一些非常有用的选项，比如在"页面范围"栏中：

（1）选中"当前页"是只打印光标所在的一页内容。

（2）选中"所选内容"是只打印选中的内容，为此要求打印前先选中一些内容。

3.2.3 案例3——制作一个格式丰富的文档

要制作的文档如图 3-22 所示。

案例分析：

（1）纸张为 32 开、横向。

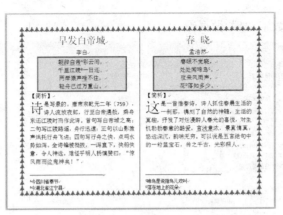

图 3-22　案例 3 样文

（2）全文均分成两栏，且两栏之间有分隔线。

（3）两首唐诗都有边框和淡灰色底纹。

（4）整个页面有边框。

（5）唐诗部分字词右上方有 A、B、C、D 编号，在文档底部还有编号字词的注释（称为脚注）。

（6）两处用到首字下沉 2 行。

制作文档操作方法：

1. 录入文字

新建一个空白文档，然后录入文字。录入时先不考虑各种格式，尤其是对唐诗字词右上有字母的地方不要录入字母，也不必录入脚注的文字内容，待将来采用插入脚注时计算机会自动用字母标记。

2. 页面设置纸张大小、方向、边距

在"页面布局"选项卡的"页面设置"组单击"纸张大小"按钮，在弹出的下拉列表中按照图 3-23 所示选择"32 开"。

单击"纸张方向"组"纸张方向"按钮，选择"横向"。

单击"纸张方向"组"页边距"按钮，在列表框最下位置选择"自定义边距"命令，如图 3-24 所示，打开"页面设置"对话框，然后切换到"页边距"选项卡。

设置页的上、下、左、右边距与图 3-25 中的数值一致，然后单击"确定"按钮。

3. 设置分两栏

按【Ctrl+A】组合键选中文档全部内容，在"页面布局"选项卡中单击"页面设置"组中的"分栏"按钮，选择下面列表框中的"更多分栏…"命令，弹出"分栏"对话框，按照图 3-26 所示设置"栏数"为 2，选中"分隔线"复选框，然后单击"确定"按钮。

4. 设置底纹和边框

（1）在"页面布局"选项卡中单击"页面边框"按钮打开"边框和底纹"对话框，在对话框的"页面边框"选项卡中首先单击左边"设置"栏下的"方框"，这是表示选用页边框，然后在中下的"艺术型"下拉列表框中选择一种与案例图示接近的图案"松树"，最后在"宽度"数值框中把宽度设置为 10 磅，如图 3-27 所示，单击"确定"按钮关闭对话框。

图 3-23　设置纸张大小为 32 开

图 3-24　执行"自定义边距"命令

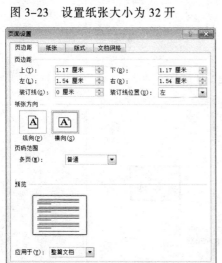

图 3-25　设置页边距

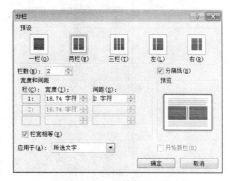

图 3-26　"分栏"对话框

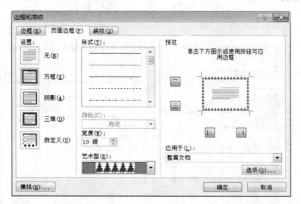

图 3-27　"边框和底纹"对话框的"页面边框"选项卡

（2）选中第一首要设置边框的诗词部分，再次打开"边框和底纹"对话框，单击"边框"选项卡，再单击左边"设置"列表框内的"边框"，然后在"线型"列表框中选择"双细线"，设置结果如图 3-28 所示。

第 3 章　Word 文字处理软件

（3）切换到"底纹"选项卡，单击选中左边"填充"栏内的一种淡灰色，如图3-29示，然后单击"确定"按钮关闭对话框。

（4）选中第二首诗词，按【F4】键复制刚刚完成的设置边框和底纹的操作。

至此，文稿的样式如图3-30所示。

图 3-28 "边框"选项卡

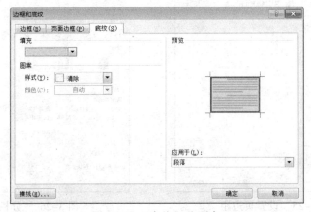

图 3-29 "底纹"选项卡

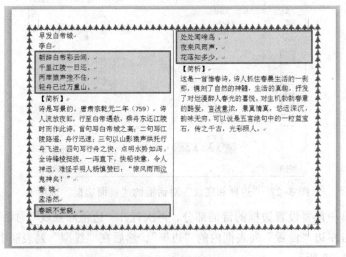

图 3-30 文稿暂时的样式

5. 设置文字的字号、对齐方式

（1）选中第一首诗词首行标题，单击"开始"选项卡"段落"组里的"≡"按钮使其居中，之后每按一次【Ctrl+]】组合键，可以使选中的文字增大 1 磅，增大至 19.5 磅。注意在按【Ctrl+]】组合键时，可以看到"字体"组里"字号"中的数值在增大；然后采用同样方法使第二首诗词的标题行具有相同格式。

（2）分别选中两首诗词的作者"李白"和"孟浩然"及他们的诗词，使其段落"居中"。

（3）选中第一首诗词（四行诗句），在"开始"选项卡中单击"段落"组右下角的"⬓"按钮弹出"段落"对话框，设置其左、右各缩进 2 个字符，对话框如图 3-31 所示，然后同样设置第二首诗词也左、右各缩进 2 个字符。

6. 为要注释的文字加脚注

（1）将光标定位到要加注释文字"白帝"的右边（示例中有 A 字母的地方），在"引用"选项卡"脚注"组单击右下角的"⬓"按钮，打开"脚注和尾注"对话框，选中"脚注"单选按钮，再在"编号格式"下拉列表框中选择大写字母的"A、B、C……"，设置结果如图 3-32 所示，然后单击"插入"按钮，光标出现在页面底端。

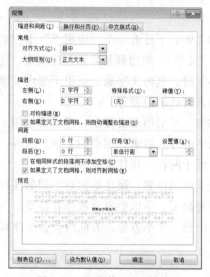

图 3-31 "段落"对话框

图 3-32 "脚注和尾注"对话框

（2）此时可以看到原来被注释的文字处出现字母 A，下面放脚注的位置也出现 A，光标正好在放脚注的位置，键入注释的具体文字"今四川省奉节"。

（3）采用同样方法给要注释的另三处文字加上脚注文字。

（4）分别选中 A、B 两行脚注，弹出"段落"对话框，设置其"段前"、"段后"间距均为 0 行，选中 C、D 两行脚注后按【F4】功能键重复做同样操作。

至此文档暂时为如图 3-33 所示的样式。

7. 设置首字下沉 2 行

（1）将光标定位到第一个要首字下沉的段落，单击"插入"选项卡"文本"组里的"首字下沉选项"按钮打开"首字下沉"对话框，在"位置"选项区域选择"下沉"，再在"下沉行数"数值框中设置为 2 行，如图 3-34 所示。

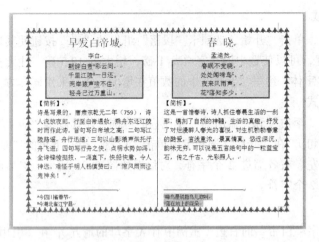

图 3-33　输入了脚注后的文档　　　　　　图 3-34　"首字下沉"对话框

（2）将光标定位到第二个要首字下沉的段落，按【F4】键重复设置首字下沉。

8. 命名并保存文档到磁盘适当位置

补充知识：

本文档用到了段落边框相关操作，观察图 3-29 右下还有一个"应用于"下拉列表框，其中有"段落"和"文字"两个选项。如果选择"文字"，则边框是紧紧包住文字，通常用于已经去世人的姓名；当"应用于"选项是"段落"时，框内文字通常应用于框内文字独立于正文，比如引用别人文章，或者在别人文章中加入自己的前言等。

页面边框则主要用在比较夸张的艺术型文章中，花哨但未必雅致，应慎重使用。

分栏和边框广泛用于超短的小文，比如报纸中的寻人启事、短小的文字广告等，几乎每天的报纸都在大量使用这种技术，只是分栏不局限于两栏，往往是更多栏。

脚注是把对字词的注释放在与字词同页的最下面的位置，尾注是把对字词的注释放在文章的最末尾处。由于脚注可使查看注释文字不需要翻页，所以更容易被读者接受。当把鼠标指针指向被注释的文字时，被注释的文字处自动出现一个小方框，方框内会显示注释的文字内容，使阅读非常方便。

小结：

"磅"是印刷技术中描述高度、宽度或文字大小的单位。由于文字排版通常以视觉美观为排版的一般标准，不需要绝对精确计算，当事先无法预知文字多少磅（或说多大）才适宜版面时，采用连续把文字放大或缩小 1 磅的技术，可以极快地编排出文字大小适合版面的文档。请牢记把文字放大 1 磅的快捷键是【Ctrl+】】，缩小 1 磅的快捷键是【Ctrl+[】。如果在大屏幕上使用 Word 文档进行演示，快速增大或缩小文字的操作可以毫不费力地把文字放大到适合所有观众看清文档中的文字。

3.3　表格的编辑

在 Word 中组成表格的方格称为单元格。在文档中可以创建表格，对创建的表格还可以改变内、外线条的粗细和颜色、在单元格中添加斜线，也可以对单元格进行设置底纹颜色，还能够把一些连续的小单元格合并成一个大的单元格，与之相对也可以把大的单元格拆分成小单元格，添加或删除行、列，调整行高和列宽更是表格处理过程中必不可少的基本功能。

在 Word 表格中，可以对表格中的数据进行多种计算和排序处理，只是计算功能不够方便，所以不建议直接在 Word 中制作包含大量计算的表格，实在需要在文档中使用这样的表格，可以考虑先借助专用的电子表格软件对表格进行各种必要的计算处理，然后把表格直接粘贴到文档中即可。

下面通过几个表格处理案例逐步介绍关于表格的各种主要处理技术。

3.3.1　案例4——创建并修饰表格

制作一个如图 3-35 所示的表格，表格要求如下：

（1）50 行（占 2 页）、5 列的表格。

（2）第 5 列除首行外是一个连通在一起的合并单元格。

（3）课程名所在行和姓名所在列的单元格有灰色底纹。

（4）表格外框用"════════════"线条，内框用"────────"线条。

（5）第 1 行第 1 列单元格内有斜线，斜线两边有不同文字。

（6）文字大小适中，多数居中对齐，表在纸张内居中。

（7）表格的每页都有栏目行。

制作方法如下：

1. 创建表格

（1）新建一个空白文档，录入表题文字"考试成绩公示"并设置字体字号和居中格式。

（2）在"插入"选项卡单击"表格"组中的"表格"按钮展开其下面的众多表格工具，从"插入表格"下面第一个单元格拖动鼠标到第 5 行第 5 列即可。拖动时操作界面如图 3-36 所示，松开鼠标按键后得到如图 3-37 所示 5 行 5 列的表格。

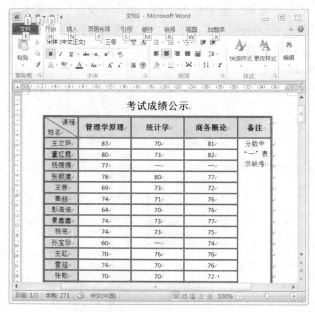

图 3-35　要制作的表格示例样文

图 3-36　拖动方法绘制表格界面

当光标进入表格内任意位置时，注意观察插入表格后窗口标题行的位置出现"表格工具"字样，下面多出"设计"和"布局"两个选项卡，分别单击这两个选项卡看到里面的功能组如图3-37和图3-38所示，都是针对表格操作的各种工具。

图3-37　绘制表格后的"设计"选项卡

图3-38　"布局"选项卡

（3）调整行高和列宽

单击表格使光标进入到表格中，立即可以看到每条竖线在水平标尺上对应出现一个"▦"形状的按钮，在水平方向拖动它可以调整其下面对应表格竖线的位置，即调整列的宽度；同样表格中的每个横线在左侧的垂直标尺上也对应有一个"▱"形状的按钮，上下方向拖动它可以调整其对应表格横线的位置，即调整行的高度。

拖动水平滚动条和垂直滚动条上的相应按钮，调整列宽、行高按钮至满意为止。

2．修饰表格框线和底纹

（1）从左上角单元格拖动鼠标到右下角单元格，选中整个表格，单击"设计"选项卡里"绘图边框"组内左上的第一个"笔样式" ————— 下拉按钮，单击选择要使用的外框线"═══════"，如图3-39所示；单击"表格样式"组的"边框"下拉按钮，在下拉列表中选择"⊞　外侧框线(S)"，如图3-40所示。

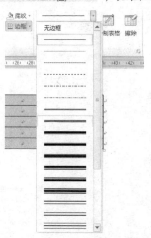

图3-39　选择线型

图3-40　将线型应用于外框

（2）采用上面方法选择线型"━━━━━━"，将其应用于内部框线。应用于内框的按钮"┼ 内部框线(I)"正好在外框选项的正下方，参见图 3-40。

（3）从第 1 行第 1 列单元格拖动鼠标到第 1 行第 5 列单元格，即选中了第 1 行，然后单击"设计"选项卡上的"表格样式"组内的"底纹"按钮，在下面弹出的颜色列表框中选择如图 3-41 所示的"白色，背景 1，深色 15%"颜色。选中第一列除顶行的单元格，采用同样方法设置底纹颜色。

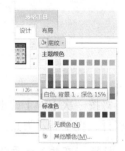

3. 绘制斜线

重新选择"笔样式"的线型为单实线"━━━━━━"，然后单击"表格工具"选项卡"绘制边框"组内的"绘制表格"按钮，鼠标成为一只铅笔的形状"✐"，从第 1 行第一列单元格的左上角拖动鼠标到该单元格的右下角，在表格内即绘制了一条斜线。

图 3-41　设置底纹颜色

手动绘制线段后按一下【Esc】键，鼠标指针形状即可恢复正常形状。

4. 合并第一行单元格

拖动鼠标滑过第 5 列除第 1 行外下面所有的单元格，使这些单元格处于选中状态，参看图 3-38"布局"选项卡，单击"合并"组内的合并单元格按钮"合并单元格"，第 5 列除最上面的单元格外，所有单元格都合并成一个竖长条的大单元格。

5. 录入文字

（1）依次将光标定位在各个单元格，录入相应的文字。

在有斜线单元格录入文字时，先录入"课程"后按【Enter】键，可以看到光标依然在该单元格，然后录入"姓名"，成为图 3-42 左边的样式，参照前面介绍的设置段落操作使第一行的"课程"右对齐，使第二行的"姓名"左对齐，即可看到单元格变为图 3-42 右边所示两组文字分放在斜线的两边的样式。

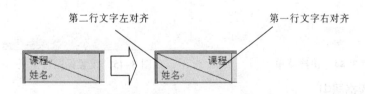

图 3-42　设置单元格内数据在斜线两边的方法

在表格处理过程中随时可以使用"开始"选项卡中的各个工具对表格中的文字设置字体、字号、居中等格式。

（2）设置斜线并录入文字后表格如图 3-43 所示。其中第 1 行右侧的四个单元格内的文字太靠上很不美观。为设置这些文字到水平和垂直均居中的位置，首先选中这四个单元格，单击"布局"选项卡中"对齐方式"组左边的九个对齐方式中第二行第二列的"水平居中"按钮 ▤，这将使表格中的文字在水平和垂直方向均处于居中位置。

6. 增加表格行数

单击最后一行任一单元格，在"布局"选项卡中单击"行和列"组内的"在下方插入"按钮，即在下面增加了一个空行。

考试成绩公示

课程 姓名	管理学原理	统计学	商务概论	备注
王立妍	83	70	81	分数中"一"表示缺考
董红霞	80	73	82	
杨媛媛	77	一	一	
张颖婕	78	80	77	

图 3-43　录入文字后的表格

每按一次【F4】键重复在下方插入一空行。如果按住【F4】键不放手，可以快速连续插入多行，直至满意为止。有了更多数据行，即可把所有人员的成绩情况录入表格中。

注意：在插入若干新行后把第 5 列除第一行外的所有单元格再做一次合并单元格操作。

7. 设置表格标题行（第 1 行）在每页都显示

录入数据到表格跨过第 1 页时会发现，由于表格跨页后看不到第 1 页上的栏目行使得表格非常不直观。为了使表格中以第 1 行作为表格的标题行自动出现在跨页后的表格上方，首先应选择表格第 1 行文字，然后右击选中的任一单元格，弹出图 3-44 所示快捷菜单，选择"表格属性"命令，打开"表格属性"对话框。

在"表格属性"对话框的"行"选项卡里选中"选项"栏下面的"在各页顶端以标题行形式重复出现"复选框，如图 3-45 所示。

图 3-44　快捷菜单

图 3-45　设置标题行重复

8. 设置表格居中

继续在上面"表格属性"对话框中单击"表格"选项卡，选择"对齐方式"栏内的"居中"选项，如图 3-46 所示，然后单击"确定"按钮即可使表格处于水平居中的位置。

补充知识：

绘制表格后，添加或删除行是经常的需求，本案仅仅介绍了插入行的方法，要删除某列，首先选中或将光标定位到该列，右击弹出快捷菜单，可选择"删除"命令，弹出"删除"对话框，在其中设置要删除行或列即可。

图 3-46　"表格"选项卡

与合并单元格相反的操作是拆分单元格，在"布局"选项卡的"合并"组内有相应的命令按钮。在绘制诸如个人简历之类行列非常不规则表格时，合并和拆分单元格、调整行高和列宽是大量使用的操作。

如果要调整某行、某列或某个单元格的上下左右线段的位置，应将鼠标指针指向该线段，当鼠标指针变成"÷"或"╫"形状时拖动鼠标到合适位置即可。

如果要使用非矩形的表格（比如凹形的门捷列夫元素周期表），必须先绘制规则的矩形表格，然后把不需要的部分框线设置成白色。

设置线条必须经过下面几个步骤：

（1）选中线条多在的单元格。

（2）在"设计"选项卡的"绘图边框"组中设置"笔样式"，即选择线型。

（3）在"设计"选项卡的"绘图边框"组中设置"笔划粗细"，即线粗细程度。

（4）在"设计"选项卡的"绘图边框"组中设置"笔颜色"。

（5）在"设计"选项卡"表格样式"组的"边框"中设置应用于哪条框线。

其中前面（1）～（4）步都不会看到效果，唯有做完第（5）步才会看到设置结果。请读者自己练习，此处不再过多详述。

另外，本案例把合并单元格放在了非常靠后的操作，这是因为在表格中使用了合并的单元格后，选中表格操作变得很复杂，所以建议把合并单元格操作尽量放到对表格的各种处理接近尾声时操作，避免不必要的麻烦。

小结：

表格外观修饰处理主要涉及的功能包括绘制表格、添加或删除行列，调整表格行高、列宽，调整框线的类型、颜色，设置单元格的底纹，合并或拆分单元格，给单元格加斜线、设置表格与文字的关系（参见"表格属性"对话框）等。本案例介绍了大部分修饰表格外观的功能，结合本案例的补充知识，读者可掌握绘制任意类型表格的一般方法。

使用了标题行重复功能的目的，是使同一个表格在跨页时避免用户必须在后面每页开头位置重复再制作一次表头栏目。

特别提醒：在使用工具修饰表格前，特别要首先选中要处理的操作对象，事先不选中单元格即开始操作，是一种无的放矢的行为，使所做的操作毫无意义。

3.3.2　案例5——对表格进行计算和排序

要求对图3-47上面的表格进行计算处理，处理后表格成为其下面的样式。

案例分析：

（1）在表格最右边增加1列放置计算出的每个人的"月收入"。

（2）在表格最下面加一行"总计"放置计算出的每列上端数据之和。

（3）对每人的月收入进行从大到小的排序。

表格处理方法如下：

（1）使用案例1介绍操作技术绘制图3-47上端的表格，然后录入数据、设置表格外观与图示一致（过程略）。

（2）单击表格右上角的单元格，然后单击"布局"选项卡"行和列"组中的"在右侧插入"按钮，"津贴"项目右侧多了一个新列，在顶行录入文字"月收入"。

（3）单击表格最后一行的任一单元格，然后单击"布局"选项卡"行和列"组中的"在下方插入"按钮，最下面多了一个新行，在首列录入文字"总计"。

（4）计算。

① 为计算每个人的月收入，单击表格第 2 行最右列的单元格，然后单击"布局"选项卡"数据"组中的"公式"按钮""，弹出如图 3-48 所示的"公式"对话框。

职 工 收 入 表

职工姓名	基本工资	奖金	津贴
王立妍	1300	900	810
董虹霞	2180	2000	820
杨媛媛	1077	800	690
张颖建	1178	800	770
秦喆	2374	2000	760
景鑫鑫	2174	1500	970
杨宠	1074	800	750

职 工 收 入 表

职工姓名	基本工资	奖金	津贴	月收入
秦喆	2374	2000	760	5134
董虹霞	2180	2000	820	5000
景鑫鑫	2174	1500	970	4644
王立妍	1300	900	810	3010
张颖建	1178	800	770	2748
杨媛媛	1077	800	690	2567
杨宠	1074	800	750	2624
总计	11357	8800	5570	25727

图 3-47　表格处理前后比图

图 3-48　"公式"对话框

注意观察其"公式"文本框中自动出现的内容是"=SUM(LEFT)"，其中的 SUM 代表"求和"函数，函数右边括号内的信息表示是对哪些数据或单元格求和，英文"LEFT"表示左边单元格。单击"确定"按钮，可看到单元格中出现正确的计算结果。

将光标下移一个单元格，直接按【F4】键，即可重复做=SUM(LEFT)的求和操作，也就是在光标所在的单元格重复求左边数据之和。

以后每移动光标到下面的单元格后都按一次【F4】键，即可快速计算出每个人的月收入。

② 为了计算最末一行中的"总计"值，将光标到"基本工资"列的最下一行单元格，按照上面计算月收入的方法再次弹出图 3-48 的"公式"对话框，注意观察其"公式"文本框中自动出现的内容是"=SUM(ABOVE)"，ABOVE 是指上方单元格的意思，单击"确定"按钮即可看到一列的总计结果。

将光标依次向右移动，每移动一次后按【F4】功能键重复求上面数据之和，直至对所有列竖向数据求和结束。

（5）按照基本工资从大到小排序。

选中除最后一行外的全部单元格，单击"布局"选项卡内"数据"组中的"排序"按钮，弹出"排序"对话框，单击"主要关键字"栏的下拉列表框，选择"月收入"，然后在其右边类型列表框中设置为"数字"，并单击"降序"按钮，对话框如图 3-49 所示。最后单击"确定"按钮，即可看到表格按照月收入从大到小重新排列。

至此，已经得到与图 3-47 下面的表格完全一样的表格。

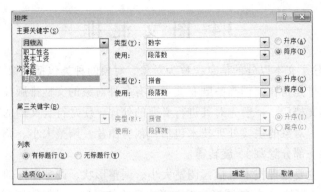

图 3-49 "排序"对话框

补充知识：

做表格排序工作前恰当选择好行列非常重要，如果没有选中表格（或选中表格的全部行列）直接按本节介绍的方法排序，会看到排序结果成为如图 3-50 所示的样式，注意"总计"行非常荒唐地跑到了最上面。错误原因就是默认"总计"行也参与了排序。

这里并非要教给读者错误的计算方法，是想告知读者对表格进行计算时务必特别要小心，尤其是非熟练的用户很容易因为操作不当把表格中的数据彻底搞乱。建议读者一边操作一边观察结果，发现错误后立即撤销操作，避免错误积累到不可收拾。

职工姓名	基本工资	奖金	津贴	月收入
总计	11357	8800	5570	25727
秦喆	2374	2000	760	5134
董虹霞	2180	2000	820	5000
景鑫鑫	2174	1500	970	4644
王立妍	1300	900	810	3010
张颖建	1178	800	770	2748
杨宠	1074	800	750	2624
杨媛媛	1077	800	690	2567

图 3-50 "总计"行跑到了最上面

单击表格中总计或月收入单元格中的数据，可以看到数据具有灰色底纹，这是因为该数据不是用户自己输入的，是通过计算得到的，属于"域"类型的数据。假如修改了表中用户输入中的某些数据，相应"月收入"下面的数据也应该发生变化，但实际上这些数据并不自动改变，要保持表格计算数据的正确性，必须右击这些"域"数据，选择快捷菜单中的"更新域"命令，才能看到重新计算后的正确数据。

小结：

本案例仅介绍了表格计算和排序的最简单的操作方法，使用这些操作必须十分小心谨慎。如果没有非常理性清晰的思路，当选择的行列或定位光标位置不合适时，对其他表格套用这些操作方法很容易出错。

Word 在修饰表格方面整体功能很好，但用其实现表格的许多计算功能就比较勉强，尤其当表格中多处使用到合并的单元格时，即使熟练的用户也常常感到头痛不已。

在微软公司编制的办公自动化套装软件 Office 中，Excel 是专门处理电子表格的"专业"软件，数据计算、分析、处理功能极其强大，操作也非常便捷。如果要在 Word 文档中对表格进行复杂、大量的计算，建议转到 Excel 软件完成全部的处理，然后再把 Excel 处理好的表格复制到 Word 文档中，这是借用其他软件的优势提高工作效率的思路。关于 Excel 处理表格技术详见本书第 4 章。

把表格从 Word 转到 Excel 中的方法：选中表格后单击使用"复制"按钮" 🗐 "（或"剪切"按钮" ✂ "），切换到 Excel 窗口后粘贴到适当为即可；转回表格也可借助剪贴板来完成。

3.4 图文混排

在 Word 中，除了文本以外的信息统称为对象，对象的种类包括图像、图形、数学公式、艺术字等。图文混排是指在文档当中既有文字又有各种对象的文档排版技术。

把对象插入到文档后，一般先对其进行必要的处理，使之符合文档的需要。

对图像（图片）对象的主要处理技术包括：裁剪图片、调整大小、调整亮度和对比度、设置透明色（使某一部分隐藏）、旋转等。

对图形对象的主要处理技术包括：调整大小、调整形状、调整图形的边线粗细和颜色、设置图形内部颜色（底纹）、旋转图形、在图形内部添加文字、设置阴影和立体效果、翻转图形等。

对公式对象的处理技术主要包括：调整大小、颜色、边框粗细和颜色。

对艺术字的主要处理技术包括：调整大小、形状、字体颜色、轮廓线条等。

其实看似繁多的对象处理技术并不复杂，每种对象都有自己对应的选项卡，选中处理对象时其周围都会出现处理对象的操作点。

对文字与对象混排的处理技术主要包括：对象在文档中的版式，有嵌入型以及文字绕排对象的多种方式、文字与对象的叠压关系等。

对多个对象之间关系的处理技术主要包括：对象与对象之间的叠放次序、多个对象之间的对齐和分布距离的调整、将若干对象组合（捆绑）和取消组合等技术。

下面通过几个对象处理案例逐步介绍各种主要处理技术。

3.4.1 案例6——图像处理与文字环绕

制作如图 3-51 所示包含文字和三幅图像的文档。

图 3-51 有三幅图像的文档样文

案例分析：

（1）文档中有三幅图片，其中，中间的图片裁剪成椭圆效果，另两幅图片也进行过适当裁剪，同时也调整高度和宽度。

（2）上面的图片只在右边有文字，下面的图片只在左边有文字，中间的图片两边都尽量比较紧密地围绕有文字。

制作方法如下：

1. 新建文档

新建一个空白文档，录入文字，设置字体、字号、首行缩进等格式（过程略）

2. 插入图片

在图 3-52 所示的"插入"选项卡中单击"插图"组中的"图片"按钮弹出"插入图片"对话框，在对话框的左窗格中选择图片文件所在的磁盘、文件夹，对话框右边出现可插入的图片文件，如图 3-53 所示。

双击要插入的图片"西双版纳野鸭湖.jpg"（也可以先选中图片，再单击"插入"按钮），图片即被插入到文档中。

图 3-52　插入图片操作过程

图 3-53　"插入图片"对话框

刚插入的图片四个角处出现小圆圈，四边的中点位置出现小方块，如图 3-54 所示。这些都是对图片进行处理的操作点。当图片周围出现操作点时，说明图片处于选中状态，单击图片以外区域小方块消失，即放弃选中。

在未选中已经插入图片的情况下，采用同样方法依次插入另两张图片。

单击选中图片后，标题栏中间位置出现"图片工具"字样，正下方多出一个"格式"选项卡，这个选项卡都是针对图片格式设置的专用工具。再单击这个"格式"选项卡，文档上方展开如图 3-55 所示的对图片操作的各功能组，或者直接双击图片也可以直接弹出这些功能组。

图 3-54　图片周围出现操作点

图 3-55　图片工具"格式"选项卡各个功能组

3．裁剪图片直边

双击选中野鸭图片并展开图片"格式"选项卡下的各功能组，单击"大小"组左上方的"裁剪"按钮""，然后移动鼠标指针到图片最上边中间的小方块操作点上，当鼠标形状改变成为"⊥"形状时向下拖动鼠标到适当位置，拖动时可以看到鼠标向下经过的图像部分出现半透明的阴影遮罩效果，如图 3-56 上半部分所示，被遮罩的部分就是将被裁减掉的部分。

采用同样方法在野鸭图片的左边中点位置拖动鼠标裁剪掉图片的左半部分，使其未遮罩的部分与样文基本一致。

单击图片外任意一点，可以看到图片上边和左边遮罩的部分裁被剪后掉的效果。

采用同样方法把大象图片裁剪成与样文中图片相近的效果。

图 3-56　拖动鼠标裁剪图片被遮罩的操作界面

4．裁剪图片成为椭圆形

先采用上面裁剪直边的方法把图 3-57 左边的椰树图片裁剪成为中间图片的效果。

图 3-57　对椰树图片分两次裁剪成右边样子

为把图 3-57 中间图片裁剪成右边椭圆形效果，选中图片后，单击"大小"组"裁剪"文字下面的下拉按钮，移动鼠标到下拉菜单中的"裁剪为形状"，最后选择展开的"基本形状"列表里面第一行最左边的"◯"命令，操作时的界面如图 3-58 所示。此时可以看到图片被裁剪成椭圆的效果。

5．调整图片高度和宽度

选中一幅图片使其周边出现操作点，将鼠标指向图片的边或角位置的操作点上，当鼠标指针成为双向箭头形状时，沿箭头方向拖动鼠标可放大或缩小图片的高度、宽度。采用这个方法逐个调整三幅图片高、宽到与样文示例基本一致。

6．调整图片与周围文字的关系

（1）右击要放在左上方的野鸭图片，弹出如图 3-59 所示的快捷菜单，选择"大小和位置"命令弹出"布局"对话框，切换到"文字环绕"选项卡，单击"环绕方式"下面的"四周型"并选中"自动换行"里的"只在右侧"单选按钮，如图 3-60 所示，然后单击"确定"按钮。

图 3-58　椭圆裁剪操作过程

88

（2）对椰树图片采用同样方法设置对话框中"环绕方式"为"四周型"，设置"自动换行"为"两边"；对大象图片设置"环绕方式"为"四周型"，设置"自动换行"为"只在左侧"。

图 3-59　快捷菜单

图 3-60　"布局"对话框的"文字环绕"选项卡

7. 调整图片位置

参照图 3-51 样文所示的位置关系，依次拖动三张图片到与样文一致的位置上，即可看到文字环绕图片的效果也与样文基本相同。

补充知识：

选中刚插入的图片，打开图 3-60 的"布局"选项卡可以看到"文字环绕"选项卡默认是"嵌入型"，且在此环绕方式下其"自动换行"下面的几种选项都是灰色的（表示不可选择）。在"嵌入型"状态很难用鼠标拖动图片移动位置，图片相当于一个字符，在它左边每插入字符或删除一个字符时，图片只能随前面插入（或删除）文字右移（或左移）一个字符，所以在 Word 早期的的版本中也称"尾随文字"。图片只有在非"嵌入型"时才能方便用拖动方法调整位置。

在"布局"对话框中，"浮于文字上方"选项是图片盖住文字，"衬于文字下方"相当于图片做文字的背景。

小结：

本案例介绍了图片的插入、直边裁剪、椭圆裁剪、文字绕排图片、移动图片、调整大小和位置等操作。

重要扩展：

当调整多个图片（或非文本对象）位置使它们发生部分重叠时，还可以利用调整它们叠放次序的方法改变视觉效果。尤其在使用多个图片、图形等非文本对象共同拼接组成一个复杂的图文混排效果时，调整叠放次序就是非常重要的操作。要调整多个对象叠放次序，可使用"排列"功能组内的"上移一层"、"下移一层"两个命令实现。

虽然本案例只涉及了图片与文字的混排关系，实际上调整所有非文本类对象与文字关系时都会用到"文字环绕"选项卡里的相应选项，也就是说可以推广到后面介绍的非文本操作中。

本案例中涉及文字对图片的环绕关系、图片之间的叠放关系、调整图片大小和位置的操作，同样也可以推广到所有图形、艺术字、公式等其他对象的相应操作中。

第 3 章　Word 文字处理软件

3.4.2 案例7——图形处理

绘制如图 3-61 所示的一个流程图文档。

案例分析：

（1）在文档中有圆角矩形、平行四边形、菱形、矩形、箭头等多种图形和少量文字。

（2）图形排列要求紧凑，左边的图形垂直对齐。

（3）文档用到数学公式，公式有边框。

制作文档方法：

1. 创建文档

创建空文档，输入第一行文字内容后多次按【Enter】键，然后将光标定位到要插入公式的位置。

2. 编辑数学公式

（1）插入数学公式。将光标定位在要插入公式的位置，然后单击"插入"选项卡内的"符号"组最左边的"公式"按钮，在弹出的下拉列表中选择最下端的"插入新公式"命令，如图 3-62 所示。

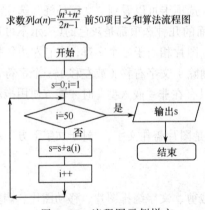

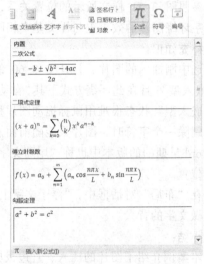

图 3-61 流程图示例样文   图 3-62 "插入新公式"操作

原来的光标处出现如图 3-63 所示在"在此处键入公式"的文本提示信息，并且窗口标题栏出现"公式工具"字样，其下面还出现了专门进行公式编辑的"设计"选项卡，里面有各种工具按钮。

图 3-63 编辑公式界面

（2）先直接输入公式中的"a(n)="。

（3）选择公式结构并录入信息。

为输入分数结构，选择"结构"组里的"分数"，弹出如图 3-64 所示的各种分数结构按钮，再单击其中的"⬚/⬚"按钮，文档中出现这种结构公式框架，单击下面小方框，在其中输入"2n-1"；

为了在上面的虚线方框中输入根式，先单击上面的小虚线方框，然后单击"结构"组中的根式按钮"$\sqrt[n]{x}$"，在弹出的根式选项中单击"$\sqrt{\square}$"按钮。

为在根式内部输入三次方结构，单击根式中的小方框定位，再单击"结构"组中的"上下标"按钮"e^x"，最后在其下拉列表中单击上标按钮"$\square^\square$"，以后即可在上、下小方框中输入所需的符号。对平方结构采用相同方法即可。

在编辑公式过程中，主要是录入公式符号，在需要分式、根式、上标时单击数学公式模板上相应的按钮即可弹出所需要的公式结构，操作时注意光标所在的方框，以确保录入的信息在合适的方框中。要将光标从一个方框移动到其他方框中，可以单击其他的方框，按向上、下、左、右移动光标键也可以控制光标到所需要的位置。

当全部公式内容都输入结束后，单击公式外任一点，公式周围的方框和"设计"选项卡消失。

如果要继续修改公式，首先单击选中它，然后单击公式的"设计"选项卡即可重新编辑。

3. 按从上到下的顺序逐个绘制图形

（1）绘制圆角矩形。在"插入"选项卡内"插图"组中的"形状"按钮，下面展开如图 3-65 所示的各种图形，单击"矩形"下面第二个"圆角矩形"按钮，然后将鼠标指针移到文档要图形的位置，鼠标指针成为"**十**"字形状，拖动鼠标画出圆角矩形，如图 3-66 所示。

刚创建的图形默认里面填充了颜色（蓝色），且此时的圆角矩形周围有小圆圈操作点，拖动操作点可以调整其高度、宽度。单击图形外任一点，该图形周围的操作点消失。

图 3-64　输入分数

图 3-65　插入图形操作过程

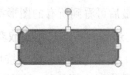

图 3-66　刚绘制出选中状态的圆角矩形

将鼠标指向图形，当鼠标指针上出现十字箭头"✛"时可拖动图形到适当位置。

右击该图形弹出如图 3-67 所示快捷菜单，选择"添加文字"命令，然后输入所需文字"开始"。注意在图形中刚输入的文字默认是白色文字，选中文字后利用"开始"选项卡内"字体"

组中的"字体颜色"按钮"$\underline{A}$ ·"将其设置为黑色即可。

再次右击该图形，在弹出的快捷菜单中选择"设置形状格式"命令，弹出"设置形状格式"对话框，选择"填充"选项，然后先选中右边"填充"下的"纯色填充"单选按钮，再在下面"填充颜色"的颜色按钮里选择"白色"，设置效果如图 3-68 所示，然后单击"关闭"按钮。

图 3-67　快捷菜单

图 3-68　"设置形状格式"对话框

（2）绘制其余图形。参照图 3-65 的操作方法，依次在"插入"选项卡的"插图"组单击"形状"按钮，分别利用下面的"□"、"◇"、"▱"和"↘"绘制矩形、菱形、平行四边形以及带箭头的流程线，在需要添加文字的框内输入所需的文字，并设置白色填充，然后用拖动方法调整各个图像到大致合适的位置。

为提高效率，在绘制已有相同图形时，可借助复制和粘贴操作生成相同的图形；为给各个图形设置白色背景，可以先设置好一个图形背景，然后选中其他要进行同样设置的图形，按【F4】键重复执行上一次操作快速设置相同背景。

4. 设置图形的底纹和线条粗细

（1）右击任意一个非箭头的图形，选择快捷菜单中的"设置形状格式"命令，弹出"设置形状格式"对话框，参照图 3-68 在左边单击"填充"后，在右边设置一种淡灰色的纯色填充；单击左边的"线条"，在右边设置适当粗细和颜色的边框，然后单击"确定"按钮。

（2）逐个单击所有的其他图形、线条，每单击选中一个后按一次【F4】键重复一次上面的设置。最后可看到所有的图形都有相同的底纹颜色，所有图形的线条都成了同样粗细。

5. 设置对齐方式和叠放次序

（1）按住【Shift】键，按照从上到下的顺序依次单击左侧线的所有图形，这样可以同时选中要垂直居中摆放的一组图形，然后在"格式"选项卡的"排列"组中单击"对齐"按钮，在下面弹出的列表中选择"左右居中"命令，如图 3-69 所示，可将选中的图形在水平方向居中对齐。

（2）选中右侧的图形，逐个调整它们到合适的位置。

（3）右击左边最长的向下箭头，然后在"格式"选项卡的"排列"组中单击"下移一层"按钮，再选择弹出列表中的"置于底层"命令，如图 3-70 所示，使其他图形压住箭头线段。

6. 绘制右侧矩形

最后绘制两个矩形，在里面分别添加文字"是"和"否"，参照图3-68的对话框，把这两个矩形的填充颜色为"无填充颜色"，把"线条"设置为"无线条"，然后分别移动到适当位置。

7. 组合图形

按住【Shift】键，依次单击选中文档中的所有图形，然后右击任意一个图形，选择快捷菜单中的"组合"→"组合"命令，如图 3-71 所示，这样使得所有图形的位置相对位置被固定，成为一个新的对象。

图 3-70　置于底层

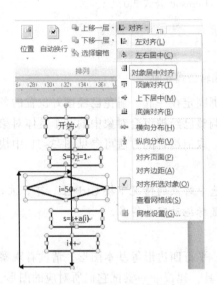

图 3-69　设置"左右居中"

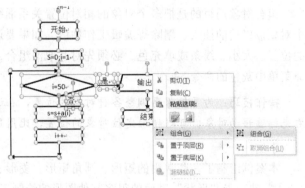

图 3-71　"组合"快捷菜单

补充知识：

对于不熟悉 Word 2010 公式编辑器的用户，Word 2010 还提供了 2003 版本非常成熟好用的公式编辑方法，使得用户可以根据自己习惯偏好任意选用对自己最合适的公式编辑方法。

要使用 Word 2003 传统的编辑公式方法，可以先切换到"插入"选项卡，再按如图 3-72 所示单击"文本"组下的"对象"按钮。系统弹出"对象"对话框，在"新建"选项卡中选择"Microsoft 公式 3.0"选项，如图 3-73 所示，然后单击"确定"按钮，以后在文档窗口出现如图 3-74 所示的公式框和相应的"公式"模板。后面使用"公式"模板编辑公式的方法和本案例就非常接近，并且使用和学习都很容易。建议新用户尝试用新旧两种方法练习操作完成本案例。

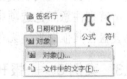

图 3-72　插入"对象"操作

传统数学公式是 Word 额外的组件，如果在安装 Office 软件时没有特别留意，可能根本没有安装这个组件，此时应保存文件后暂时关闭 Word 软件，重新插入 Office 软件安装盘补充安装后才能编辑公式。

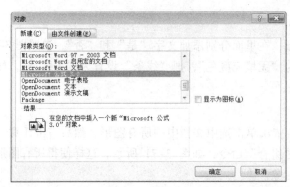

图 3-73　在"对象"对话框中选择"Microsoft 公式 3.0"

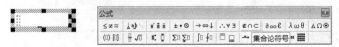

图 3-74　使用"公式"模板编辑公式界面

组合对象的目的是把多个对象的相对位置关系捆绑固定在一起，避免已经摆好位置的各个对象被以后的插入、删除等编辑工作冲散。如果要调整已经被组合对象中的某个具体对象的位置、大小、线条或填充色，必须先对其取消组合，取消组合的方法可参见图 3-71 中快捷菜单中灰色的命令。

操作技巧：为了短距离调整各种对象的位置，在选中对象的情况下按 Ctrl+上、下、左、右光标键移动对象，可以精确定位对象的位置，比用鼠标拖动容易得多。

小结：

本案例绘制了一些常用的矩形、圆角矩形、菱形、平行四边形等基本图形，请读者观察"插入"选项卡"形状"里面的很多其他图形的绘制工具，建议一一尝试它们所对应的图形。

选中的图形上都会出现操作点，黄色的操作点是调整图形外观的，绿色小圆圈操作点是用来旋转图形的，调整图形时屏幕上会随鼠标的拖动显示虚线图形外观，松开鼠标后图形固定在虚线位置，所以很容易学习各种图形绘制和调整方法。

对一般图形可以设置底纹颜色、线条粗细和颜色，对于直线或箭头则只能设置线条颜色、粗细。所有关于底纹、线条的设置都可借助"设置形状格式"对话框来实现。

请特别注意颜色选项中白色与无色（透明）的区别，在多个图形拼凑成复杂图案的时候，白色会盖住其他图形，无色则很容易使多个图形融为一体。

3.4.3　案例 8——报刊排版

制作一个如图 3-75 所示的内部宣传报刊。

案例分析：

（1）本报刊是纸张横向。

（2）报刊分左中右三个区域：

① 左区域上方是一个艺术字、艺术字下面是填充了两种颜色的文本框，框上放置了一张图片，最下方又是一个文本框，框内的首行文字有段落黑色底纹、白色文字，下面的文章内容有双线边框。

② 中间文字"书山有路勤为径　学海无崖苦作舟"是一个竖排文本框，有单色底纹。

③ 右区域上方是边框为无色的文本框，下面是一个图形，图形添加文字效果且有双色填充的图形。

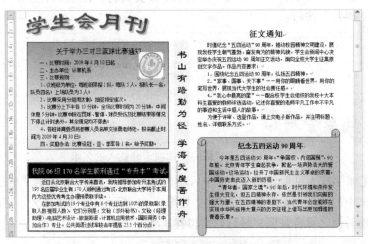

图 3-75　内部宣传报刊

制作方法如下：

1. 页面设置准备工作

（1）创建一个空白文档，在"页面布局"选项卡中将"页面设置"组中的"纸张方向"设置为横向，将"纸张大小"设置为 A4 纸张。

（2）按【Enter】键直至下页，为以后把文本款、图形、图像尽量设置成"衬于文字下方"或"浮动于文字上方"做准备。使用这种设置方法放置各种对象最稳定，不容易发生各个对象位置之间互相冲突的问题，可以避免印刷行业常说的排好版面再次打开文档又发生混乱的"跑版"现象。然后将光标移到文档开头位置。

2. 制作艺术字并调整形状

（1）在"插入"选项卡中单击"文本"组内的"艺术字"按钮，在其下面艺术字库列表中选择如图 3-76 所示第三行第二列的艺术字样式。

（2）系统弹出"编辑艺术字文字"对话框，先删除原来"文字"栏中的文字，输入"学生会月刊"，设置"字体"为"隶书"和加粗"**B**"，如图 3-77 所示，然后单击"确定"按钮。

图 3-76　"艺术字库"列表

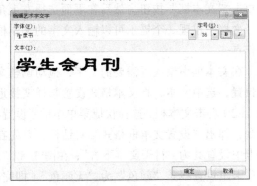

图 3-77　"编辑艺术字文字"对话框

第 3 章　Word 文字处理软件

95

（3）刚插入艺术字后标题栏出现"艺术字工具"，下面出现有关设置艺术字的"格式"选项卡，如图 3-78 所示。此时艺术字是以"嵌入型"放置在文档中的，右击选择快捷菜单中的"设置艺术字格式"命令，在"版式"选项卡中设置其为"浮于文字上方"，如图 3-79 所示，然后单击"确定"按钮。

图 3-78　艺术字"格式"选项卡和插入的艺术字

（4）为使艺术字成为拱形，选中艺术字后单击"艺术字样式"组内的"更改形状"按钮，选择下面列表框中的所谓细上弯弧的"⌒"，如图 3-80 所示。最后拖动艺术字的操作点调整其大小，适当旋转使之符合需要，最后调整位置放到左上方。

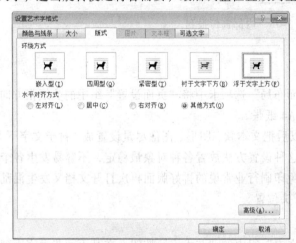

图 3-79　"设置艺术字格式"对话框

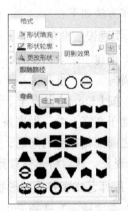

图 3-80　调整艺术字形状

3. 制作左边中间的篮球比赛通知

（1）如图 3-81 所示，在"插入"选项卡的"文本"组里单击"文本框"按钮，然后在下面选择左上角的简单文本框，文档中出现一个提示可以输入文字的文本框，周围出现操作点。

在文本框中录入所需要的文字，拖动调整文本框的大小和位置，选中文本，将文本格式设置与样文接近。

（2）右击文本框，选择快捷菜单中的"设置文本框格式"命令，弹出"设置文本框格式"对话框，首先在"版式"选项卡中设置其为"衬于文字下方"；在图 3-82"颜色与线条"选项卡里设置线条"颜色"为"无颜色"（即完全透明），再单击"填充"栏里右边的"填充效果"按钮。

图 3-81　插入文本框操作

（3）弹出如图 3-83 所示的"填充效果"对话框，设置颜色为"双色"，并在"颜色 1"、"颜色 2"中分别选择两种稍淡又反差较大的两种颜色，单击"确定"按钮返回到图 3-82 对话框，再单击"确定"按钮关闭所有对话框。

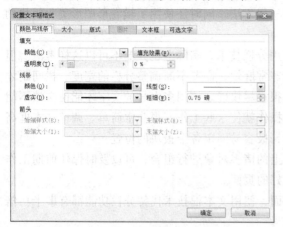

图 3-82 "颜色和线条"选项卡　　　　　图 3-83 "填充效果"对话框

（4）系统又弹出"填充效果"对话框，首先单击"双色"单选按钮，再在"颜色 1"、"颜色 2"中各选一种适当的颜色，然后在"底纹样式"栏单击"水平"单选按钮，最后单击"确定"按钮返回到图 3-82 所示的对话框，单击"确定"按钮关闭所有对话框。

（5）调整文本框的大小和位置到合适位置。

4. 制作左下方"专升本"新闻

绘制一个文本框，在里面输入文字，然后把首行文字设置成有黑色段落底纹、白色文字效果，把下面的文字设置成有段落边框效果，适当调整字体、字号使其具有案例样图要求的效果。

5. 制作中间竖条"书山有路勤为径　学海无崖苦作舟"

参照图 3-81 插入文本框操作方法，选择最下方的"绘制竖排文本框"命令，然后像绘图一样拖动鼠标绘制出一竖排文本框，录入文字，设置文字字体、字号，然后用上述介绍的方法设置文本框的颜色、线条并拖动鼠标调整位置。

6. 制作右上方征文通知

参照上面的方法采用文本框技术，注意调整其框线为无色即可。

7. 制作右下"纪念五四运动 90 周年"短文

此部分内容可参考前面的操作完成。

8. 插入图片并调整透明色

（1）插入一幅事先准备好的图片文件，先调整其版式为"浮于文字上方"，再调整大小、位置与样图一致。

（2）由于图片内容为圆形，圆外周边的白色压住了文本框背景的效果，如图 3-84 所示。选中图片，在绘图工具"格式"选项卡

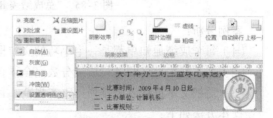

图 3-84 图片周围白色不透明效果

内单击"调整"组里的"重新着色"按钮，然后单击"设置透明色"按钮，如图 3-84 所示。

此时鼠标指针成为"✎"形状，用此鼠标指针尖在图片的白色位置上单击，即可看到图片椭圆周围的白色彻底透明，成为样图所示的样式。

小结：

本案例主要介绍了制作和调整艺术字的一般方法，同时还使用了横卷形图形美化板块的外观。

很多人在考虑本案例制作时首先想到使用分栏技术，实际上也并非不可以这样考虑。但是，采用分栏技术制作本案例时通常会感觉非常麻烦，需要不断调整分栏的宽度、栏间距才能制作成比较满意的效果；并且分栏的时候很难尽快确定该用多大号的文字才能使文档不胡乱从左边一栏跨到右边一栏中。使用文本框操作就使这些工作变得非常简单。调整文本框高度、宽度、位置操作主要使用拖动鼠标方法，极容易固定各个板块的位置。

如果要制作的报刊有多页，建议把每页上的诸多对象进行组合，可以及时保住前期工作成果，避免以后修改编辑操作时冲乱已经排好的页面。

在报刊类排版中无论怎样涉及分栏的版面，使用文本框技术代替分栏功能都有事半功倍的效果。

3.5　邮件合并

邮件合并是 Word 针对批量制作信函、信封、通知、准考证等需要提供的一种快速制作技术，其核心思想是通过在表格中提取数据，实现快速批量制作版式、内容相近的文档的功能。

在使用邮件合并功能时，必须已经制作好提供数据的文档，这个被提取数据的文档称为"数据源"，"数据源"可以是多种类型的数据库、Excel 电子表格、Word 表格文档等。

案例 9——用成绩表制作若干成绩通知单

前期先制作好如图 3-85 所示的"总成绩表.docx"文档，其中含有 40 人的考试成绩，利用从中提取数据的方法，快速给每人制作一张如图 3-86 所示小巧的个人考试成绩通知单。

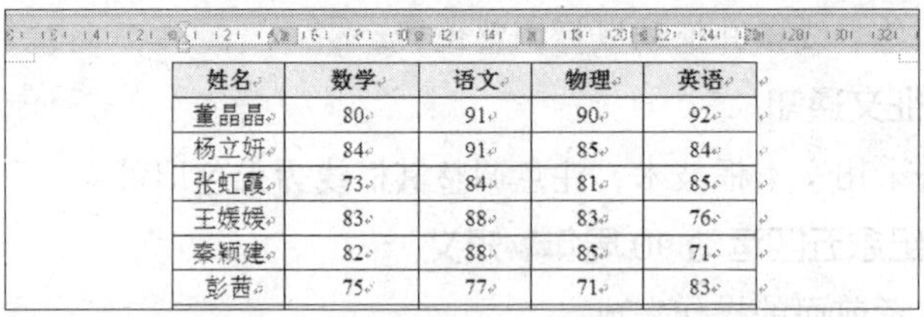

姓名	数学	语文	物理	英语
董晶晶	80	91	90	92
杨立妍	84	91	85	84
张虹霞	73	84	81	85
王媛媛	83	88	83	76
秦顿建	82	88	85	71
彭茜	75	77	71	83

图 3-85　"总成绩表.docx"文档部分内容

案例分析：

（1）每个成绩通知单都是一个小巧的文本框。

（2）文本框中姓名和各科成绩分数完全取自图 3-85 的表格文件。

（3）需把文本框横、竖排列得整齐规范，目的是使打印后特别便于裁剪。

操作方法如下：

1．编辑信函文档

（1）创建一个空白文档。

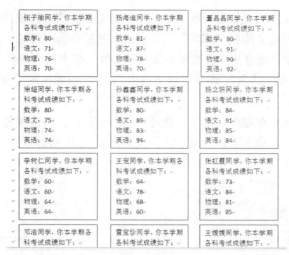

图 3-86　要求制作的多行多列紧凑排版的通知单

（2）多次按【Enter】键，然后将光标定位到文档开头，插入一个文本框，设置其填充色为白色、版式为"浮于文字上方"，在文本框中键入如图 3-87 所示的文字。这是先制作好个人考试成绩通知单的文档基本样式，以后只要在相应位置插入真实的姓名、各门功课的考试分数即可。

2. 启动邮件合并

（1）选择数据源。单击"邮件"选项卡，然后在"开始邮件合并"组中单击"选择收件人"按钮，再在弹出的列表中选择"使用现有列表"命令，系统弹出"选取数据源"对话框。

在对话框中找到成绩所在的磁盘、文件夹。若文件列表框中没有出现要用的"总成绩表.docx"文件，先单击"文件名"文本框右侧的类型下拉按钮，从中选择与要使用文件匹配的类型，即可看到文件列表框中出现要用的文件"总成绩表.docx"，然后可单击选择该文件。

图 3-87　文档样式

此时"选择数据源"对话框如图 3-88 所示，然后单击"确定"按钮。至此已经选定了邮件合并的数据源，以便后面从数据源中提取数据。

图 3-88　"选取数据源"对话框

（2）插入合并域。由于文档已经编辑好了，只需要在文档合适位置插入每人的姓名和各门课成绩。将光标定位在文本框"同学"二字前面，然后单击"编写和插入域"组内的"插入合并域"按钮，下面自动弹出"总成绩表.docx"文件表格中的"姓名、数学、语文、物理、英语"栏目，选择其中的"姓名"，即可看到文档中"同学"前面出现了灰色的"域"文字"《姓名》"，如图 3-89 所示。

（3）依次将光标定位在数学、语文、物理、英语的后面，多次重复上一步的方法"插入合并域"数学、语文、物理、英语，最后文档成为图 3-90 所示的样式。

图 3-89　插入合并域操作

图 3-90　插入合并域后的文档

3. 实现合并过程

如图 3-91 所示单击"完成"组内的"完成并合并"按钮，在下面的命令列表中选择"编辑单个文档"命令，弹出图 3-92 所示的"合并到新文档"对话框，选中"全部"单选按钮并单击"确定"按钮。

图 3-91　单击"完成并合并"

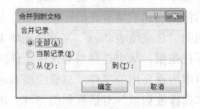

图 3-92　"合并到新文档"对话框

注意观察此时文档已经切换到由系统自动创建的"信封 1"窗口，并且窗口下面的状态栏显示出"页面: 1/40"字样，表示现在文档共 40 页，目前光标在第 1 页，并且文本框中已经出现一个学生的真实姓名及各门课成绩信息。此时翻页即可看到所有人的通知单。

4. 重新排版节省纸张

40 个小通知单占据 40 页，比较浪费纸张。单击窗口右下方 工具栏上的"大纲视图"按钮" "即可看到文档中出现大量" 分节符(下一页) "，正是由于系统自动在每两个文本框之间都插入一个分节符造成的效果。

（1）将光标定位在文本框外文档起始处，单击"开始"选项卡"编辑"组中的"替换"按钮，弹出"查找和替换"对话框，先单击"更多"按钮，使对话框下面扩展出"搜索选项"，如图 3-93 所示。

（2）首先将光标定位在"查找内容"文本框中，然后单击最下面的"特殊格式"按钮，弹出一个很长的选项列表，选择其中的"分节符 B"，文本框中出现"^b"字样，保持"替换为"文本框中为空，然后单击"全部替换"按钮，即可看到所有通知单整齐连续罗列在一整列上了，此时通知单文档如图 3-94 所示。

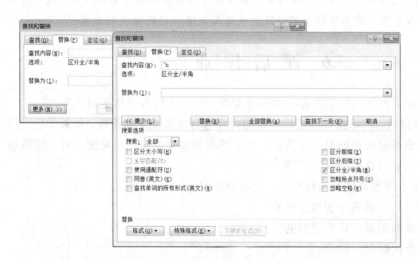

图 3-93　"查找和替换"对话框　　　　图 3-94　不分页效果

（3）文档中的每个通知单都是一个文本框，通过拖动文本框调整位置，可以把它们做成图 3-86 所示的多行多列的紧凑样式后打印。调整过程参见上一案例，主要应用绘图工具里"格式"选项卡中"对齐"下面的相应命令。

补充知识：

邮件合并也可用于批量制作信封。制作信封与信函的操作方法会略有不同，在选择信封地址格式等信息的时候，系统会询问信封格式的"模板"。如果用户不了解这些"模板"的样式和使用方法，很容易使后面的操作不知所措。

操作技巧： 实际上本案例介绍的数据源和主文档的制作全过程都是自主完成的，完全不受任何模板的约束，所以是实现邮件合并最通用的操作技术。设想把本案例数据源换成一个表格形式的通讯录，栏目相应变成姓名、职务（或头衔）、地址、单位、所属部门、邮政编码等，主文档也做出相应的调整，那么依然能以信函的方式制作出任何样式的信封。

小结：

数据源只是提供了批量制作相同类型文档所依据的数据，具体制作出的信函（或信封）样式取决于主文档，即本案例图 3-86 所示的文档。在真正提取数据进行邮件合并之前，可以调整文本框的大小、设置文本以及域的字体、字号、段落间距等，也可以取消文本框的使用，所有对主文档格式的设置会作用于后来生成的每一个信函（或信封）。

本案例使用查找分节符并替换成空的示例，实际上是删除文档中全部的分节符，这样可以压缩许多小通知单所占据的纸张数量。请读者思考为什么在图 3-86 主文档绘制文本框前先要多次按【Enter】键，这样做有什么意义？

另外请读者浏览关注单击图 3-93 下边的"查找与替换"对话框中"特殊字符"时弹出的大量特殊字符，学会使用这些特殊字符进行查找替换对高效处理长文档具有特别的意义。

第 3 章　Word 文字处理软件

特别警示：邮件合并对数据源文档有非常严格的要求，要求数据必须以表格形式存放，表格行列必须非常规范，表格中不能有合并的单元格，且文档表格前面不能要有诸如表格名称的任何文字，图 3-85 "总成绩表.doc" 文档内容全部符合对数据源的这些要求。如果违背这些规定时，计算机会因为分不清楚哪些栏目可以做合并域而无法从数据源提取数据。

3.6 课后作业

1. 启动 Word，观察每个选项卡内都有哪些功能组，初步了解各个功能的分类。

2. 买一张最近的报纸，练习按照报纸第一版的内容进行录入文字和排版，如果排版时用到图片，一般可以在报纸对应的网站上寻找到。要求排版的效果与报纸尽可能一致，所谓追求"所想即所得"即是通过这种练习实现的。

3. 录入一篇文章，设置某些行为标题后，练习制作目录。

4. 制作如图 3-95 所示的两个表格，注意：

（1）其中的总分成绩是通过计算得到的。

（2）左边的表格外边框是三线的。

（3）两个表格首行都有淡淡的底纹颜色。

通讯录

姓名	性别	详细住址	邮编
董晶晶	男	昌平区天通西苑 14 号楼 30	100102
杨立妍	男	顺义区后沙浴 179 号	100107
张虹霞	男	朝阳区京通苑小区 7#楼 1206	100177
王媛媛	女	海淀区复兴路 32 院 13 楼	100166
秦颖建	男	门头沟永定village 79 号	100199
彭茜	男	顺义区后沙浴镇枯柳村村 7 号	100199
景喆	女	门头沟区永定镇冯村 729 号	10066
杨海迪	男	房山区良乡镇晨天温泉小区 9 号	100100
孙鑫鑫	男	房山区周口店地区娄子水村 9 号	100100
王宠	女	大兴区团河苑 749 号	100108
雷宝珍	女	平谷区黄松峪乡黑豆峪村	100103
张虹	男	密云县十里堡镇庄禾屯村 179 号	100105

成绩表

姓名	数学	语文	物理	英语	总分
景喆	64	72	74	77	287
杨海迪	81	87	78	70	316
孙鑫鑫	80	89	83	94	346
王宠	64	78	68	60	270
雷宝珍	77	93	87	89	346
董晶晶	80	91	90	92	353
杨立妍	84	91	85	84	344
张虹霞	73	84	81	85	323
王媛媛	83	88	83	76	330
秦颖建	82	88	85	71	326
彭茜	75	77	71	83	306
张虹	70	73	76	72	291

图 3-95　题 4 样表

5. 录入若两篇古文文章，练习使用脚注、尾注功能，并对文档分两栏。

6. 图 3-96 是某个网页的界面，用 Word 制作一个与之尽可能相同的文档，注意其中的图片可以从网上下载，也可以用其他图片代替，要求制作出的页面与图示尽可能接近。

图 3-96　题 6 图示

7. 绘制如图 3-97 所示的若干图形与艺术字（注意其中的红旗是通过绘制多个图形填颜色后组合而成的），并设置其成为与图示尽可能相同（或近似）的样式。

歌咏比赛

今天晚上 9：00 在学院主楼进行歌咏比赛，希望全体革命同学踊跃参加，积极捧场。晚会结束将抽大奖，最高奖金……，哈哈！

大奖基金会

2000/11/2

公告

今晚上 9：00 在学院主楼进行歌咏比赛，希望全体革命同学踊跃参加，积极捧场。晚会结束将抽大奖，最高奖金……，哈哈！

大奖基金会

2000/11/2

红旗飘飘　　红旗飘飘　　红旗飘飘

中华人民共和国万岁

图 3-97　题 7 图示

8. 利用习题 4 中的表格，为每人制作一个成绩通知卡片，并为每人制作一个包含收信人姓名、地址、邮政编码的信封小标签，成绩通知卡片和信封标签的样式如图 3-98 所示。

董晶晶学各门考试成绩如下：

数学：80

语文：91

物理：90

英语：92

邮政编码：100102

北京市昌平区天通西苑 14 号楼 30

董晶晶（亲启）

寄自：北京青年政治学院　计算机系

图 3-98　题 8 图示

第4章

➡ Excel 电子表格软件

在办公软件中，电子表格处理软件 Excel 为人们的生活和学习提供了很多帮助。Excel 可以制作表格，美化表格，根据表格的数据进行计算，对表格中的数据进行统计和分析，利用表格的数据生成相应的图表。在数据处理的过程中使用户做出更加明智的决策。

4.1   Excel 基础知识介绍

4.1.1   启动和窗口基本组成

可以按照图 4-1 的方法启动 Excel，选择"开始"→"所有程序"→Microsoft Office→Microsoft Office Excel 2010 命令，Excel 的窗口界面如图 4-2 所示。

图 4-1   启动 Excel 操作命令

Excel 2010 的窗口包含标题栏、选项卡、数据编辑区、工作簿窗口、状态栏等，如图 4-2 所示。

标题栏位于窗口顶部，显示软件的名称，以及当前工作簿文件的名称。标题栏右侧有最小化、最大化/还原、关闭按钮。

选项卡包括文件、开始、插入、页面布局、公式、数据、审阅、视图等，每个选项卡下又包含若干分组，使用它们可以实现 Excel 的各种操作。

数据编辑区用来输入或编辑当前单元格的值或公式。该区域的左侧为名称框，它可显示当前单元格或区域的地址或名称。

图 4-2　Excel 窗口

工作簿窗口位于 Excel 窗口中，它的最上方是标题栏，下方左侧是当前工作簿的工作表选项卡，每个选项卡显示工作表名称，其中一个高亮选项卡是当前正在编辑的工作表。单击工作簿窗口的最大化按钮，工作簿窗口将与 Excel 窗口合二而一，这样可以增大工作表空间。

状态栏位于窗口的底部，用于显示当前命令或操作的有关信息。

4.1.2　工作簿、工作表和单元格

1. 工作簿

工作簿是一个 Excel 文件（其扩展名为.xlsx），其中可以含有一个或多个表格（称为工作表）。它像一个文件夹，把相关的表格或图表存放在一起，便于处理。例如，某单位的每个月份的工资表可以存放在一个工作簿中。

一个新工作簿默认有 3 个工作表，分别命名为 Sheet1、Sheet2 和 Sheet3。工作表的名称可以修改，工作表的个数也可以增减。

2. 工作表

工作表是一个表格，由含有数据的行和列组成。在工作簿窗口中单击某个工作表标签，则该工作表就会成为当前工作表，可以对它进行编辑。

有时在同一个工作簿中建立了多张工作表，工作表标签已经显示不下，在工作表标签左侧有四个按钮分别是 ⏮、◀、▶、⏭。单击按钮 ⏮，可以显示第一个工作表；单击按钮 ◀，可以显示前一个工作表；单击按钮 ▶，可以显示后一个工作表；单击按钮 ⏭，可以显示最后一个工作表。

3. 单元格

单元格是组成工作表的最小单位。工作表左侧数字（1，2，……，1 048 567）表示行号，

工作表上方字母（A，B，……，XFD）表示列标，行列交叉处即为一个单元格，单元格的名称由列标和行号构成。例如，C5 表示 5 行 C 列处的单元格。

4.1.3 单元格和数据的选定

在工作表录入数据或者对数据进行编辑前，要对单元格或数据进行选定。

（1）选定单个单元格。鼠标单击相应的单元格。录入数据时，如果是对数据进行添加或修改可以双击相应的单元格，此时处于数据编辑状态，就可对其中的内容进行修改。

（2）选定单元格区域。先单击区域的第一个单元格，再拖动鼠标到最后一个单元格。如果要选定的区域比较大，单击区域中的第一个单元格，再按住【Shift】键单击区域中的最后一个单元格。可以先滚动到最后一个单元格所在的位置再选定。

（3）选定不连续的单元格或单元格区域。先选中第一个单元格或单元格区域，再按住【Ctrl】键选中其他的单元格或单元格区域。

（4）选定整行或整列。选定整行可单击该行所在的行号；选定整列可单击该列所在的列标。如图 4-3 所示。

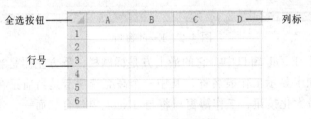

图 4-3　行号和列标

4.2　创建工作表

如何在 Excel 中建立工作表，如何在工作表中录入数据，录入数据时有哪些快捷的办法？在本节中以建立图 4-4 所示的工作表为例来介绍上述内容。

案例 1——工作表的创建

案例分析：

要制作的工作表如图 4-4 所示。

	A	B	C	D	E	F
1		恒利百货一月份销售情况表				
2					日期	2012/2/21
3	商品编号	商品名称	进货数量	进价	销价	销售数量
4	0110102	黑妹牙膏	5000	3.9	5.27	2988
5	0230011	高露洁牙膏	5000	6.78	9.15	3655
6	0020203	爵士香皂	5000	3.25	4.39	3022
7	0871032	力士香皂	5000	3.55	4.79	4577
8	0981125	飘柔洗发水	5000	35.68	48.17	2300
9	0565892	海飞丝洗发液	5000	48.9	66.02	4355

图 4-4　恒利百货销售情况表

建立工作表，并且正确地录入数据，数据包括文本类型的数据、数值类型的数据和日期时间类型的数据。在录入的过程中能够利用 Excel 的各种功能，高效快捷地进行录入。

操作方法如下：

（1）首先单击"文件"选项卡，选择"新建"命令，在"可用模板"下双击"空白工作簿"，新建一个空白工作簿，如图4-5所示。

图4-5　新建空白工作簿

（2）在Sheet1工作表的A1单元格中录入表格标题"恒利百货一月份销售情况表"。

（3）在E2单元格输入文本"日期"，按向右光标键【→】或者按【Tab】键，使F2单元格成为当前单元格，在F2单元格输入当前的日期。

提示：

在Excel中录入的数据类型有多种，最常用的数据类型有文本型、数值型和日期时间型。

文本型数据包括汉字、英文字母、数字、空格及其他键盘能键入的符号，默认情况下其对齐方式为左对齐。

数值型数据包括数字及+、–、E、e、\$、%、小数点、千分位符号等特殊符号，默认情况下其对齐方式为右对齐。

日期时间型数据输入时有多种格式，例如2012-2-21或2012年2月21日。如果要输入当前的日期按【Ctrl+;】组合键，如果要输入当前的时间可按【Ctrl+Shift+;】组合键。

（4）在A4单元格中输入商品编号"0110102"，按【Enter】键后会发现单元格中的内容变为"110102"，这是因为在自动格式中以数字方式显示，所以数字前面的"0"被忽略了。如果想显示"0110102"，在输入前首先输入西文单引号"'"，然后再输入商品编号"0110102"。

提示：在实际工作中，像上述例题中的商品编号以及身份证号、电话号码、银行账户等数字信息并不需要参与数学运算，因此在录入时这些数字信息可以以"文本"方式处理。如何将这些数字显示成文本形式，一种方式是在数字前输入西文单引号"'"，还有一种方式是在没有输入这些数据以前先把单元格的格式设置为"文本"，具体方法是先选中要改变格式的单元格，在"开始"选项卡的"数字"组中，单击"常规"的下拉按钮，选择"文本"格式即可，如图4-6所示。

图4-6　"数字"组

（5）观察表格的“进货数量”列的数字均为5000。可以使用快速录入的方法。选定C4:C9的区域，输入“5000”，同时按下【Ctrl+Enter】键，则同样的信息会输入到被选定的所有单元格中。

（6）录入“进价”、“销价”和“销售数量”三列的数据。单击D4单元格，按住鼠标左键向右拖动三列至“销售数量”列后，继续向下拖动至最后一条记录。此时，鼠标拖动过的区域被选中，活动单元格为D4。在D4单元格中输入“3.9”；按【Tab】键后，活动单元格移动到右边的E4单元格，输入“5.27”；再按【Tab】键后，在F4单元格输入“2988”；再次按下【Tab】键后，活动单元格就不再向右移动，而是自动移动到下一行的D5单元格，等待输入数据，如图4-7所示。依此类推，可以快速输入所有数据。

	A	B	C	D	E	F
1	恒利百货一月份销售情况表					
2					日期	2012/2/21
3	商品编号	商品名称	进货数量	进价	销价	销售数量
4	0110102	黑妹牙膏	5000	3.9	5.27	2988
5	0230011	高露洁牙膏	5000			
6	0020203	爵士香皂	5000			
7	0871032	力士香皂	5000			
8	0981125	飘柔洗发水	5000			
9	0565892	海飞丝洗发液	5000			

图4-7　选定单元格区域快速输入数据

提示：在选定单元格区域进行快速输入时，只能使用【Enter】键（向下）、【Shift+Enter】键（向上）、【Tab】键（向右）和【Shift+Tab】键（向左），而不能使用方向键【↑、↓、←、→】，也不能用鼠标单击任何单元格，否则将破坏单元格区域的选定。

（7）保存工作簿。

提示：在日常使用Excel的过程中，经常有填充一些数据与系列的操作，这时使用填充柄会使得操作变得很方便。什么是填充柄呢？在Excel帮助中，填充柄的定义为：位于选定区域右下角的小黑方块。用鼠标指向填充柄时，鼠标的指针更改为黑十字。在选定的区域后，选定的区域四周的边框就会加粗，而在其右下角有一个比边框更大一点的小黑块，这就是Excel填充柄。从名字上可以看出，填充柄的作用是用来填充数据，但在一些情况下，它还可以完成删除单元格内容与插入单元格内容的作用。

在数据录入时，当相邻单元格中要输入相同数据或按某种规律变化的数据时，可以使用Excel的自动填充功能实现快速输入。

1. 填充相同的数据

如果要输入的数据在连续的几个单元格中是重复的，可以先将数据输入到一个单元格中，再使用填充柄拖动的方式填充到其他单元格。在后续的讲述当中会有实际的例子。

2. 填充已定义的序列

单击 “文件”选项卡的“选项”按钮，弹出“Excel选项”对话框，在“高级”类别，“常规”中单击“编辑自定义列表”按钮，如图4-8所示，弹出“自定义序列”对话框，如图4-9所示，在“自定义序列”列表中可以看到几组已有的列表，如果在使用时用到这些列表就可以用填充的方法快速输入。具体做法是首先输入序列中的一条数据，然后使用填充柄填充其他单元格。

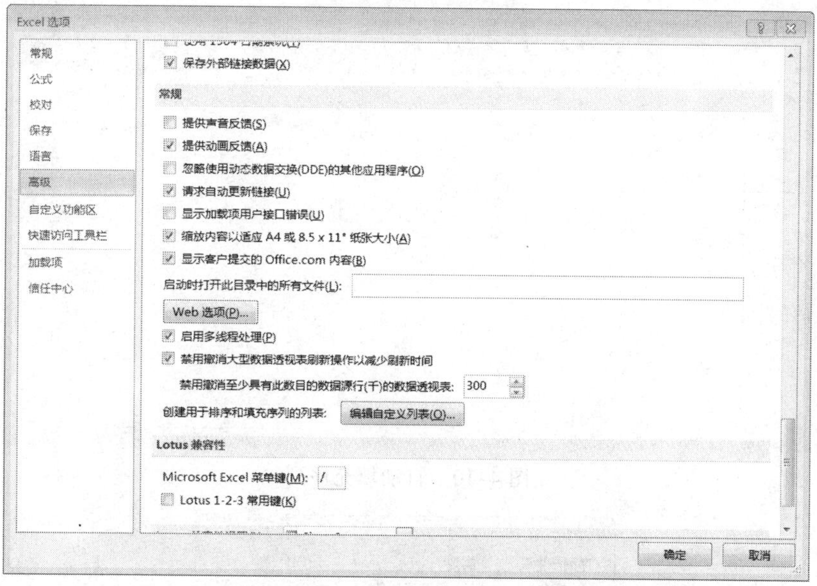

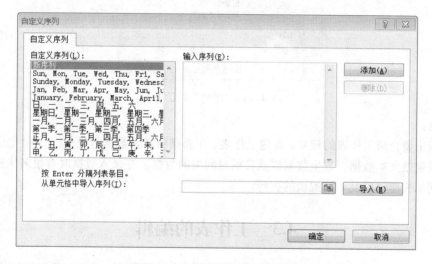

图 4-8 "Excel 选项"对话框

图 4-9 "自定义序列"对话框

3. 填充数值序列

除了利用已定义的序列进行自动填充外，还可以指定某种规律（等差、等比等）进行自动填充。

例如要输入从 1~10 的产品序号，这些数据是连续的，如图 4-10 所示。首先在 A2 和 A3 单元格中分别输入 1 和 2，鼠标指针移到填充柄，此时，指针呈"╋"状，拖动它向下直到 A11，松开鼠标键。A2:A11 的单元格中填充了 1~10 的数据。或者先在 A2 单元格中输入 1，在"开始"选项卡的"编辑"组中，单击填充"🔲·"旁边的下拉按钮，选择"系列"命令，弹出"序列"对话框，如图 4-11 所示。选中"列"和"等差数列"单选按钮，"步长值"设为 1，"终止值"设为 10，单击"确定"按钮。

图 4-10　自动填充序列

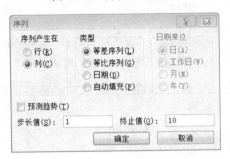

图 4-11　"序列"对话框

小结：

本节主要介绍工作表的建立，新建工作表，在表格中录入数据等操作。Excel 电子表格的数据一般包括文本数据、数值数据以及日期时间型的数据。在录入数据时有很多快速录入的方法，例如快捷键以及一些编辑的技巧。

4.3　工作表的编辑

对于已经建立的工作表，根据需要可以编辑修改其中的数据，主要包括对数据的增、删、改操作。另外对于工作表可以进行插入、删除、重命名、复制、移动等操作。在浏览工作表时还可以采用冻结行或列的方式。在本节，中以表 4-1 所示的工作表为例介绍工作表的编辑。

表 4-1　销售额统计表

产品名称	一月/万元	二月/万元	三月/万元	四月/万元	五月/万元
台式机	12.34	23.45	6.34	5.89	10
笔记本	27	13.66	19.88	9	23.98
服务器	108.23	97.11	97.90	27.56	98.12
打印机	9	23	19.45	8.38	57.23
传真机	11	8.2	10.23	10	20.87

4.3.1 案例2——工作表中数据的编辑

案例分析：

在表4–1中完成以下操作：

（1）插入标题行"恒通公司第一分公司销售额统计表"。

（2）在"产品名称"列前插入"序号"列，并进行自动填充。

（3）删除"传真机"所在行。

（4）删除"五月"列中的数据。

（5）把"一月"列中的数据复制到"五月"列。

（6）插入"六月"列，在同时冻结行、列标题的方式下输入表4–2的数据。

表4-2　六月份数据

产品名称	六月/（万元）
台式机	30
笔记本	12.3
服务器	110
打印机	9.25

操作方法如下：

（1）输入表4–1的数据，"产品名称"输入在A1单元格。

（2）插入行和列。选中第一行，选中一行的方法是单击该行所在的行号数字，例如选中第一行就是单击左侧的"1"。在"开始"选项卡下的"单元格"组中，单击"插入"旁边的下拉按钮，选择"插入工作表行"命令，如图4–12所示，在表格的最上方将出现一个空白行，在A1单元格中输入标题"恒通公司第一分公司销售额统计表"。选中第一列，方法是单击该列所在的列标字母。在"开始"选项卡下的"单元格"组中，单击"插入"旁边的下拉按钮，选择"插入工作表列"命令，在表格的最左方将出现一个空白列，在A2单元格中输入"序号"，使用之前介绍的方法，自动填充序号1~5。

（3）删除行。选中"传真机"所在行，在"开始"选项卡下的"单元格"组中，单击"删除"旁边的下拉按钮，选择"删除工作表行"命令，如图4–13所示。

提示：除了可以整行整列删除之外还可以删除选定的单元格。方法是首先选定要删除的单元格，在"开始"选项卡下的"单元格"组中，单击"删除"旁边的下拉按钮，选择"删除单元格"命令，弹出"删除"对话框，如图4–14所示。这里可根据实际情况选中"右侧单元格左移"、"下方单元格上移"、"整行"或"整列"单选按钮。

（4）删除数据。选中"五月"列中的数据，在"开始"选项卡下的"编辑"组中，单击"清除"旁边的下拉按钮，选择"清除内容"命令，如图4–15所示。

图4-12　插入行

图4-13　删除行

图4-14　"删除"对话框

图4-15　"清除"数据

提示：使用"编辑"组中的"清除"命令，可以根据需要进行选定，有时需要保留格式，只删除内容；有时又需要保留内容，删除格式；还可以清除批注。

（5）复制数据。选定要复制的单元格区域 C3:C6，在"开始"选项卡下的"剪贴板"组中单击"复制"按钮命令，被选定单元格区域的四周会出现一个闪烁的虚线框，再选定 G3 单元格，在"开始"选项卡下的"剪贴板"组中单击"粘贴"按钮，数据就被粘贴到目标单元格。

提示：

①在选取粘贴的目标区域时，若只选取一个单元格，Excel 会以该单元格为目标区域的左上角，依据来源数据的范围来决定目标区域。

②当数据粘贴到目标区域后，原数据区域的四周仍然存在闪烁的虚线框，可按【Esc】键取消。

③还可以用鼠标拖动的方法复制和移动数据。复制数据的方法是：先选中复制区域，将鼠标指针移至该区域的边框处，当鼠标指针变为"+"形状后，再按住【Ctrl】键的同时，拖动该区域到目标位置后，释放鼠标，再释放【Ctrl】键。移动数据的方法与复制的方法区别仅在于不需要按住【Ctrl】键。

（6）窗格的冻结。窗格的冻结通常应用在数据量比较大的表中，一般将工作表的行或列标题冻结，这样当滚动条滚动时，行或列标题始终能够显示在屏幕上，以便于用户输入。

窗格冻结的方式是选定 C3 单元格，在"视图"选项卡下的"窗口"组中，单击"冻结窗格"旁边的下拉按钮，选择"冻结拆分窗格"命令，如图 4-16 所示。此时工作表的前两行和前两列被冻结。

提示：若要取消窗格的冻结，只要在"视图"选项卡下的"窗口"组中，单击"冻结窗格"旁边的下拉按钮，选择"取消冻结窗格"命令即可。

图 4-16 冻结窗格

4.3.2 案例 3——工作表的编辑

案例分析：

在表 4-1 中完成以下操作：

（1）将工作表名称命名为"统计表"。

（2）将"统计表"在同一个工作簿中复制两份，分别将工作表命名为"排序表"、"汇总表"。

（3）以"汇总表"、"排序表"、"统计表"的顺序排列工作表。

（4）保存工作簿，文件名为"销售额统计表.xls"。

（5）把"销售额统计表.xls"工作簿的"统计表"工作表，复制到另外一个名为"销售额统计表备份.xls"的工作簿中。

操作方法如下：

（1）工作表的更名。双击工作表"Sheet1"的标签，当工作表标签出现反白（黑底白字）时，输入新的工作表名"统计表"，按【Enter】键确认。

（2）同一个工作簿中复制工作表。单击"统计表"工作表标签，按住【Ctrl】键沿着标签行拖动工作表标签到目标位置，例如拖动到所有工作表之后。

（3）同一个工作簿中移动工作表。单击"统计表"工作表标签，沿着标签行拖动工作表标签到目标位置。

提示：在同一个工作簿中移动或复制工作表快捷的方式是使用鼠标拖动，移动和复制的区别就是在拖动时后者要按住【Ctrl】键。

（4）在不同工作簿中复制工作表。首先同时打开源工作簿（销售额统计表.xlsx）和目标工作簿（销售额统计表备份.xlsx），单击源工作簿中的"统计表"工作表标签；在"开始"选项卡下的"单元格"组中，单击"格式"旁边的下拉按钮，在"组织工作表"中选择"移动或复制工作表"命令，弹出"移动或复制工作表"对话框，如图 4-17 所示；在对话框的"将选定工作表移至工作簿"下拉列表中选定目标工作簿"销售统计表备份.xlsx"，在"下列选定工作表之前"栏中选定在目标工作簿中的插入位置；选中"建立副本"复选框，单击"确定"按钮。

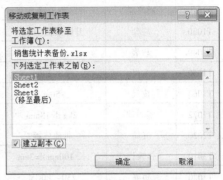

图 4-17 "移动或复制工作表"对话框

提示：如果是在不同工作簿中移动工作表，那么在"移动或复制工作表"对话框中不要选中"建立副本"复选框即可。

对于工作表，除了上述的重命名、移动和复制的操作外，还可以进行插入和删除操作。

插入工作表的方法是，在"开始"选项卡下的"单元格"组中，单击"插入"旁边的下拉按钮，选择"插入工作表"命令。

删除工作表的方法是，选定要删除的工作表标签，在"开始"选项卡下的"单元格"组中，单击"删除"旁边的下拉按钮，选择"删除工作表"命令。这里要注意删除工作表，将是永久删除，利用"快速访问工具栏"中的"撤销"命令是无法恢复的。

小结：

本节以一个"销售额统计表"为例，主要介绍了工作表的插入、删除、重命名、移动和复制操作，还介绍了工作表中数据的增、删、改操作。

4.4 工作表的格式化及打印

所谓工作表的格式化其实是对工作表的修饰和美化，通过格式化可以使用户编辑的表格更加赏心悦目，丰富表格所要表达的内容。

4.4.1 案例 4——工作表的格式化

案例分析：

以表 4-3 "中学体育器材汇总表"为例，对该表进行格式化，格式化后的表如图 4-18 所示。

表 4-3　中学体育器材汇总表

中学体育器材汇总表

编号	器材、设备名称	规格	单位	城镇中学			乡村中学			预算价/（元）
				36班以上	19～35班	18班以下	18班以上	13～17班	12班以下	
T1010	接力棒		根	30	24	12	18	12	6	2.1
T1020	跳高架	双升降	付	4	4	2	2	2	1	280
T1030	栏架	升降最低70cm	付	36	24	18	18	12	6	85
T1040	秒表		块	16	12	6	6	4	2	240
T1050	木尺	1.8-2.8m	根	3	3	2	3	2	1	55
T1063	皮尺	50m	条	4	3	2	3	2	1	60
T1072	实心球	2kg d=18mm	个	60	50	40	30	20	20	16
T2020	气筒	带储气罐	把	3	2	1	2	2	1	14
T3010	体操棒	长 100cm d=3cm	根	60	60	50	60	50	50	4.9
T3020	短绳	250-280CM	根	140	100	60	60	50	50	2.5
T3030	长绳	500cm	根	18	14	10	10	10	8	4.5
T3040	拔河绳	白棕	根	3	2	1	2	1	1	166
T3050	低单杠	镀锌管	付	7	5	4	5	4	3	290
T3060	高单杠	镀锌管	付	5	4	3	4	3	2	530
T3070	低双杠	镀锌管	付	7	5	4	5	4	3	415
T3080	高双杠	镀锌管	付	5	4	3	4	3	2	431
T2030	篮球	7号 皮质	个	60	40	15	15	10	5	60
T2050	排球	橡胶	个	60	40	20	15	10	5	16
T2080	足球	橡胶	个	30	20	10	20	10	10	17
T2160	乒乓球拍		付	8	6	4	4	2	2	100
T2170	乒乓球台		付	2	1	1	2	1	1	800

图 4-18　格式化后的工作表

操作方法如下：

（1）将标题字体设置为"华文彩云、20 号、蓝色"，并使标题在 A1:K1 区域内合并且居中。

图 4-19 "字体"组

① 选定 A1 单元格，在"开始"选项卡下的"字体"组中，单击"字体"旁边的"▣"按钮，如图 4-19 所示，弹出"设置单元格格式"对话框，如图 4-20 所示，在"字体"列表框里选择"华文彩云"，在"字号"列表框里选择"20"，在"颜色"选择"标准色"、"蓝色"，单击"确定"按钮。

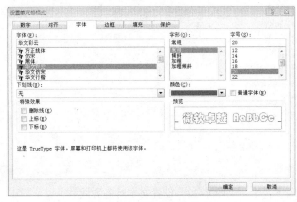

图 4-20 设置字体格式

② 选定 A1:K1 的区域，在"开始"选项卡下的"对齐方式"组中，单击"合并后居中"按钮。A1:K1 的区域被合并为一个单元格。

提示：

处理 Excel 电子表格的标题通常有两种方式，一种是使用上面所说的合并后居中，还有一种是使用跨列居中。

跨列居中的操作方法是首先选定要跨列的单元格区域，以上面的表格为例，既选定 A1:K1 的区域，在"开始"选项卡下的"对齐方式"组中，单击"对齐方式"旁边的"对话框启动""▣"按钮，弹出"设置单元格格式"对话框，如图 4-21 所示，单击"水平对齐"下拉按钮，选择"跨列居中"选项，单击 "确定"按钮。

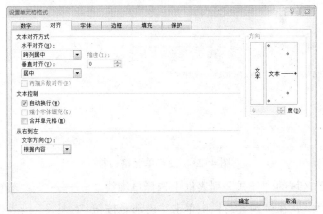

图 4-21 设置"跨列居中"

（2）将数据区域所有单元格的字号设置为"10"，水平对齐方式和垂直对齐方式都设置为"居中"。

选定 A2:K24 的区域，在"开始"选项卡下的"字体"组中，单击"字体"旁边的"对话框启动""▣"按钮，弹出"设置单元格格式"对话框，在"字号"列表框里选择"20"，选择"对齐"选项卡，分别在"水平对齐"、"垂直对齐"下拉列表框中选择"居中"选项，如图 4-22 所示，单击"确定"按钮。

图 4-22　设置文本对齐方式

（3）设置表格的外边框为蓝色的双细线，内边框为绿色的单细线；设置 C4、C7、C23、C24 单元格斜线。

① 选定 A2:K24 的区域，在"开始"选项卡下的"字体"组中，单击"边框"旁边的下拉按钮，选择"其他边框"命令，打开"设置单元格格式"对话框，在"线条"区域的"样式"列表框中选择双细线"══"，"颜色"下拉列表中选择"标准色"、"蓝色"，如图 4-23 所示，在"预置"栏中单击"外边框"按钮"▣"，为表格添加外边框。

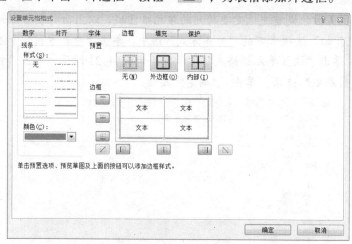

图 4-23　设置单元格边框

② 在"线条"区域的"样式"列表框中选择单细线"▭"，"颜色"下拉列表中选择"标准色"、"绿色"，在"预置"栏中单击"内部"按钮"▦"，为表格添加内边框。

③ 选定 C4、C7、C23、C24 单元格，在"开始"选项卡下的"字体"组中，单击"边框"
"⊞"旁边的下拉按钮，选择"其他边框"命令，弹出"设置单元格格式"对话框，在"边框"区域选择斜线按钮"▱"和"▱"，为单元格添加斜线。

（4）为表格的列标题添加浅绿色底纹。

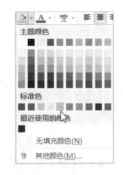

选定列标题所在的区域（A2:K2），在"开始"选项卡下的"字体"组中，单击"填充颜色"旁边的下拉按钮，选择"标准色"、"浅绿"，如图 4-24 所示，单击"确定"按钮。

（5）将列标题"器材、设备名称"在单元格内分两行显示。

① 选定"器材、设备名称"所在的单元格 B2，双击 B2 单元格，使该单元格处于编辑状态，将闪动的插入点定位在"设备"之后。

② 同时按下【Alt+Enter】组合键，单元格文本被分为两行。

图 4-24　设置填充颜色

提示：

使文本换行还可以使用菜单命令，具体做法是，在"开始"选项卡下的"对齐方式"组中，单击"自动换行"按钮，将超出单元格宽度的文本自动换到下一行。

与同时按下【Alt+Enter】组合键实现换行不同的是，上述方法只有当文本超出单元格宽度时才换行，而同时按下【Alt+Enter】组合键的方式不管文本是否超出单元格宽度，都会在指定位置强行换行。

（6）将表格的所有列调整为最适合的列宽。

选定表格的所有列，在"开始"选项卡下的"单元格"组中，单击"格式"旁边的下拉按钮，选择"单元格大小"中的"自动调整列宽"命令，调整各列为最适合的宽度。

提示：

① 所谓最适合的列宽是指列宽与本列中输入内容最多的单元格相匹配。

② 列宽和行高还可以精确设定，具体的方法是：

a. 设置列宽：在"开始"选项卡下的"单元格"组中，单击"格式"旁边的下拉按钮，选择"单元格大小"中的"列宽"命令，弹出"列宽"对话框，如图 4-25 所示，对列宽进行设置。

b. 设置行高：在"开始"选项卡下的"单元格"组中，单击"格式"旁边的下拉按钮，选择"单元格大小"中的"行高"命令，弹出"行高"对话框，如图 4-26 所示，对行高进行设置。

图 4-25　设置列宽对话框

图 4-26　设置行高对话框

（7）设置"预算价"列的数据格式：添加"￥"符号，且数据保留两位小数。选择"预算价"列的数据，在"开始"选项卡下的"数字"组中，单击"数字"旁边的对话框启动"▣"按钮，弹出"设置单元格格式"对话框，在"分类"列表选择"货币"，"货币符号"下拉列表选择"￥"，小数位数选择"2"，如图 4-27 所示，单击"确定"按钮。

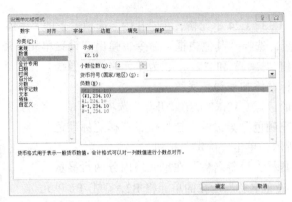

图 4-27　设置"货币"格式

（8）利用条件格式，将工作表数据行中奇数行设置浅绿色底纹。

① 选定 A4:K24 的区域。

② 在"开始"选项卡下的"样式"组中，单击"条件格式"旁边的下拉按钮，选择"新建规则"命令，弹出"新建格式规则"对话框。

③ 在"选择规则类型"列表中，选择"使用公式确定要设置格式的单元格"，在"编辑规则说明"中，输入公式"=MOD(ROW(),2)<>0"。

④ 单击"格式"按钮，弹出"设置单元格格式"对话框，选择"填充"选项卡，在"背景色"区域选择"浅绿色"，如图 4-28 所示，单击"确定"按钮。返回"新建格式规则"对话框，如图 4-29 所示。

图 4-28　设置填充颜色

图 4-29　"新建格式规则"对话框

⑤ 单击"确定"按钮，完成"公式"条件格式的设置。设置效果如图 4-30 所示。

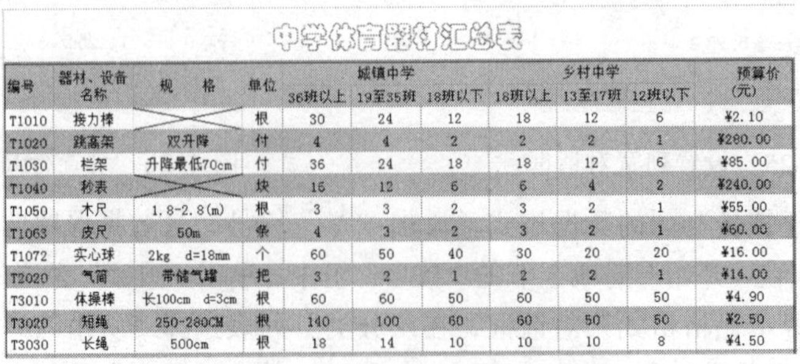

中学体育器材汇总表

编号	器材、设备名称	规格	单位	城镇中学			乡村中学			预算价（元）
				36班以上	19至35班	18班以下	18班以上	13至17班	12班以下	
T1010	接力棒		根	30	24	12	18	12	6	¥2.10
T1020	跳高架	双升降	付	4	4	2	2	2	1	¥280.00
T1030	栏架	升降最低70cm	付	36	24	18	18	12	6	¥85.00
T1040	秒表		块	15	12	6	6	4	2	¥240.00
T1050	木尺	1.8-2.8(m)	根	3	3	2	3	2	1	¥55.00
T1063	皮尺	50m	条	4	3	2	4	3	2	¥60.00
T1072	实心球	2kg d=18mm	个	60	50	40	30	20	20	¥16.00
T2020	气筒	带储气罐	把	3	2	1	2	2	1	¥14.00
T3010	体操棒	长100cm d=3cm	根	60	60	50	60	50	50	¥4.90
T3020	短绳	250-280cm	根	140	100	60	60	50	50	¥2.50
T3030	长绳	500cm	根	18	14	10	10	10	8	¥4.50

图 4-30　条件格式设置后的效果

提示：

在 Excel 中，使用条件格式易于达到以下效果：突出显示所关注的单元格或单元格区域；强调异常值；使用数据条、颜色刻度和图标来直观地显示数据。

条件格式规则的管理。若要增加条件格式的规则或者删除条件格式规则，可使用"条件格式规则管理器"。具体的方法是：先选定要增加或者删除条件格式的单元格区域，在"开始"选项卡下的"样式"组中，单击"条件管理"旁边的下拉按钮，选择"管理规则"命令，弹出"条件格式规则管理器"对话框。在该对话框中可以"新建规则"或者"删除规则"，如图 4-31 所示。

图 4-31　条件格式规则管理器

在案例中，设置的条件为"公式"，有关公式的内容会在下一节具体讲解。这里只对"=MOD(ROW(),2)<>0"做具体的解释。MOD 为求余函数，返回两数相除的余数，其中 ROW() 为被除数，2 为除数；ROW() 函数用于测试当前行号。整个公式的含义是：当行号除以 2 的余数不为 0（即此行为奇数行）时，就执行设置的条件。

提示：

在设置单元格格式时，有时一种格式要设置很多次，一种方便的做法是使用"格式刷"按钮。首先选中有格式的单元格，然后在"开始"选项卡下的"剪贴板"组中，单击格式刷按钮，再单击需要同样格式的单元格。如果一种格式需要复制多次，那么选中有格式的单元格，然后双击"格式刷"按钮，再单击需要同样格式的单元格，设置完毕后再单击"格式刷"按钮，以取消格式的复制操作。

有时在编辑过程中，难免对先前设置的格式不是很满意，或者通过工作表的进一步加工，从前的格式显然不合适了。那么就要取消一些从前的格式，如果是最近设置的格式可以通过"撤销"按钮取消，但如果是很多操作步骤以前的设置，或者根本就无法撤销，那就遵从一个原则，就是从哪里设置的就从哪里取消。例如，在格式化后的表 4-3 中，如果实际情况中表格最后又增加了一列内容，此时的边框就要重新设置，首先要取消原来外边框的双细线。做法就是选定要取消的区域，仍然在"开始"选项卡下的"字体"组中，单击"边框"旁边的下拉按钮，选择"其他边框"命令，弹出"设置单元格格式"对话框，在"边框"区域单击"▯"按钮，在预览图上可以看到右侧的边框被取消了，如图 4-32 所示。取消后再重新设置边框。

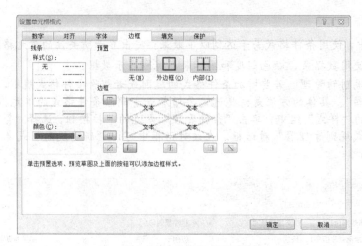

图 4-32 取消边框操作

4.4.2 案例5——工作表的打印

案例分析：

在实际工作中，表格输入和修饰后经常需要打印输出，如果不做任何修饰，打印的效果将不像在屏幕上浏览的那样赏心悦目。仍然以表 4-3 为例，通过在 4.4.1 中进行的格式化操作后，如果直接打印输出，打印的结果是一张完整的表被打印在两张纸上，如图 4-33 所示。在本案例中对该表进行相应的页面设置，使得打印的效果尽量满足工作者的需要。

规　格	单位	城镇中学			乡村中学			预算价（元）
		36班以上	19至35班	18班以下	18班以上	13至17班	12班以下	
	根	30	24	12	18	12	6	¥2.10
双升降	付	4	4	2	2	2	1	¥280.00
升降最低70cm	付	36	24	18	18	12	6	¥85.00
	块	16	12	6	6	4	2	¥240.00
1.8-2.8(m)	根	3	3	2	3	2	1	¥55.00
50m	条	4	3	2	3	2	1	¥60.00
2kg d=18mm	个	50	50	40	30	20	20	¥16.00
带储气罐	把	3	2	1	2	2	1	¥14.00
长100cm d=3cm	根	60	60	50	60	50	50	¥4.90
250-280CM	根	140	100	60	60	50	50	¥2.50
500cm	根	18	14	10	10	10	8	¥4.50
白棕	根	3	2	1	2	1	1	¥166.00
镀锌管	付	7	5	4	5	4	3	¥290.00
镀锌管	付	5	4	3	4	3	2	¥530.00
镀锌管	付	7	5	4	5	4	3	¥415.00
镀锌管	付	5	4	3	4	3	2	¥431.00
7号 皮质	个	60	40	15	15	10	5	¥60.00
橡胶	个	60	40	20	15	10	5	¥16.00
橡胶	个	30	20	10	20	10	10	¥17.00
	付	8	6	4	4	2	2	¥100.00
	付	2	1	1	2	1	1	¥800.00

图 4-33　分页预览效果

操作方法如下：

（1）预览工作表。

首先预览工作表，所谓预览是打印预览，也就是在屏幕显示将打印的效果。先预览以便得知工作表在打印前需要做哪些调整。

单击"文件"选项卡，然后选择"打印"命令，在窗口的右侧呈现即将打印的文档，如图 4-34 所示。

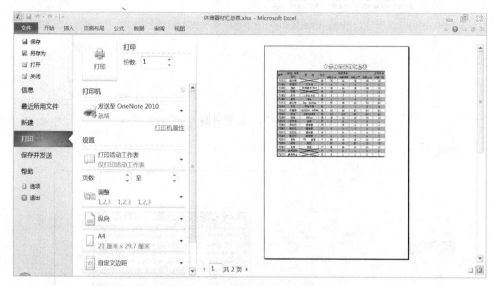

图 4-34　未设置前的打印预览效果

（2）进行页面设置。

① 在"设置"中，单击"页面设置"链接，弹出"页面设置"对话框，如图 4-35 所示。

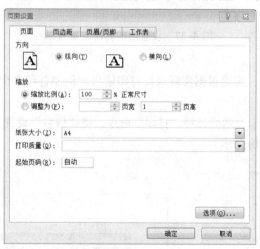

图 4-35　设置页面格式

② 在"页面设置"对话框中，选择"页面"选项卡，"方向"设置为"横向"。

③ 在"页面设置"对话框中，选择"页边距"选项卡，选中"水平"和"垂直"两个复选框。

④ 在"页面设置"对话框中，选择"页眉/页脚"选项卡，单击" 自定义页脚(U)... "按钮，弹出"页脚"对话框，在"右"文本框中填写"制表日期:"并且单击日期" ▥ "按钮，设置的效果如图 4-36 所示。单击"确定"按钮。预览效果如图 4-37 所示。

图 4-36　设置页脚

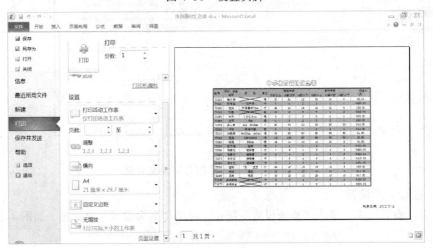

图 4-37　设置后的打印预览效果

（3）打印工作表。

工作表编辑完毕后，需要根据实际情况打印输出。例如打印多少份，打印哪些部分等都可以进行设置。

单击"文件"选项卡，然后选择"打印"命令，将"份数"设置为"10"，并设置"打印活动工作表"，如图 4-38 所示。

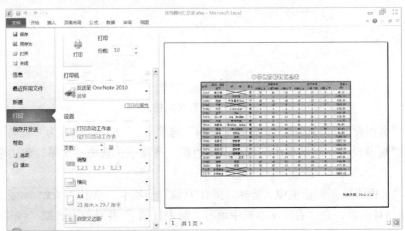

图 4-38　打印设置

提示：

在 Excel 中除了可以打印选定的工作表外，还可以一次打印整个工作簿的所有工作表。设置方法就是在图 4-38 所示的窗口中，选择"打印整个工作簿"命令。如果希望根据需要打印内容，可以选择"打印选定区域"命令，如图 4-39 所示。

在实际工作中经常遇到这样的情况，一张工作表数据很多，如果不做任何操作，除了第一页可以看到每行的标题以外，其他页均为数据没有标题行，这样使得表格阅读起来极其不便。在 Excel 中有一种非常便捷的方法，可以使得每页都能显示标题行。操作的方法是在"页面布局"选项卡下的"页面设置"组中，单击"打印标题"按钮，弹出"页面设置"对话框，在"打印标题"中选定希望每页都打印的标题行，这里还分为"顶端标题行"和"左端标题行"，如图 4-40 所示。

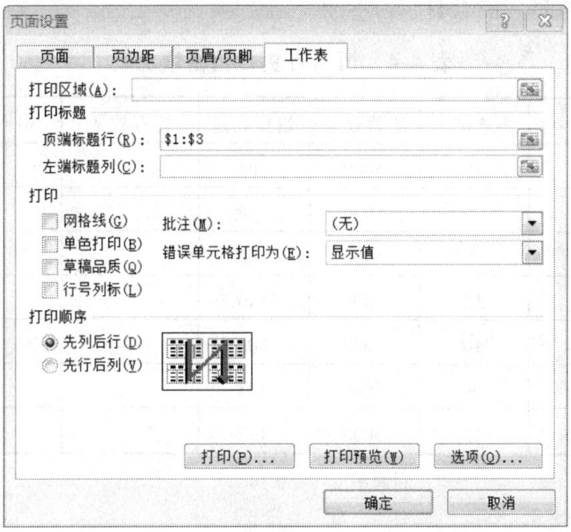

图 4-39 设置打印范围

图 4-40 设置"打印标题行"

小结：

本节以一个"中学体育器材汇总表"为例，主要介绍了工作表的格式化以及打印前的页面设置和打印设置。

4.5 公式与函数

到目前为止，用户已经可以在工作表中任意输入数据，对工作表进行美化修饰和打印输出，这仅仅是制作表格最基本的功能，Excel 最精彩的功能在于其极为方便的计算和函数处理方法，以及对数据进行一系列的管理和分析。本节的案例将着重介绍 Excel 中的公式和常见函数。

自定义公式时要以等号（＝）开始，后面是用运算符连接对象组成的一个式子。公式中的对象可以是常量、变量、函数以及单元格引用，还可以使用圆括号"（ ）"改变运算优先顺序。如：=A4+B4、=E6*3-F6、=sum(D3:D8)等。

单元格的引用是一种告诉 Excel 计算公式，如何从工作表中提取有关单元格数据的方法。公式通过单元格的引用，既可以取出当前工作表中单元格的数据，也可以取出其他工作表中单元格的数据。Excel 单元格引用分为相对引用、绝对引用和混合引用三种。下面的案例将具体讲解单元格引用的方法和作用。

4.5.1 案例 6——利用公式进行计算

案例分析：

利用公式对表 4-4 中相应部分进行计算：

（1）库存数量=进货数量-销售数量。

（2）销价=进价 ×（1+利润率）。

（3）销售额=销价 × 销售数量。

（4）当日总利润=销售额-进价 × 销售数量。

（5）求“当日总利润”的合计。

表 4-4 恒利百货日销售情况表

商品编号	商品名称	进价	进货数量	销售数量	库存数量	销价	销售额	当日总利润
011-0102	黑妹牙膏	3.8	5000	305				
023-0011	高露洁牙膏	6.7	5000	236				
002-0203	爵士香皂	3	5000	100				
087-1032	力士香皂	3.2	5000	540				
033-1234	飘柔洗发露	10	5000	300				
200-2313	碧浪洗衣粉	9	5000	123				
311-0038	洁丽娅毛巾	12	5000	177				
			利润率:	0.34			合计:	

操作方法如下：

（1）新建 Excel 工作簿，在空白工作簿中录入表 4-4 的内容。并且对工作表进行简单的修饰。录入的效果如图 4-41 所示。

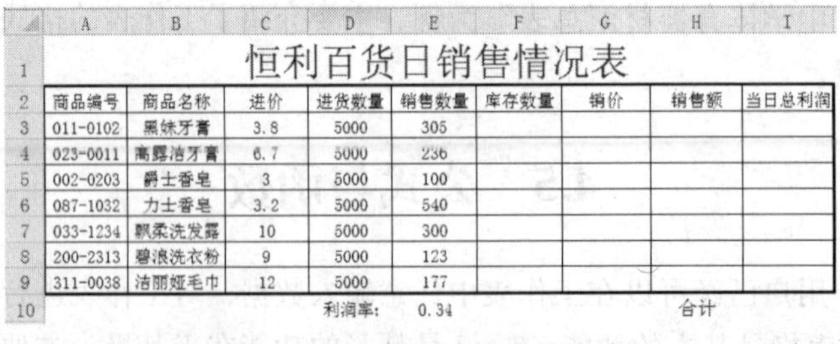

	A	B	C	D	E	F	G	H	I
1	恒利百货日销售情况表								
2	商品编号	商品名称	进价	进货数量	销售数量	库存数量	销价	销售额	当日总利润
3	011-0102	黑妹牙膏	3.8	5000	305				
4	023-0011	高露洁牙膏	6.7	5000	236				
5	002-0203	爵士香皂	3	5000	100				
6	087-1032	力士香皂	3.2	5000	540				
7	033-1234	飘柔洗发露	10	5000	300				
8	200-2313	碧浪洗衣粉	9	5000	123				
9	311-0038	洁丽娅毛巾	12	5000	177				
10				利润率:	0.34			合计	

图 4-41 录入要计算表的内容

（2）利用公式计算“库存数量”。

① 将光标定位在 F3 单元格。

② 在 F3 单元格中输入公式“=D3-E3”。

提示：在输入公式时，使用的是单元格的引用，输入等号（=）后，可以不用手动输入单元格引用，而是直接单击“D3”单元格，然后再输入减号（-），再单击“E3”单元格，如图 4-42 所示。

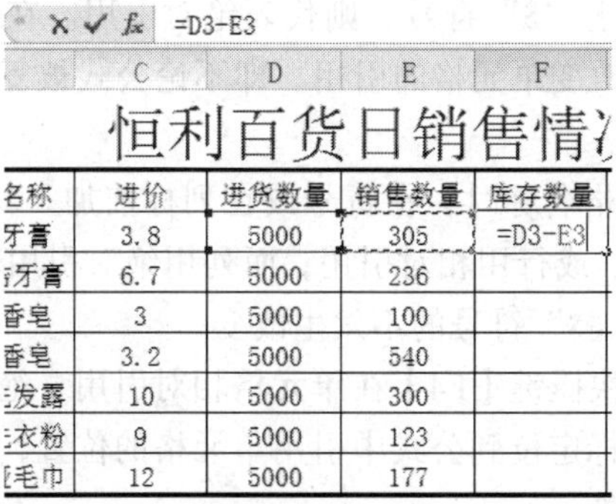
=D3-E3
C
D
E
F
恒利百货日销售情
名称
进价
进货数量
销售数量
库存数量
牙膏 3.8 5000 305 =D3-E3
洁牙膏 6.7 5000 236
香皂 3 5000 100
香皂 3.2 5000 540
洗发露 10 5000 300
洗衣粉 9 5000 123
毛巾 12 5000 177

图 4-42　输入公式

③ 按【Enter】键确定或者单击编辑栏左侧的输入“✔”按钮。

④ 将公式进行复制，计算其他商品的库存数量。鼠标指向 F3 单元格右下角的填充柄，当鼠标指针变成+时，拖拽填充柄直到 F9 单元格，如图 4-43 所示。

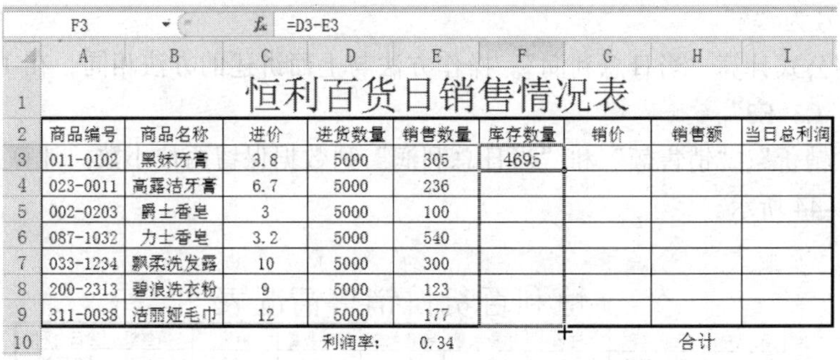
F3
=D3-E3
恒利百货日销售情况表
商品编号 商品名称 进价 进货数量 销售数量 库存数量 销价 销售额 当日总利润
011-0102 黑妹牙膏 3.8 5000 305 4695
023-0011 高露洁牙膏 6.7 5000 236
002-0203 爵士香皂 3 5000 100
087-1032 力士香皂 3.2 5000 540
033-1234 飘柔洗发露 10 5000 300
200-2313 碧浪洗衣粉 9 5000 123
311-0038 洁丽娅毛巾 12 5000 177
利润率: 0.34
合计

图 4-43　公式的复制

提示：

这里所谓公式的“复制”并不像以前熟悉的复制，从前的复制是原样照搬，而公式的“复制”要依据原公式中的单元格引用以及拖动填充柄的方式而定。例如通过以上公式的复制，在 F4 单元格中显示的值并不是与 F3 中的值相等，F4 单元格的公式是“=D4-E4”，这恰恰符合题意。当向下拖动填充柄时，被复制的公式中列没有变，发生变化的是行，因此，公式中表示列的字母“D”和“E”都没变，公式中的行号逐行增加 1。如果填充柄不是被向下拖动而是向右拖动，请读者考虑公式被复制后的结果又如何呢？

以上公式中使用的是单元格的相对引用，即用单元格名称引用单元格数据的一种方式。在公式复制和移动时，公式中引用的单元格地址会随着公式的移动而自动改变。

（3）利用公式计算“销价”。

① 将光标定位在 G3 单元格。

② 在 G3 单元格中输入公式“=C3*(1+E10)”。

如果此时就拖动填充柄进行公式的复制，依据以上所讲解的内容可以推断 G4 单元格中的公式将为"=C4*(1+E11)"，显然引用单元格 E11 是不正确的，利润率所在的单元格应该在公式的复制过程中保持不变。那这又如何做到呢？这里要用到单元格的绝对引用，即将 G3 单元格中的公式修改为"=C3*(1+\$E\$10)"。

在行号和列标前面均加上"\$"符号，则代表绝对引用。在公式复制时，绝对引用单元格将不随公式位置的移动而改变单元格的引用。即不论公式被复制到哪里，公式中引用的单元格不变。

混合引用是指引用单元格名称时，在行号或在列标前加"\$"符号的引用方法。即行用绝对引用，而列用相对引用，或行用相对引用；而列用绝对引用。其作用是不加"\$"符号的随公式的复制而改变，加了"\$"符号的不发生改变。

在 Excel 中，可以使用快捷键【F4】在单元格相对引用、绝对引用和混合引用之间进行切换。具体的做法是：将光标定位到公式中引用单元格的位置，多次按键盘上的【F4】键，单元格的引用方式将依次轮换。

③ 公式修改为"=C3*(1+\$E\$10)"后，按【Enter】键确定。

④ 拖动填充柄，计算其他商品的销价。

（4）利用公式计算"销售额"。

操作方法与上面讲述的方法相同，只需要在 H3 单元格中输入公式"=G3*E3"。这里注意在 Excel 中乘号为"*"。

（5）利用公式计算"当日总利润"。操作方法与上面讲述的方法相同，在 I3 单元格中输入公式"=H3–C3*E3"。

（6）将"销价"、"销售额"和"当日总利润"列数据保留两位小数。计算并设置格式后的效果如图 4-44 所示。

	A	B	C	D	E	F	G	H	I
1	恒利百货日销售情况表								
2	商品编号	商品名称	进价	进货数量	销售数量	库存数量	销价	销售额	当日总利润
3	011-0102	黑妹牙膏	3.8	5000	305	4695	5.09	1553.06	394.06
4	023-0011	高露洁牙膏	6.7	5000	236	4764	8.98	2118.81	537.61
5	002-0203	爵士香皂	3	5000	100	4900	4.02	402.00	102.00
6	087-1032	力士香皂	3.2	5000	540	4460	4.29	2315.52	587.52
7	033-1234	飘柔洗发露	10	5000	300	4700	13.40	4020.00	1020.00
8	200-2313	碧浪洗衣粉	9	5000	123	4877	12.06	1483.38	376.38
9	311-0038	洁丽娅毛巾	12	5000	177	4823	16.08	2846.16	722.16
10					利润率：	0.34		合计	

图 4-44　计算和格式化后的效果

（7）计算"当日总利润"的合计。

① 将光标定位于 I10 单元格。

② 在"开始"选项卡下的"编辑"组中，单击"求和"按钮，单元格中出现了求和函数 SUM，Excel 自动选定了范围 I3:I9，在函数下方还会有函数的输入格式提示，如图 4-45 所示，按【Enter】键或单击"✔"按钮确认。

提示：

求和是表格中一种最常用的数据运算，因此 Excel 提供了快捷的自动求和方法，就是使用"开始"选项卡下的"编辑"组中的"求和"功能。它将自动地对活动单元格上方或左侧的数据进行求和计算。

所有函数都包含 3 部分：函数名、参数和圆括号。以求和函数 SUM 为例说明：

（1）SUM 是函数名称，从名称大略可知该函数的功能及用途是求和。

（2）圆括号用来括起参数，在函数中圆括号是不可以省略的。

（3）参数是函数在计算时所使用的数据。函数的参数可以是数值、字符、逻辑值或是单元格引用，如：SUM(5,4)、SUM(C3:F3)等。

图 4-45　自动求和过程

提示：

使用公式和函数的一大好处就是，只要计算出一个数据，就可以利用公式的复制计算出其他数据。在公式复制时，上面的案例中使用的方法是拖动填充柄。还有一种方法就是直接双击填充柄。但使用这种方法有一个条件，就是要求要填充的列前面不是空白列，因为双击填充柄时，自动产生的序列个数是由前一列向下直到遇到空白单元格为止的单元格个数来决定的。

Excel 公式中的计算运算符有算术运算符、文本运算符、比较运算符和单元格引用运算符。

（1）算术运算符。

算术运算符主要完成对数值型数据进行加、减、乘、除等数学运算，Excel 提供的算术运算符如表 4-5 所示。

表 4-5　算术运算符

算术运算符	含　　义	举　　例
+	加法运算	=B2+B3
-	减法运算	=20-B6
*	乘法运算	=D3*D4
/	除法运算	=D6/20
%	百分号	=5%
^	乘方运算	=6^2

（2）文字运算符。

"&" 是 Excel 的文字运算符，它可以将文本与文本、文本与单元格内容、单元格与单元格内容等连接起来。

例如："=B2&B3" 是将 B2 单元格和 B3 单元格的内容连接起来；"="总计为："&G6"。将 G6 中的内容连接在 "总计为："之后。

注意：要在公式中直接输入文本，必须用双引号把输入的文本括起来。

（3）比较运算符。

Excel 的比较运算符可以完成两个运算对象的比较，并产生逻辑值 TRUE（真）或 FALSE（假）。详细内容如表 4-6 所示。

表 4-6　比较运算符

比较运算符	含　义	举　例
=	等于	=B2=B3
<	小于	=B2<B3
>	大于	=B3>B2
<>	不等于	=B2<>B3
<=	小于等于	=B2<=B3
>=	大于等于	=B2>=B3

（4）单元格引用运算符。

在进行计算时，常常要对工作表单元格区域的数据进行引用，通过使用引用运算符可告知 Excel 在哪些单元格中查找公式中要用的数值。引用运算符及含义如表 4-7 所示。

表 4-7　引用运算符

引用运算符	含　义	举　例
:	区域运算符（引用区域内全部单元格）	=sum(B2:B8)
,	联合运算符（引用多个区域内的全部单元格）	=sum(B2:B5,D2:D5)
空格	交集运算符（只引用交叉区域内的单元格）	=sum(B2:D3　C1:C5)

4.5.2　案例 7——利用函数进行跨工作表的计算

案例分析：

建立一个工作簿，将表 4-8 和表 4-9 的内容分别录入到两张工作表中，利用公式和函数对表中的空白列进行计算。计算的标准如下：

（1）"通讯补贴" 的标准是：高工 190 元，工程师 170 元，工人 150 元。

（2）"应发工资" 是前面各项数据之和。

（3）"失业保险" 为应发工资的 1%。

（4）"大病统筹" 为应发工资的 0.5%。

（5）"住房基金" 为应发工资的 10%。

（6）"应发工资" 在 1 000 元及以下的不交纳 "所得税"，"应发工资" 在 1 000 元以上的 "所得税" 等于 "应发工资" 减去 1 000 再乘以 3%。

（7）"实发工资"等于"应发工资"减去"失业保险"、"大病统筹"、"住房基金"、"所得税"。

表 4-8　十二月份工资表 1

姓名	职称	基本工资	岗位津贴	房屋补贴	通讯补贴	饭补	奖金	应发工资
张力	工程师	452	224	100		200	586	
王小岩	工人	270	184	80		200	80	
张涛	高工	532	265	120		200	650	
黎明	工人	329	184	80		200	456	
吴鹰	工程师	412	224	100		200	350	
陈可为	工程师	452	224	100		200	586	
成良	工人	375	184	80		200	240	
程法出	高工	532	265	120		200	650	
丁知国	工人	329	184	80		200	456	
董金亮	工程师	412	224	100		200	350	
韩开田	工程师	452	224	100		200	586	
侯南新	工人	375	184	80		200	320	
霍里海	高工	532	265	120		200	650	
江春风	工人	329	184	80		200	456	
金业平	工程师	412	224	100		200	350	
景芳芬	工人	329	184	80		200	320	
李定国	工程师	412	224	100		200	650	
李五其	工程师	452	224	100		200	456	
梁开之	工人	375	184	80		200	350	
林小芳	高工	532	265	120		200	586	
刘小花	工人	329	184	80		200	320	
柳克芳	工人	325	184	80		200	650	
楼志强	工程师	412	224	100		200	456	
马小蕊	工程师	452	224	100		200	350	

表 4-9　十二月份工资表 2

姓名	职称	失业保险	大病统筹	住房基金	所得税	实发工资

操作方法如下：

（1）新建工作簿，分别在 Sheet1 和 Sheet2 工作表中录入表 4-8 和表 4-9 的内容。并且重命名工作表 Sheet1 为"工资 12-1"，Sheet2 为"工资 12-2"。

（2）将"工资 12-1"中姓名和职称列的数据复制到"工资 12-2"中。

"工资 12-1"和"工资 12-2"是相关的两张表，在两张表中"姓名"和"职称"列是重合的，如果单纯的复制"工资 12-1"表中的数据，那么当"工资 12-1"表中的数据发生变化时，"工资 12-2" 表中的数据要手动调整，能否使"工资 12-1"表中的数据发生变化时"工资 12-2"表中的数据自动随之变化呢？

具体的做法是首先复制"工资 12-1"表中"姓名"和"职称"列的数据，在"工资 12-2"表中，选定 A3 单元格，在"开始"选项卡下的"剪贴板"组中，单击"粘贴"旁边的下拉按钮，在"其他粘贴选项"中选择"粘贴链接"选项，如图 4-46 所示，将数据复制到"工资 12-2"表中。

观察一下"工资 12-2"表 A3 单元格的公式，"='工资 12-1'!A3"表示引用了"工资 12-1"表中 A3 单元格的数据，其中的感叹号（！）分隔工作表引用和单元格引用。

（3）利用 IF 函数计算"通讯补贴"。

① 将光标定位在 F3 单元格。

图 4-46　粘贴链接

② 单击编辑栏的插入函数" f_x "按钮，弹出"插入函数"对话框，如图 4-47 所示，在"常用函数"类别中选择函数 IF，单击"确定"按钮。弹出"函数参数"对话框。

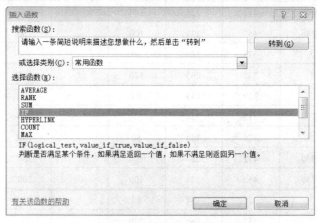

图 4-47　插入 IF 函数

③ 在"函数参数"对话框中，Logical_test 参数输入"B3="高工""，Value_if_true 参数输入"190"，Value_if_false 参数输入"IF(B3="工程师",170,150)"，如图 4-48 所示。单击"确定"按钮。

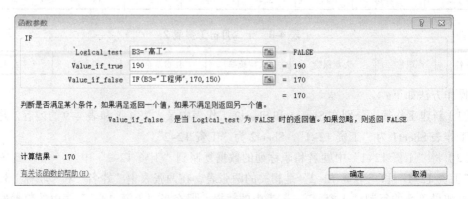

图 4-48　IF 函数参数设置

提示：

IF 函数的功能是判断一个条件是否满足，如果满足返回一个值，如果不满足返回另一个值。它的第一个参数就是判断条件，第二个参数就是当判断条件为真时返回的值，第三个参数就是当判断条件为假时返回的值。

如以上案例中，IF 函数的参数还可以是 IF 函数（或者其他函数），这称做函数的嵌套。函数 IF 可以嵌套七层，用 Value_if_false 及 Value_if_true 参数可以构造复杂的检测条件。

④双击填充柄，计算其他职工的"通讯补贴"。

（4）利用 SUM 函数计算"应发工资"。

① 将光标定位在 I3 单元格。

② 单击编辑栏的插入函数" f_x "按钮，弹出"插入函数"对话框，在"常用函数"类别中选择函数 SUM，单击"确定"按钮。弹出"函数参数"对话框。

③ 在"函数参数"对话框中，在"Number1"参数右侧单击"压缩对话框"按钮，选定工作表上的单元格（C3:H3），然后单击"扩展单元格"按钮，单击"确定"按钮。

④ 双击填充柄，计算其他职工的"应发工资"。

提示：在函数中如果引用单元格或单元格区域，同样可以使用鼠标选定。在使用时"压缩对话框"按钮（　　）起到很好的作用，它会暂时隐藏对话框，从而能够很方便的选定需要的单元格或者单元格区域。

（5）计算"失业保险"。

① 将光标定位在"工资 12-2"表的 C3 单元格。

② 输入等号"="，然后单击"工资 12-1"工作表，再单击该表的 I3 单元格。

③ 继续输入乘号"*"以及"1%"。C3 单元格内的公式为"='工资 12-1'!I3*1%"。

④ 双击填充柄，计算其他职工的"失业保险"。

提示：计算"失业保险"，应用了 Excel 中跨工作表的计算，即在公式和函数中引用的单元格不仅仅是同在一张工作表中的，还可以是工作簿中其他工作表的。

（6）计算"大病统筹"。方法同上。

（7）计算"住房基金"。方法同上。

（8）计算"所得税"。

计算时首先使用 IF 函数判断"应发工资"是否大于 1 000，条件为真时"所得税"等于"应发工资"减去 1000 再乘以 3%，否则"所得税"为 0。

在"工资 12-2"表的 F3 单元格中输入的公式为"=IF('工资 12-1'!I3>1000,('工资 12-1'!I3-1000)*3%,0)"

（9）计算"实发工资"。

在"工资 12-2"表的 G3 单元格中输入的公式为"='工资 12-1'!I3-SUM(C3:F3)"。

4.5.3 案例 8——常用函数

案例分析：

在案例 7 所建立的工作簿中再插入一张工作表，工作表的内容如表 4-10 所示。在该工作表中利用公式和函数计算对应的内容，其中最后两行表示通过选择姓名能够查找对应人的应发工资。

表 4-10　十二月份工资统计

应发工资合计		
应发工资的最大值		
应发工资的最小值		
应发工资的平均值		
高工	高工人数	
	高工应发工资的总和	
	占应发工资的百分比	
工程师	工程师人数	
	工程师应发工资的总和	
	占应发工资的百分比	
工人	工人人数	
	工人应发工资的总和	
	占应发工资的百分比	
姓名		
应发工资		

操作方法如下：

（1）在工作簿中插入新工作表。将工作表命名为"工资统计"。

（2）录入表 4-10 的内容，并且进行相应的格式化。还可以自行进行修饰。其中"高工"、"工程师"、"工人"所在的单元格要求文字竖排版。具体的做法是选定文字所在的单元格，在"开始"选项卡下的"对齐方式"组中，单击"对齐方式"旁边的"对话框启动""⬚"按钮，弹出"设置单元格格式"对话框，在"方向"中选择竖排版，如图 4-49 所示。单击"确定"按钮。

图 4-49　设置竖排版文字

（3）定义"应发工资"、"职称"和"姓名"名称区域。

① 在"工资 12-1"表中定义"应发工资"区域。选定"工资 12-1"表中 I3:I26 的区域，

在"公式"选项卡下的"定义的名称"组中，单击"定义名称"按钮，弹出"新建名称"对话框，如图 4-50 所示，其中"名称"文本框中输入"应发工资"，"范围"设置为"工作簿"，单击"确定"按钮。

② 使用同样的方法，将"工资 12-1"表中的 B3:B26 的区域定义名称为"职称"。

③ 使用同样的方法，将"工资 12-1"表中的 A3:A26 的区域定义名称为"姓名"。

图 4-50　定义名称

提示：

在工作表中，除了可以用列标和行号引用单元格，也可以用名称来表示单元格、单元格区域。

名称定义后还可以删除，方法是在"公式"选项卡下的"定义的名称"组中，单击"名称管理器"按钮，弹出"名称管理器"对话框，在"名称管理器"对话框中选择要删除的名称，单击"删除"按钮，如图 4-51 所示。

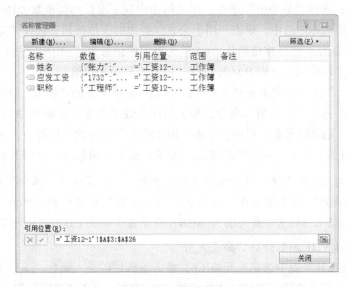

图 4-51　删除名称

（4）使用求和函数 SUM 计算"应发工资合计"。使用名称完成。

在"工资统计"表中选定单元格 C2，在"开始"选项卡下的"编辑"组中，单击"求和"按钮，单元格中出现了求和函数 SUM，在"公式"选项卡下的"定义的名称"组中，单击"用于公式"旁边的下拉按钮，选择"应发工资"命令，如图 4-52 所示，按【Enter】键或单击"✓"按钮确认。

（5）使用求最大值函数 MAX 计算"应发工资的最大值"。

在"工资统计"表中选定单元格 C3，在"开始"选项卡下的"编辑"组中，单击"求和""Σ"旁边的箭头，选择"最大值"命令，单元格中出现了求最大值函数 MAX，在"公式"选项卡下的"定义的名称"组中，单击"用于公式"旁边的下拉按钮，选择"应发工资"命令，按【Enter】键或单击"✓"按钮确认。C3 单元格中的函数为"=MAX(应发工资)"。

图 4-52   粘贴名称

（6）使用求最小值函数 MIN 计算"应发工资的最小值"。

在"工资统计"表中选定单元格 C4，在"开始"选项卡下的"编辑"组中，单击"求和"旁边的下拉按钮，选择"最小值"命令，单元格中出现了求最小值函数 MIN，在"公式"选项卡下的"定义的名称"组中，单击"用于公式"旁边的下拉按钮，选择"应发工资"命令，按【Enter】键或单击"✔"按钮确认。C4 单元格中的函数为"=MIN(应发工资)"。

（7）使用求平均值函数 AVERAGE 计算"应发工资的平均值"。

在"工资统计"表中选定单元格 C5，在"开始"选项卡下的"编辑"组中，单击"求和"旁边的下拉按钮，选择"平均值"命令，单元格中出现了求平均值函数 AVERAGE，在"公式"选项卡下的"定义的名称"组中，单击"用于公式"旁边的下拉按钮，选择"应发工资"命令，按【Enter】键或单击"✔"按钮确认。C5 单元格中的函数为"=AVERAGE(应发工资)"。

提示：求平均值、最大值、最小值以及计数的计算，除了使用"求和"按钮完成外，也可以使用"插入函数"的方法完成。可以在"插入函数"对话框的"统计"类中分别选择 AVERAGE（平均值）、MAX（最大值）、MIN（最小值）以及 COUNT（计数）函数。

（8）使用 COUNTIF 函数计算"高工人数"。

① 在"工资统计"表中选定单元格 C6，单击编辑栏的插入函数"ƒₓ"按钮，弹出"插入函数"对话框，在"统计"类别中选择函数 COUNTIF，单击"确定"按钮，如图 4-53 所示，弹出"函数参数"对话框。

② 在"函数参数"对话框中，设置 COUNTIF 函数的参数。Range 参数插入名称"职称"，Criteria 参数设置为"高工"，如图 4-54 所示，单击"确定"按钮。

提示：COUNTIF 函数的功能是计算某个区域中满足给定条件的单元格数目。它的第一个参数 Range 表示要进行计数的非空单元格区域；第二个参数 Criteria 表示条件，可以是数字、表达式或文本。

（9）使用 SUMIF 函数计算"高工应发工资的总和"。

① 在"工资统计"表中选定单元格 C7，单击编辑栏的插入函数"ƒₓ"按钮，弹出"插入函数"对话框，在"数学与三角函数"类别中选择函数"SUMIF"，单击"确定"按钮，如图 4-55 所示，弹出"函数参数"对话框。

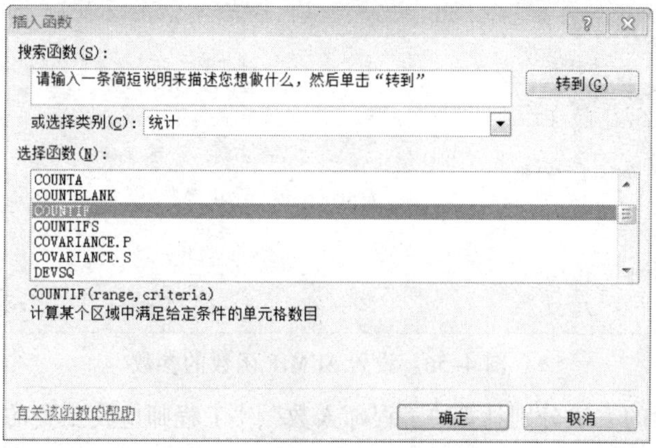

图 4-53　插入 COUNTIF 函数

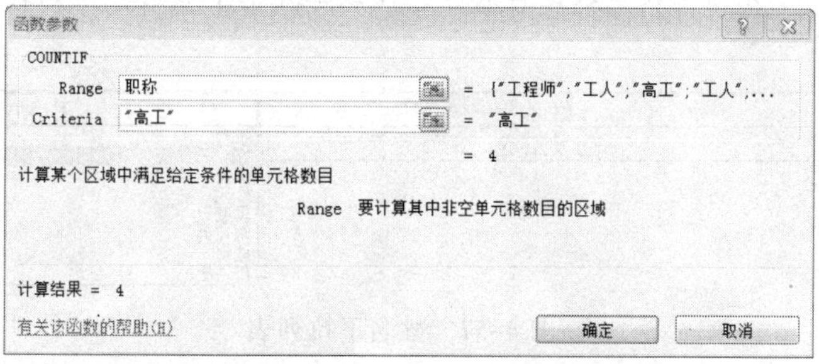

图 4-54　设置 COUNTIF 函数的参数

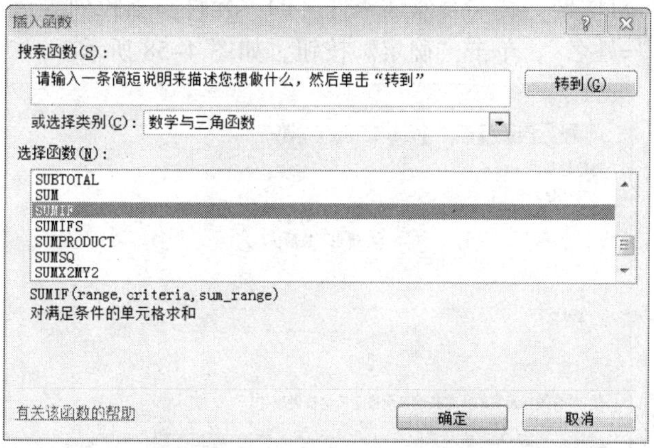

图 4-55　插入 SUMIF 函数

② 在"函数参数"对话框中，设置 SUMIF 函数的参数。Range 参数插入名称"职称"，Criteria 参数设置为"高工"，Sum_range 参数插入名称"应发工资"，如图 4-56 所示，单击"确定"按钮。

提示：SUMIF 函数的功能是对满足条件的单元格求和。它的第一个参数 Range 表示要限定条件的单元格区域；第二个参数表示条件；第三个参数表示要求和计算的实际单元格区域。

（10）计算"占应发工资的百分比"。

在 C8 单元格中输入公式"=C7/C2"。

第 4 章　Excel 电子表格软件

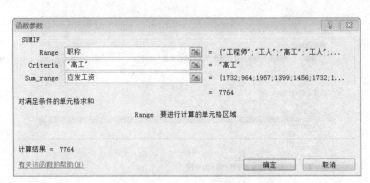

图 4-56　设置 SUMIF 函数的参数

（11）使用上面的方法分别计算"工程师人数"、"工程师应发工资的总和"、"占应发工资的百分比"、"工人人数"、"工人应发工资的总和"、"占应发工资的百分比"。

（12）在 C15 单元格中设置数据有效性，在该单元格中通过下拉列表选择职工的姓名。如图 4-57 所示。

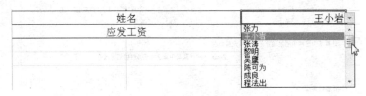

图 4-57　姓名下拉列表

选定 C15 单元格，在"数据"选项卡下的"数据工具"组中，单击"数据有效性"按钮，弹出"数据有效性"对话框，在"有效性条件"的"允许"下拉列表选择"序列"，"来源"文本框中插入名称"=姓名"，单击"确定"按钮，如图 4-58 所示。

图 4-58　设置数据有效性

（13）使用 VLOOKUP 函数利用姓名查找对应的应发工资。

① 在"工资统计"表中选定单元格 C16，单击编辑栏的插入函数"f_x"按钮，弹出"插入函数"对话框，在"查找与引用"类别中选择函数 VLOOKUP，单击"确定"按钮，如图 4-59 所示。打开"函数参数"对话框。

② 在"函数参数"对话框中，设置 VLOOKUP 函数的参数。Lookup_value 参数设置为"C15"，Table_array 参数设置为"'工资 12-1'!A2:I26"，Col_index_num 参数设置为"9"，Range_lookup 参数设置为"FALSE"，如图 4-60 所示，单击"确定"按钮。

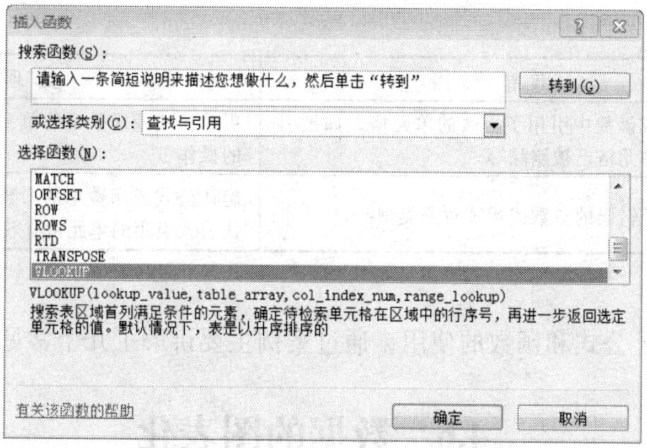

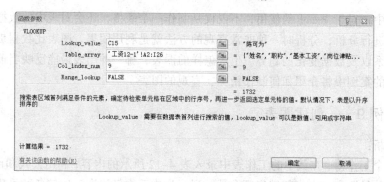

图 4-59　插入 VLOOKUP 函数

图 4-60　设置 VLOOKUP 函数的参数

提示：VLOOKUP 函数的功能是查找工作表区域首列满足条件的元素，并返回数据区域当前行中指定列处的值。

它的第一个参数 Lookup_value 表示待查找的内容，第二个参数 Table_array 表示要查找的区域，第三个参数 Col_index_num 表示查找区域第几列的值，第四个参数 Range_lookup 表示精确匹配或模糊匹配。其中第四个参数为 TRUE 时，则 Table_array 第 1 列的数值必须按升序排列，否则函数 VLOOKUP 不能返回正确的数值。

注意：要查找的对象（第一个参数）一定要定义在查找数据区域（第二个参数）的第 1 列。

提示：在 Excel 中输入计算公式或函数后，经常会出现错误信息。这是由于执行了错误的操作所致，Excel 会根据不同的错误类型给出不同的错误提示，便于用户检查和排除错误。现将 Excel 中常见的错误信息以及出错原因和处理方法列出，如表 4-11 所示。

表 4-11　常见的错误信息以及出错原因和处理方法

错误信息	出 错 原 因	处 理 方 法
###	单元格中的数值太长，单元格显示不下	适当增加列宽
#DIV/0!	公式里含有分母为 0 的除法	采取措施避免分母为 0
#N/A	在公式或函数中引用了一个暂时没有数据的单元格	如果公式正确，可在被引用的单元格中输入有效的数据
#NAME?	公式中包含有 Excel 不能识别的文本或引用了一个不存在的名称	添加或修改相应的名称

错误信息	出 错 原 因	处 理 方 法
#REF!	公式或函数中引用了无效的单元格，如被引用的单元格已被删除等	更改公式或函数中的单元格引用或撤销删除单元格的操作
#VALUE!	使用了错误的参数或运算对象类型	确认公式或函数中的参数或运算符是否正确，并确认公式引用的单元格有效

小结：

本节主要介绍了公式和函数的使用，通过案例主要讲解了几个常见函数的用法。

4.6 数据的图表化

在工作中，对于 Excel 的使用，不仅仅是制作一个表格，还会对表中的数据进行计算，甚至对数据进行分析，分析时一种非常直观的方法就是利用图表。图表比数据更易于表达数据之间的关系以及数据变化的趋势。生成怎样的图表，哪一种图表最能反映当前数据的特征呢？在下面的案例中将介绍如何制作精美、直观的图表。

4.6.1 案例9——创建图表

案例分析：

新建一个工作簿，在其中的工作表中录入表 4-12 所示的内容，利用公式和函数计算"上半年总销售数量"和"上半年销售额合计"列。生成三维气泡图，比较各种手机上半年的销售数量以及销售额。

表 4-12 手机销售统计表

型号	单价	一月销售数量	二月销售数量	三月销售数量	四月销售数量	五月销售数量	六月销售数量	上半年总销售数量	上半年销售额合计
摩托 E360	1500	40	33	42	45	32	50		
摩托 E380	1700	70	66	56	78	89	47		
诺基亚 8210	1200	65	65	76	66	60	59		
诺基亚 8250	1300	60	54	55	63	60	71		
三星旋影	3200	20	24	26	34	44	50		
三星 A288	1230	34	23	33	35	30	23		
三星 A188	1080	33	23	37	35	38	30		
三星 A388	1380	41	43	44	47	52	34		
SK	2600	19	11	18	24	20	23		
夏新	2500	22	34	45	55	52	60		
SONY	1900	13	23	33	34	28	30		
TCL3188	1380	40	46	58	60	49	58		
TCL3788	1380	45	50	45	57	59	54		
PANDA	2400	23	22	26	31	25	34		
西门子	960	41	33	38	26	19	27		

操作方法如下：

（1）新建一张工作簿，录入数据，利用公式和函数计算，根据个人喜好对表格进行修饰。

① 计算"上半年总销售数量"。在 I3 单元格中输入函数"=SUM(C3:H3)"，双击填充柄计算每款手机的"上半年总销售数量"。

② 计算"上半年销售额合计"。在 J3 单元格中输入函数"=PRODUCT(B3,I3)"，双击填充柄计算每款手机的"上半年总销售数量"。

提示：PRODUCT 函数的功能是计算所有参数的乘积，如果打开"函数参数"对话框进行设置发现只能设置两个参数，如图 4-61 所示。若想设置多个参数，可以直接在编辑栏中自行输入，例如=PRODUCT(B3,C3,D3,E3)。

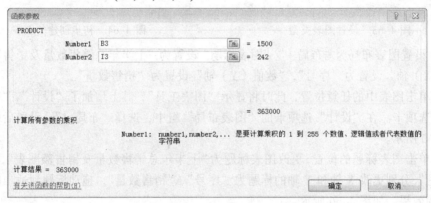

图 4-61　设置 PRODUCT 函数的参数

注意：函数的参数都是用逗号分隔的，逗号需用英文格式。

③ 对工作表进行适当的修饰。工作表计算并修饰后的效果，如图 4-62 所示。

手机销售统计表

型号	单价	一月销售数量	二月销售数量	三月销售数量	四月销售数量	五月销售数量	六月销售数量	上半年总销售数量	上半年销售额合计
摩托E360	1500	40	33	42	45	32	50	242	363000
摩托E380	1700	70	66	56	78	89	47	406	690200
诺基亚8210	1200	65	65	76	66	60	59	391	469200
诺基亚8250	1300	80	54	55	63	80	71	363	471900
三星彩影	3200	20	24	26	34	44	50	198	633600
三星A288	1200	34	23	33	35	30	23	178	218940
三星A188	1090	33	23	37	35	38	30	196	211660
三星A388	1380	41	43	44	47	52	34	261	360180
SK	2600	19	11	19	24	20	23	115	299000
更新	2500	22	34	45	55	52	60	268	670000
SONY	1900	13	20	32	34	28	30	161	305900
TCL3188	1380	40	46	58	60	49	58	311	429180
TCL3788	1380	45	46	57	59	54	49	310	427800
PANDA	2400	23	22	26	31	25	34	161	386400
西门子	960	41	33	38	26	19	27	184	176640

图 4-62　计算和格式化后的工作表

（2）选择"型号"、"上半年总销售数量"和"上半年销售额合计"三列数据生成三维气泡图。

① 选择"型号"、"上半年总销售数量"和"上半年销售额合计"三列数据。选定不连续的单元格，应使用【Ctrl】键。

② 在"插入"选项卡下的"图表"组中，单击"图表"旁边的"对话框启动"" "按

钮，弹出"更改图表类型"对话框，如图 4-63 所示。选择"气泡图"中的"三维气泡图"，单击"确定"按钮，生成图表，如图 4-64 所示。

图 4-63　设置图表类型

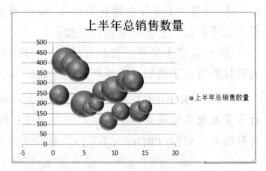

图 4-64　初步创建的图表

（3）设置图表布局为"布局 1"。"图表标题"设置为"上半年总销售数量及销售额图表"，"数值（X）轴"设置为"序号"，"数值（Y）轴"设置为"销售数量"。

① 单击图表中的任意位置，此时将显示"图表工具"，其上增加了"设计"、"布局"和"格式"选项卡。在"设计"选项卡的"图表布局"组中，选择"布局 1"，设置后的效果，如图 4-65 所示。

② 单击图表标题的位置，更改图表标题为"上半年总销售数量及销售额图表"，单击"坐标轴标题"分别更改 X 轴和 Y 轴的标题为"序号"、"销售数量"，拖动标题到适当的位置，更改后的效果，如图 4-66 所示。

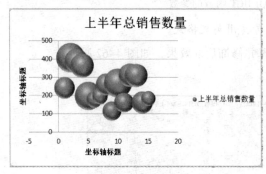

图 4-65　设置布局

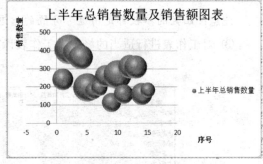

图 4-66　更改标题

（4）设置图表样式为"样式 5"。

单击图表中的任意位置，在"设计"选项卡的"图表样式"组中，选择"样式 5"，设置后的效果，如图 4-67 所示。

（5）改变图表的位置为独立的图表，图表命名为"销售数量及销售额图表"。

单击图表中的任意位置，在"设计"选项卡的"位置"组中，单击"移动图表"，弹出按钮"移动图表"对话框，在"选择放置图表的位置"中选中"新工作表"单选按钮，

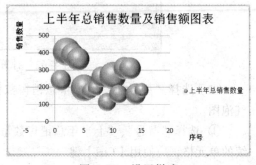

图 4-67　设置样式

名称命名为"销售数量及销售额图表",如图 4-68 所示。生成的新图表如图 4-69 所示。

图 4-68　移动图表

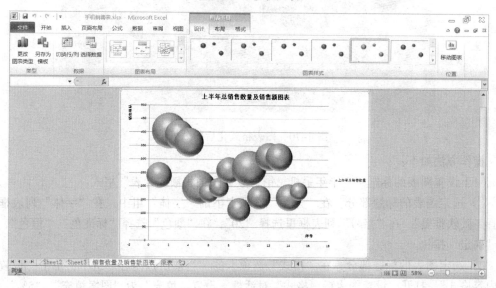

图 4-69　独立的图表效果

提示:在选择图表位置时,通常分两种情况,一种是将图表与原工作表放在一起,这称做嵌入式的图表,例如在图 4-68 所示的对话框中选中"对象位于:"单选按钮并输入"原表";还有一种是将图表作为一张独立的工作表插入,如本例。嵌入式图表既可以嵌入到源数据所在的表也可以嵌入到工作簿的其他表,但嵌入到其他表就失去了与原表格数据相比较的意义。

4.6.2　案例 10——手动更改图表元素的布局和格式

案例分析:

在案例 9 生成的图表中还有很多不尽如人意的地方,通过设置图表的格式,可以进一步完善图表。在本案例中,对该图表进行如下设置:

(1)设置图表的标题"上半年手机总销售数量及销售额统计表"格式。

(2)设置图表区格式。

(3)设置绘图区格式。

(4)设置数据系列格式。

(5)设置图例格式。

(6)设置数值(X)轴格式。

(7)设置数值(Y)轴标题格式。

设置格式后的效果如图 4-70 所示。

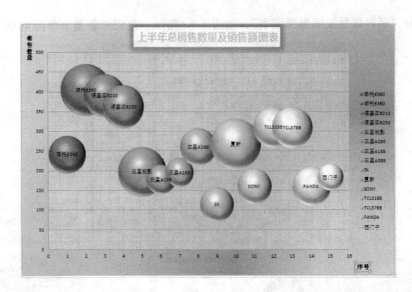

图 4-70　图表格式化后的效果

操作方法如下：

（1）设置图表的标题"上半年手机总销售数量及销售额统计表"格式。

① 选定图表的标题部分，在"开始"选项卡下的"字体"组中，在"字体"列表框里选择"微软雅黑"，在"字号"列表框里选择"20"，在"颜色"选择"标准色"、"橙色"，单击"确定"按钮。

② 选定图表的标题部分，在"格式"选项卡的"当前所选内容"组中，单击"设置所选内容格式"，打开"设置图表标题格式"对话框，设置"填充"为"图案填充"、"5%"，如图 4-71 所示。

图 4-71　设置图表标题格式

提示：在图表中有很多元素，包括图表区、绘图区、图表标题、图例、水平轴、垂直轴等，这些元素可以通过直接单击选定，也可以在选定图表的情况下，在"格式"选项卡的"当

前所选内容"组中的"图表元素"下拉列表中选定。本案例包含
的图表元素如图 4-72 所示。如果要设置某个图表元素的格式，
就可以先在这里选定图表元素，然后再单击"设置所选内容格式"
按钮。

图 4-72 图表元素列表

要快速打开图表元素格式设置对话框，还可以直接双击图表
元素，有些图表元素，例如图表标题在双击时要将光标定位在其
外边框线上。

（2）设置图表区格式。

双击图表区，弹出"设置图表区格式"对话框，设置"渐变填充"中的"预设颜色"为
"心如止水"，"类型"为"射线"，如图 4-73 所示。

（3）设置绘图区格式。

双击绘图区，打开"设置绘图区格式"对话框，设置"图片或纹理填充"中的"纹理"
为"纸莎草纸"，"透明度"为"35%"，如图 4-74 所示。

图 4-73 设置图表区格式

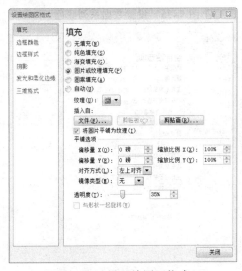

图 4-74 设置绘图区格式

（4）设置数据系列格式。

① 双击数据系列，弹出"设置数据系列格式"对话框，选中"依数据点着色"复选框，
如图 4-75 所示。

② 单击图表中的任意位置，在"布局"选项卡的"标签"组中，单击"数据标签"旁
边的下拉按钮，选择"其他数据标签选项"命令，弹出"设置数据标签格式"对话框，在"标
签选项"中包含"X 值"，"标签位置"设置为"居中"，如图 4-76 所示。

（5）设置坐标轴（X）轴格式。

双击坐标轴（X）轴，弹出"设置坐标轴格式"对话框，在"坐标轴选项"中，设置"最
小值"为"0"，"最大值"为"16"，"主要刻度"为"1"，如图 4-77 所示。

（6）设置坐标轴（Y）轴标题格式。

双击坐标轴（Y）轴标题，弹出"设置坐标轴标题格式"对话框，设置"对齐方式"中
的"文字方向"为"竖排"，如图 4-78 所示。

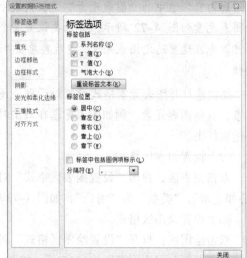

图 4-75　设置数据系列颜色　　　　　　　　图 4-76　设置数据标签格式

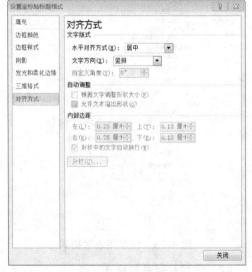

图 4-77　设置坐标轴（X）轴刻度　　　　图 4-78　设置坐标轴（Y）轴标题文字方向

小结：

本节主要介绍了图表的创建和手动更改图表元素的布局和格式。

制作图表时，应了解表现不同的数据关系时，如何选择合适的图表类型，特别要注意正确选定数据源。图表即可以插入到工作表中，生成嵌入图表，也可以生成一张单独的工作表。如果工作表中作为图表源数据的部分发生变化，图表中的对应部分也会自动更新。

4.7　数据管理和分析

Excel 不仅提供了强大的计算功能，还提供了强大的数据管理分析功能。使用 Excel 的排序、筛选、分类汇总和数据透视表功能，可以很方便地管理分析数据。在 Excel 中建立的数据库称为数据清单，可以通过创建一个数据清单来管理数据。

1. 数据清单

数据清单是指工作表中包含相关数据的一系列数据行，可以理解成工作表中的一张二维表格。

在执行数据库操作，如排序、筛选或分类汇总等时，Excel 会自动将数据清单视为数据库，并使用下列数据清单元素来组织数据：

（1）数据清单中的列是数据库中的字段。

（2）数据清单中的列标题是数据库中的字段名称。

（3）数据清单中的每一行对应数据库中的一条记录。

数据清单应该尽量满足下列条件：

（1）每一列必须要有列名，而且每一列中的数据必须是相同类型的。

（2）避免在一个工作表中有多个数据清单。

（3）数据清单与其他数据之间至少留出一个空白列和一个空白行。

2. 排序

建立数据清单时，各记录按照输入的先后次序排列。但是，当直接从数据清单中查找需要的信息时就很不方便。为了提高查找效率需要重新整理数据，其中最有效的方法就是对数据进行排序。

3. 筛选

数据筛选是使数据清单中显示满足指定条件的数据记录，而将不满足条件的数据记录在视图中隐藏起来。Excel 同时提供了"自动筛选"和"高级筛选"两种方法来筛选数据，前者适用于简单条件，后者适用于复杂条件。

4. 分类汇总

分类汇总是指对工作表中的某一项数据进行分类，再对需要汇总的数据进行汇总计算。在分类汇总前要先对分类字段进行排序。

5. 数据透视表

数据透视表是一种交互式工作表，用于对现有工作表进行汇总和分析。创建数据透视表后，可以按不同的需要、以不同的关系来提取和组织数据。

4.7.1 案例 11——排序和筛选

案例分析：

录入表 4-13 所示的表格，进行如下数据分析：

（1）重新排序表 4-13，查看同一销售人员的销售情况。

（2）重新排序表 4-13，查看同一品牌相同商品的销售情况。

（3）筛选销售数量前 5 位的商品销售情况。

（4）筛选 2 月份的销售情况。

（5）筛选联想品牌的台式机和笔记本式计算机（笔记本电脑）的销售情况。

（6）筛选"张强"销售服务器和"周涛"销售台式机的情况。

表 4-13　商品销售统计表

编号	销售日期	商品	品牌	型号	单价	数量	金额	销售人员
KF01	2009-2-1	服务器	联想	万全 R510	24000	3	72000	张强
KF02	2009-2-1	服务器	IBM	X346 8840-I02	23900	2	47800	周涛
KF03	2009-2-1	台式机	联想	天骄 E5001X	8500	24	204000	林帆
KF04	2009-2-1	笔记本电脑	方正	I550	14000	5	70000	刘丽
KF05	2009-2-16	服务器	IBM	X346 8840-I02	239000	3	717000	周涛
KF06	2009-2-16	台式机	方正	商祺 R260	4600	26	119600	丁一
KF07	2009-2-16	笔记本电脑	联想	昭阳 S620	12000	5	60000	周涛
KF08	2009-2-22	台式机	联想	天骄 E5001X	8500	22	187000	刘丽
KF09	2009-2-22	服务器	联想	万全 R510	24000	6	144000	张强
KF10	2009-2-22	台式机	联想	天骄 E5001X	7000	40	280000	刘丽
KF11	2009-3-2	笔记本电脑	联想	昭阳 S620	12000	8	96000	张强
KF12	2009-3-2	台式机	方正	商祺 3200	7600	33	250800	周涛
KF13	2009-3-2	笔记本电脑	联想	昭阳 S620	12000	10	120000	张强
KF14	2009-3-10	台式机	联想	天骄 E5001X	7000	27	189000	林帆
KF15	2009-3-10	服务器	IBM	xSerics 235	24300	3	72900	周涛
KF16	2009-3-10	笔记本电脑	方正	T660	14000	6	84000	林帆
KF17	2009-3-10	笔记本电脑	联想	昭阳 S620	12000	9	108000	刘丽
KF18	2009-3-11	台式机	方正	商祺 R260	4600	30	138000	丁一
KF19	2009-3-11	台式机	联想	天骄 E5001X	8500	26	221000	丁一
KF20	2009-3-11	服务器	联想	万全 I350	32200	11	354200	周涛
KF21	2009-4-15	笔记本电脑	方正	T660	14000	7	98000	刘丽
KF22	2009-4-15	台式机	方正	商祺 3200	7600	45	342000	张强
KF23	2009-4-15	台式机	联想	锋行 K7010A	7600	40	304000	周涛
KF24	2009-4-15	服务器	IBM	xSerics 235	24300	2	48600	周涛
KF25	2009-4-16	服务器	联想	万全 I350	32200	1	32200	林帆
KF26	2009-4-16	台式机	方正	商祺 3200	7600	10	76000	张强
KF27	2009-4-16	笔记本电脑	联想	昭阳 S620	12000	2	24000	张强
KF28	2009-4-30	台式机	联想	锋行 K7010A	7600	21	159600	林帆
KF29	2009-5-8	服务器	IBM	X255 8685-71	47100	4	188400	林帆
KF30	2009-5-8	笔记本电脑	方正	E400	9100	21	191100	周涛

操作方法如下：

（1）新建工作簿，在工作表中录入表 4-13 的数据，将工作表的名称命名为"商品销售统计表"。

（2）将工作表"商品销售统计表"复制 6 份，分别命名为"按销售人员排序"、"按品牌和商品排序"、"销售数量前 5 位的商品销售情况"、"2 月份的销售情况"、"联想品牌的台式机和笔记本电脑的销售情况"、"'张强'销售服务器和'周涛'销售台式机的情况"。

（3）打开"按销售人员排序"工作表，进行排序。

① 单击数据清单中的任一单元格。

② 在"数据"选项卡下的"排序和筛选"组中，单击"排序"按钮，弹出"排序"对话框，"主要关键字"下拉列表中选择"销售人员"，同时"次序"选择"升序"选项，如图 4-79 所示，单击"确定"按钮。

③ 排序后的工作表，如图 4-80 所示。

图 4-79　按销售人员排序

商品销售统计表

编号	销售日期	商品	品牌	型号	单价	数量	金额	销售人员
KF06	2009/2/16	台式机	方正	商祺 R260	4600	26	119600	丁一
KF18	2009/3/11	台式机	方正	商祺 R260	4600	30	138000	丁一
KF19	2009/3/11	台式机	联想	天骄 E5001X	8500	26	221000	丁一
KF03	2009/2/1	台式机	联想	天骄 E5001X	8500	24	204000	林帆
KF14	2009/3/10	台式机	联想	天骄 E5001X	7000	27	189000	林帆
KF16	2009/3/10	笔记本电脑	方正	T660	14000	6	84000	林帆
KF25	2009/4/16	服务器	联想	万全 I350	32200	1	32200	林帆
KF28	2009/4/30	台式机	联想	锋行 K7010A	7600	21	159600	林帆
KF29	2009/5/8	服务器	IBM	X255 8685-71	47100	4	188400	林帆
KF04	2009/2/1	笔记本电脑	方正	I550	14000	5	70000	刘丽
KF08	2009/2/22	台式机	联想	天骄 E5001X	8500	22	187000	刘丽
KF10	2009/2/22	台式机	联想	天骄 E5001X	7000	40	280000	刘丽
KF17	2009/3/10	笔记本电脑	联想	昭阳 S620	12000	9	108000	刘丽
KF21	2009/4/15	笔记本电脑	方正	T660	14000	7	98000	刘丽
KF01	2009/2/1	服务器	联想	万全 R510	24000	3	72000	张强
KF09	2009/2/22	服务器	联想	万全 R510	24000	6	144000	张强
KF11	2009/3/2	笔记本电脑	联想	昭阳 S620	12000	8	96000	张强
KF13	2009/3/2	笔记本电脑	联想	昭阳 S620	12000	10	120000	张强
KF22	2009/4/15	台式机	方正	商祺 3200	7600	45	342000	张强
KF26	2009/4/16	台式机	方正	商祺 3200	7600	10	76000	张强
KF27	2009/4/16	笔记本电脑	联想	昭阳 S620	12000	2	24000	张强
KF02	2009/2/1	服务器	IBM	X346 8840-I02	23900	2	47800	周涛
KF05	2009/2/16	服务器	IBM	X346 8840-I02	239000	3	717000	周涛
KF07	2009/2/16	笔记本电脑	联想	昭阳 S620	12000	5	60000	周涛
KF12	2009/3/2	台式机	方正	商祺 3200	7600	33	250800	周涛
KF15	2009/3/10	服务器	IBM	xSerics 235	24300	3	72900	周涛
KF20	2009/3/11	服务器	联想	万全 I350	32200	11	354200	周涛
KF23	2009/4/15	台式机	联想	锋行 K7010A	7600	40	304000	周涛
KF24	2009/4/15	服务器	IBM	xSerics 235	24300	2	48600	周涛
KF30	2009/5/8	笔记本电脑	方正	E400	9100	21	191100	周涛

图 4-80　按销售人员排序后的工作表

注意：对数据清单中的某一列进行排序时，只需要单击该数据清单中任一单元格，不要选定要排序的一列数据。否则，排序将只发生在选定列，其他列的数据将保持不变，这已经不是排序的初衷了。

提示：排序方式有升序和降序两种。在按升序排序时，Excel 使用如下次序：数字从最小的负数到最大的正数进行排序；文本按 0~9、空格、各种符号、A~Z 的次序排序；空白单元格始终排在最后；在按降序排序时，除了空白单元格总是在最后外，其他的排序次序反转。

汉字可以按笔画排序，也可以按字母排序（默认的排序方式）。按字母排序时，是按照拼音字母由 a~z 的顺序排列。设置排序方式的方法是，在图 4-79 的"排序"对话框中，单击"选项"按钮，弹出"排序选项"对话框，如图 4-81 所示进行设置。

排序并不是针对某一列进行的，而是以某一列的大小为顺序对所有的记录进行排序。也就是说，无论怎么排序，每一条记录的内容都不容改变，改变的只是它在数据清单中显示的位置。

使用"数据"选项卡下的"排序和筛选"组中的"升序排序"

图 4-81　设置排序方式

按钮"⬇"和"降序排序"按钮"⬇"可以快速的按照数据清单中的某一列进行排序。但要使用这两个按钮，首先将光标定位在某一列的任意一个单元格中，这一列就是排序的关键字。

（4）打开"按品牌和商品排序"工作表，进行排序。

① 单击数据清单中的任一单元格。

② 在"数据"选项卡下的"排序和筛选"组中，单击"排序"按钮，弹出"排序"对话框，在"主要关键字"下拉列表中选择"品牌"，单击"添加条件"按钮，在"次要关键字"下拉列表中选择"商品"。如图 4-82 所示，单击"确定"按钮。

图 4-82　设置两个关键字的排序

③ 排序后的工作表，如图 4-83 所示。

提示：对于多个关键字进行排序时，先按照主要关键字排序，对于主要关键字相同的记录，再按次要关键字排序。

（5）打开"销售数量前 5 位的商品销售情况"工作表，进行筛选。

① 单击数据清单中的任一单元格。

② 在"数据"选项卡下的"排序和筛选"组中，单击"筛选"按钮，数据清单中的列标题名称旁边都出现下拉按钮，如图 4-84 所示。

③ 单击"数量"列旁的下拉按钮，选择"数字筛选"中的"10 个最大的值"选项，弹出"自动筛选前 10 个"对话框，设置筛选条件为"最大、5、项"，如图 4-85 所示，单击"确定"按钮。

商品销售统计表

编号	销售日期	商品	品牌	型号	单价	数量	金额	销售人员
KF02	2009/2/1	服务器	IBM	X346 8840-I02	23900	2	47800	周涛
KF05	2009/2/16	服务器	IBM	X346 8840-I02	239000	3	717000	周涛
KF15	2009/3/10	服务器	IBM	xSerics 235	24300	3	72900	周涛
KF24	2009/4/15	服务器	IBM	xSerics 235	24300	2	48600	周涛
KF29	2009/5/8	服务器	IBM	X255 8685-71	47100	4	188400	林帆
KF04	2009/2/1	笔记本电脑	方正	I550	14000	5	70000	刘丽
KF16	2009/3/10	笔记本电脑	方正	T660	14000	6	84000	林帆
KF21	2009/4/15	笔记本电脑	方正	T660	14000	7	98000	刘丽
KF30	2009/5/8	笔记本电脑	方正	E400	9100	21	191100	周涛
KF06	2009/2/16	台式机	方正	商祺 R260	4600	26	119600	丁一
KF12	2009/3/2	台式机	方正	商祺 3200	7600	33	250800	周涛
KF18	2009/3/11	台式机	方正	商祺 R260	4600	30	138000	丁一
KF22	2009/4/15	台式机	方正	商祺 3200	7600	45	342000	张强
KF26	2009/4/16	台式机	方正	商祺 3200	7600	10	76000	张强
KF07	2009/2/16	笔记本电脑	联想	昭阳 S620	12000	5	60000	周涛
KF11	2009/3/2	笔记本电脑	联想	昭阳 S620	12000	8	96000	张强
KF13	2009/3/2	笔记本电脑	联想	昭阳 S620	12000	10	120000	张强
KF17	2009/3/10	笔记本电脑	联想	昭阳 S620	12000	9	108000	刘丽
KF27	2009/4/16	笔记本电脑	联想	昭阳 S620	12000	2	24000	张强
KF01	2009/2/1	服务器	联想	万全 R510	24000	3	72000	张强
KF09	2009/2/22	服务器	联想	万全 R510	24000	6	144000	张强
KF20	2009/3/11	服务器	联想	万全 I350	32200	11	354200	周涛
KF25	2009/4/16	服务器	联想	万全 I350	32200	1	32200	林帆
KF03	2009/2/1	台式机	联想	天骄 E5001X	8500	24	204000	林帆
KF08	2009/2/22	台式机	联想	天骄 E5001X	8500	22	187000	刘丽
KF10	2009/2/22	台式机	联想	天骄 E5001X	7000	40	280000	刘丽
KF14	2009/3/10	台式机	联想	天骄 E5001X	7000	27	189000	林帆
KF19	2009/3/11	台式机	联想	天骄 E5001X	8500	26	221000	丁一
KF23	2009/4/15	台式机	联想	锋行 K7010A	7600	40	304000	周涛
KF28	2009/4/30	台式机	联想	锋行 K7010A	7600	21	159600	林帆

图 4-83　按品牌和商品排序后的工作表

图 4-84　准备筛选的数据清单

图 4-85　设置销售数量前 5 位的条件

④ 筛选后的工作表如图 4-86 所示。

商品销售统计表

编号	销售日期	商品	品牌	型号	单价	数量	金额	销售人员
KF10	2009/2/22	台式机	联想	天骄 E5001X	7000	40	280000	刘丽
KF12	2009/3/2	台式机	方正	商祺 3200	7600	33	250800	周涛
KF18	2009/3/11	台式机	方正	商祺 R260	4600	30	138000	丁一
KF22	2009/4/15	台式机	方正	商祺 3200	7600	45	342000	张强
KF23	2009/4/15	台式机	联想	锋行 K7010A	7600	40	304000	周涛

图 4-86　销售数量前 5 位的筛选结果

（6）打开"2月份的销售情况"工作表，进行筛选。

① 单击数据清单中的任一单元格。

② 在"数据"选项卡下的"排序和筛选"组中，单击"筛选"按钮，数据清单中的列标题名称旁边都出现下拉按钮。

③ 单击"销售日期"列旁的下拉按钮，选择"日期筛选"→"期间所有日期"→"二月"命令，如图 4-87 所示。

④ 筛选后的工作表如图 4-88 所示。

图 4-87　设置"销售日期"自定义筛选条件

商品销售统计表

编号	销售日期	商品	品牌	型号		单价	数量	金额	销售人员
KF01	2009/2/1	服务器	联想	万全	R510	24000	3	72000	张强
KF02	2009/2/1	服务器	IBM	X346	8840-I02	23900	2	47800	周涛
KF03	2009/2/1	台式机	联想	天骄	E5001X	8500	24	204000	林帆
KF04	2009/2/1	笔记本电脑	方正	I550		14000	5	70000	刘丽
KF05	2009/2/16	服务器	IBM	X346	8840-I02	239000	3	717000	周涛
KF06	2009/2/16	台式机	方正	商祺	R260	4600	26	119600	丁一
KF07	2009/2/16	笔记本电脑	联想	昭阳	S620	12000	5	60000	周涛
KF08	2009/2/22	台式机	联想	天骄	E5001X	8500	22	187000	刘丽
KF09	2009/2/22	服务器	联想	万全	R510	24000	6	144000	张强
KF10	2009/2/22	台式机	联想	天骄	E5001X	7000	40	280000	刘丽

图 4-88　2 月份销售情况筛选结果

（7）打开"联想品牌的台式机和笔记本电脑的销售情况"工作表，进行筛选。

① 单击数据清单中的任一单元格。

② 在"数据"选项卡下的"排序和筛选"组中，单击"筛选"按钮，数据清单中的列标题名称旁边都出现下拉按钮。

③ 单击"品牌"列旁的下拉按钮，取消选取其他复选框选项，只选中"联想"复选框，如图 4-89 所示。

④ 单击"商品"列旁的下拉按钮，取消选取其他复选框选项，只选中 "台式机"和"笔记本电脑"复选框，如图 4-90 所示。

⑤ 筛选后的工作表如图 4-91 所示。

提示：

在一个数据清单中进行多次筛选，下一次筛选的对象是上一次筛选的结果，最后的筛选结果受所有筛选条件的影响，它们之间的逻辑关系是"与"关系。

如果要取消对某一列的筛选，只要单击该列旁的下拉按钮，在下拉列表中选择"从某列中清除筛选"即可；如果要取消对所有列的筛选，在"数据"选项卡下的"排序和筛选"组中，单击"清除"按钮；如果要撤销数据清单中的自动筛选按钮，并取消所有的自动筛选设置，只要重新在"数据"选项卡下的"排序和筛选"组中，单击"筛选"按钮。

图 4-89　设置"品牌"筛选条件　　　图 4-90　设置"商品"筛选条件

商品销售统计表

编号	销售日期	商品	品牌	型号	单价	数量	金额	销售人员
KF03	2009/2/1	台式机	联想	天骄 E5001X	8500	24	204000	林帆
KF07	2009/2/16	笔记本电脑	联想	昭阳 S620	12000	5	60000	周涛
KF08	2009/2/22	台式机	联想	天骄 E5001X	8500	22	187000	刘丽
KF10	2009/2/22	台式机	联想	天骄 E5001X	7000	40	280000	刘丽
KF11	2009/3/2	笔记本电脑	联想	昭阳 S620	12000	8	96000	张强
KF13	2009/3/2	笔记本电脑	联想	昭阳 S620	12000	10	120000	张强
KF14	2009/3/10	台式机	联想	天骄 E5001X	7000	27	189000	林帆
KF17	2009/3/10	笔记本电脑	联想	昭阳 S620	12000	9	108000	刘丽
KF19	2009/3/11	台式机	联想	天骄 E5001X	8500	26	221000	丁一
KF23	2009/4/15	台式机	联想	锋行 K7010A	7600	40	304000	周涛
KF27	2009/4/16	笔记本电脑	联想	昭阳 S620	12000	2	24000	刘丽
KF28	2009/4/30	台式机	联想	锋行 K7010A	7600	21	159600	林帆

图 4-91　联想品牌的台式机和笔记本电脑的销售情况筛选结果

（8）打开"'张强'销售服务器和'周涛'销售台式机的情况"工作表，进行筛选。

① 构造筛选条件。在数据清单的下边输入筛选条件，如图 4-92 所示。

② 单击数据清单中的任一单元格。

③ 在"数据"选项卡下的"排序和筛选"组中，单击"高级"按钮，弹出"高级筛选"对话框。筛选"方式"设置为"将筛选结果复制到其他位置"，"列表区域"选择数据清单所在的区域，"条件区域"选定筛选条件区域 $B$35:$C$37，"复制到"选定一个起始单元格 A39:I39，如图 4-93 所示，单击"确定"按钮。

34		
35	商品	销售人员
36	服务器	张强
37	台式机	周涛
38		

图 4-92　筛选条件

图 4-93　设置高级筛选

④ 筛选后的工作表，如图 4-94 所示。

38									
39	编号	销售日期	商品	品牌	型号	单价	数量	金额	销售人员
40	KF01	2009/2/1	服务器	联想	万全 R510	24000	3	72000	张强
41	KF09	2009/2/22	服务器	联想	万全 R510	24000	6	144000	张强
42	KF12	2009/3/2	台式机	方正	商祺 3200	7600	33	250800	周涛
43	KF23	2009/4/15	台式机	联想	锋行 K7010A	7600	40	304000	周涛

图 4-94 "张强"销售服务器和"周涛"销售台式机的筛选结果

提示：自动筛选可以实现同一字段之间的"与"和"或"运算，通过多次自动筛选，也可以实现不同字段之间的"与"运算，但无法实现多个字段之间的"或"运算。这就需要使用高级筛选，其实高级筛选可以包含自动筛选中的各种功能。

在高级筛选中，条件区域的设置必须遵循以下原则：

（1）条件区域与数据清单区域之间必须用空白行或空白列隔开。

（2）条件区域至少应该有两行，第一行用来放置字段名，下面的行则放置筛选条件。

（3）条件区域的字段名必须与数据清单中的字段名完全一致，最好通过复制得到。

（4）"与"关系的条件必须出现在同一行；"或"关系的条件不能出现在同一行。

在"高级筛选"对话框中选择"将筛选结果复制到其他位置"时，在"复制到"编辑框中只要选定将来要放置位置的左上角单元格即可，不要指定区域，因为事先无法确定筛选结果。

如果要通过隐藏不符合条件的数据行来筛选数据清单，可在"高级筛选"对话框中选择"在原有区域显示筛选结果"。这时，如果要恢复数据清单的原状，只要在"数据"选项卡下的"排序和筛选"组中，单击"清除"按钮即可。

4.7.2 案例12——分类汇总和数据透视表

案例分析：

利用分类汇总和数据透视表对商品销售情况进一步做数据的分析。

操作方法如下：

（1）在案例11制作的工作簿中，再复制工作表"商品销售统计表"，将复制出的工作表命名为"分类汇总表"。

（2）在"分类汇总表"中，汇总同一品牌各种商品销售数量和金额的总和。

① 在"分类汇总表"中，将数据清单按照主要关键字"品牌"，次要关键字"商品"进行排序。

② 将光标定位在数据清单的任一单元格，在"数据"选项卡下的"分级显示"组中，单击"分类汇总"按钮，弹出"分类汇总"对话框。"分类字段"选择"品牌"，"汇总方式"选择"求和"，"选定汇总项"选择"数量"和"金额"，如图 4-95 所示，单击"确定"按钮。汇总的结果如图 4-96 所示。

③ 在前面分类汇总的基础上，用同样的方法再进行第二次"分类汇总"。在"分类汇总"对话框中，"分类字段"选择"商品"，"汇总方式"

图 4-95 按照"品牌"分类汇总

152

选择"求和","选定汇总项"选择"数量"和"金额",取消选取"替换当前分类汇总"复选框,如图 4-97 所示,单击"确定"按钮。汇总的结果如图 4-98 所示。

图 4-96 商品销售统计表

编号	销售日期	商品	品牌	型号	单价	数量	金额	销售人员
KF02	2009/2/1	服务器	IBM	X346 8840-I02	23900	2	47800	周涛
KF05	2009/2/16	服务器	IBM	X346 8840-I02	239000	3	717000	周涛
KF15	2009/3/10	服务器	IBM	xSerics 235	24300	3	72900	周涛
KF24	2009/4/15	服务器	IBM	xSerics 235	24300	2	48600	周涛
KF29	2009/5/8	服务器	IBM	X255 8685-71	47100	4	188400	林帆
			IBM 汇总			14	1074700	
KF04	2009/2/1	笔记本电脑	方正	I550	14000	5	70000	刘丽
KF16	2009/3/10	笔记本电脑	方正	T660	14000	6	84000	林帆
KF21	2009/4/15	笔记本电脑	方正	T660	14000	7	98000	刘丽
KF30	2009/5/8	笔记本电脑	方正	E400	9100	21	191100	周涛
KF06	2009/2/16	台式机	方正	商祺 R260	4600	26	119600	丁一
KF12	2009/3/2	台式机	方正	商祺 3200	7600	33	250800	周涛
KF18	2009/3/11	台式机	方正	商祺 R260	4600	30	138000	丁一
KF22	2009/4/15	台式机	方正	商祺 3200	7600	45	342000	张强
KF26	2009/4/16	台式机	方正	商祺 3200	7600	10	76000	张强
			方正 汇总			183	1369500	
KF07	2009/2/16	笔记本电脑	联想	昭阳 S620	12000	5	60000	周涛
KF11	2009/3/2	笔记本电脑	联想	昭阳 S620	12000	8	96000	张强
KF13	2009/3/2	笔记本电脑	联想	昭阳 S620	12000	10	120000	张强
KF17	2009/3/10	笔记本电脑	联想	昭阳 S620	12000	9	108000	刘丽
KF27	2009/4/16	笔记本电脑	联想	昭阳 S620	12000	2	24000	张强
KF01	2009/2/1	服务器	联想	万全 R510	24000	3	72000	张强
KF09	2009/2/22	服务器	联想	万全 R510	24000	6	144000	张强
KF20	2009/3/11	服务器	联想	万全 I350	32200	11	354200	周涛
KF25	2009/4/16	服务器	联想	万全 I350	32200	1	32200	林帆
KF03	2009/2/1	台式机	联想	天骄 E5001X	8500	24	204000	林帆
KF08	2009/2/22	台式机	联想	天骄 E5001X	8500	22	187000	刘丽
KF10	2009/2/22	台式机	联想	天骄 E5001X	7000	40	280000	刘丽
KF14	2009/3/10	台式机	联想	天骄 E5001X	7000	27	189000	林帆
KF19	2009/3/11	台式机	联想	天骄 E5001X	8500	26	221000	丁一
KF23	2009/4/15	台式机	联想	锋行 K7010A	7600	40	304000	周涛
KF28	2009/4/30	台式机	联想	锋行 K7010A	7600	21	159600	林帆
			联想 汇总			255	2555000	
			总计			452	4999200	

图 4-96 按照"品牌"分类汇总效果

图 4-97 按照"商品"分类汇总

图 4-98 商品销售统计表

编号	销售日期	商品	品牌	型号	单价	数量	金额	销售人员
KF02	2009/2/1	服务器	IBM	X346 8840-I02	23900	2	47800	周涛
KF05	2009/2/16	服务器	IBM	X346 8840-I02	239000	3	717000	周涛
KF15	2009/3/10	服务器	IBM	xSerics 235	24300	3	72900	周涛
KF24	2009/4/15	服务器	IBM	xSerics 235	24300	2	48600	周涛
KF29	2009/5/8	服务器	IBM	X255 8685-71	47100	4	188400	林帆
		服务器 汇总				14	1074700	
			IBM 汇总			14	1074700	
KF04	2009/2/1	笔记本电脑	方正	I550	14000	5	70000	刘丽
KF16	2009/3/10	笔记本电脑	方正	T660	14000	6	84000	林帆
KF21	2009/4/15	笔记本电脑	方正	T660	14000	7	98000	刘丽
KF30	2009/5/8	笔记本电脑	方正	E400	9100	21	191100	周涛
		笔记本电脑 汇总				39	443100	
KF06	2009/2/16	台式机	方正	商祺 R260	4600	26	119600	丁一
KF12	2009/3/2	台式机	方正	商祺 3200	7600	33	250800	周涛
KF18	2009/3/11	台式机	方正	商祺 R260	4600	30	138000	丁一
KF22	2009/4/15	台式机	方正	商祺 3200	7600	45	342000	张强
KF26	2009/4/16	台式机	方正	商祺 3200	7600	10	76000	张强
		台式机 汇总				144	926400	
			方正 汇总			183	1369500	
KF07	2009/2/16	笔记本电脑	联想	昭阳 S620	12000	5	60000	周涛
KF11	2009/3/2	笔记本电脑	联想	昭阳 S620	12000	8	96000	周涛
KF13	2009/3/2	笔记本电脑	联想	昭阳 S620	12000	10	120000	张强
KF17	2009/3/10	笔记本电脑	联想	昭阳 S620	12000	9	108000	刘丽
KF27	2009/4/16	笔记本电脑	联想	昭阳 S620	12000	2	24000	张强
		笔记本电脑 汇总				34	408000	
KF01	2009/2/1	服务器	联想	万全 R510	24000	3	72000	张强
KF09	2009/2/22	服务器	联想	万全 R510	24000	6	144000	张强
KF20	2009/3/11	服务器	联想	万全 I350	32200	11	354200	周涛
KF25	2009/4/16	服务器	联想	万全 I350	32200	1	32200	林帆
		服务器 汇总				21	602400	
KF03	2009/2/1	台式机	联想	天骄 E5001X	8500	24	204000	林帆
KF08	2009/2/22	台式机	联想	天骄 E5001X	8500	22	187000	刘丽
KF10	2009/2/22	台式机	联想	天骄 E5001X	7000	40	280000	刘丽
KF14	2009/3/10	台式机	联想	天骄 E5001X	7000	27	189000	林帆
KF19	2009/3/11	台式机	联想	天骄 E5001X	8500	26	221000	丁一
KF23	2009/4/15	台式机	联想	锋行 K7010A	7600	40	304000	周涛
KF28	2009/4/30	台式机	联想	锋行 K7010A	7600	21	159600	林帆
		台式机 汇总				200	1544600	
			联想 汇总			255	2555000	
			总计			452	4999200	

图 4-98 按照"商品"分类汇总效果

注意： 分类汇总之前必须进行排序，排序的关键字就是分类汇总的分类项。

提示：

分类汇总可以进行嵌套，正如上面的案例中，先按"品牌"分类，再按"商品"分类。嵌套分类汇总之前要进行按照至少两个关键字的排序。

在分类汇总后的工作表中，左上角会出现分级符号 1 2 3 4 ，可以仅显示不同的级别上的汇总结果，单击工作表左侧的加号 + 和减号 — 可以显示或隐藏某个汇总项目的细节内容。

要撤销分类汇总，可在"数据"选项卡下的"分级显示"组中，单击 "分类汇总" 按钮，弹出"分类汇总"对话框，单击其中的 "全部删除" 按钮。

（3）生成数据透视表，对数据进行分析。

① 将光标定位在"商品销售统计表"工作表的任一单元格，在"插入"选项卡下的"表格"组中，单击"数据透视表"旁边的下拉按钮，选择"数据透视表"命令，弹出"创建数据透视表"对话框，如图 4-99 所示，单击"确定"按钮，进入数据透视表编辑状态，如图 4-100 所示。

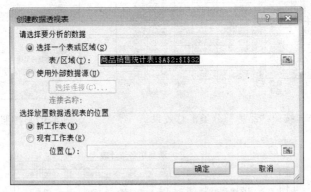

图 4-99 "创建数据透视表"对话框

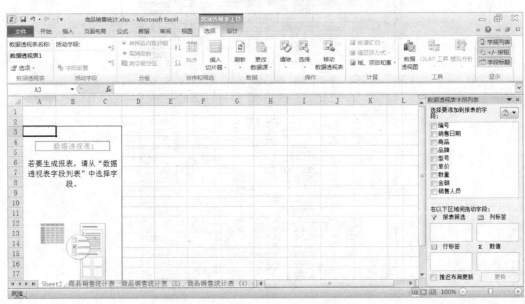

图 4-100 数据透视表编辑状态

② 在数据透视表编辑状态，将"数据透视表字段列表"任务窗格选项中的"销售人员"拖动到"报表筛选"上，"销售日期"拖动到"行标签"上，"品牌"拖动到"列标签"上，"数量"拖动到"数值"区域，如图4-101所示。生成的数据透视表，如图4-102所示。

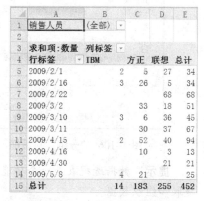

图 4-101 "数据透视表字段列表"任务窗格选项拖动后的效果　　图 4-102　生成的数据透视表

③ 选择所生成的数据透视表任意位置，在"数据透视表工具"中选择"设计"选项卡，在"数据透视表样式"组中选择"数据透视表样式深色6"，设置后的数据透视表如图4-103所示。

④ 将数据透视表重命名为"销售统计"。

⑤ 单击"报表筛选"区域的"销售人员"下拉列表，在下拉列表选择"丁一"，单击"确定"按钮返回工作表，如图4-104所示。此时数据透视表将只显示"丁一"的销售记录，如图4-105所示。

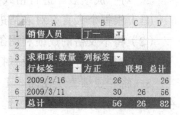

图 4-103　设置样式后的　　　　图 4-104　选择指定　　　图 4-105　"丁一"的销售情况
　　　　　数据透视表　　　　　　　　"销售人员"

提示： 通过在"销售人员"下拉列表选择某个销售人员，可以筛选出个人销售情况，同样的从"销售日期"选择日期，从"品牌"中选择品牌能够筛选出指定日期或指定品牌的销售情况。

⑥ 创建按月分组显示的数据透视表。在数据透视表中选择"行标签"下的任意一个日期，在"选项"选项卡中的"分组"组中，单击"将所选内容分组"按钮，弹出"分组"对

话框，如图 4-106 所示，在"起始于""终止于"文本框中输入时间（默认时间是数据清单中销售日期的起始时间和终止时间），在"步长"列表框中选择"月"，单击"确定"按钮，得到销售月报表，如图 4-107 所示。

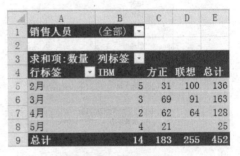

图 4-106 "分组"对话框　　　　　　　　图 4-107 销售月报表

提示：数据透视表是一个功能强大的数据分析工具，在以上的案例中还可以根据需要来提取和组织数据。

小结：

本节通过"商品销售情况"工作表，介绍了 Excel 中的数据管理和分析的工具，其中包括排序、筛选（自动筛选和高级筛选）、分类汇总和数据透视表。

4.8 课后作业

1. 制作本班一个学期每门课程的"成绩表"。例如，包含如下字段：

学号	姓名	性别	计算机基础	大学英语	法律基础	网页制作	程序设计基础

利用所学内容，对表格进行快速录入。

2. 对"成绩表"进行格式修饰。

（1）根据个人喜好对表格进行修饰。

（2）将不及格的成绩利用条件格式表示为红色字体。

（3）对表格进行页面设置打印输出。

3. 将"成绩表"在同一工作簿中复制一份，工作表名称为"成绩表计算"。以下计算均在"成绩表计算"工作表进行。

（1）计算每门课程的平均成绩。

（2）计算每门课程的最高成绩和最低成绩。

（3）计算每个学生的总成绩。

（4）利用 RANK 函数根据总成绩进行排名。

（5）计算每门课程各分数段的人数。（分数段包括 90～100，80～89，70～79，60～69，59 以下）

4. 利用"成绩表计算"工作表中的数据生成图表。

（1）生成对比各科成绩平均分的图表。

（2）根据个人喜好对图表进行修饰。

（3）根据需要生成基于其他数据源的图表。

5．利用"成绩表计算"工作表中的数据进行分析。

（1）在同一工作簿中将"成绩表计算"工作表复制一份，命名为"排序表"，根据总成绩由高到低进行排序。也可根据需要按照其他字段进行排序。

（2）在同一工作簿中将"成绩表计算"工作表复制一份，命名为"筛选表"，筛选总成绩前 5 名的学生。也可根据需要进行其他筛选。

（3）在同一工作簿中将"成绩表计算"工作表复制一份，命名为"分类汇总表"，汇总男生和女生每门课程的平均成绩。也可根据需要进行其他分类汇总。

第5章

→ PowerPoint 演示文稿制作软件

演示文稿用于广告宣传、产品演示、教学等场合，Power Point 和 Word、Excel 等应用软件一样，也属于 Microsoft 公司推出的 Office 系列产品。PowerPoint 的主要用途是制作图文并茂并具有动画效果的电子幻灯片。

5.1 PowerPoint 简介

5.1.1 功能简介

PowerPoint 是一个易学易用、功能丰富的演示文稿制作软件，用户可以利用它制作图文、声音、动画、视频相结合的多媒体幻灯片，并达到最佳的现场演示效果。PowerPoint 演示文稿中的五个最基本的组成部分是文字、图片、图表、表单和动画。其中文字是演示文稿的基本；图片是视觉表现的核心；图表是浓缩的有效手段；表单是幻灯片的主体；动画是互动的精髓。

1. 幻灯片

幻灯片是半透明的胶片，上面印有需要讲演的内容，幻灯片需要专用放映机放映，一般情况下由演讲者进行手动切换。PowerPoint 是制作电子幻灯片的程序，在 PowerPoint 中用户以幻灯片为单位编辑演示文稿。

2. 演示文稿

演示文稿是以扩展名 ".pptx" 保存的文件，一个演示文稿中包含多张幻灯片，每张幻灯片在演示文稿中既相互独立又相互联系。

5.1.2 启动和基本操作界面

与其他 Office 软件的启动方法类似，选择"开始"→"所有程序"→Microsoft Office→Microsoft Office PowerPoint 2010 命令启动 PowerPoint，其操作窗口如图 5-1 所示。

与 Word 和 Excel 等 Office 软件一样，自 2007 版以后，PowerPoint 采用功能区替换了 2003 及更早版本中的菜单和工具栏。

1. PowerPoint 中的视图

在 PowerPoint 窗口右下方的状态栏提供了各个主要视图（普通、幻灯片浏览、阅读和幻灯片放映视图）。

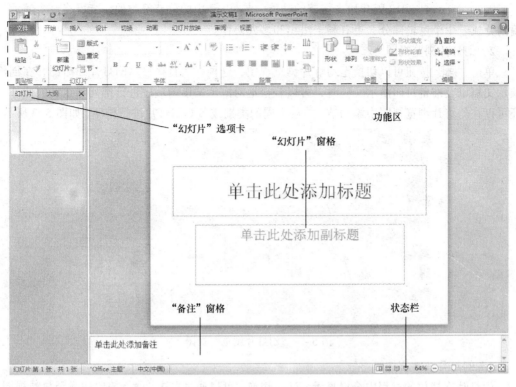

图 5-1　PowerPoint 界面

1）普通视图

单击状态栏上的"▣"按钮可以切换至普通视图。该视图是主要的编辑视图，可用于撰写和设计演示文稿。普通视图有四个工作区域，即"幻灯片"、"大纲"选项卡，"幻灯片"窗格和"备注"窗格。

"大纲"选项卡以大纲形式显示幻灯片文本，是开始撰写内容的理想场所；在这里，可以捕获灵感，计划如何表述它们，并能移动幻灯片和文本，如图 5-2（a）所示。

"幻灯片"选项卡可显示幻灯片的缩略图，在其中操作可以快速浏览幻灯片的内容或演示文稿的幻灯片流程，或快速移至某一张幻灯片，如图 5-2（b）所示。

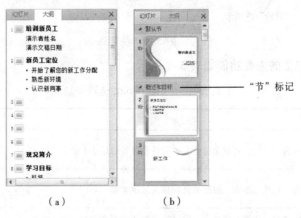

（a）　　　　　　（b）

图 5-2　大纲及幻灯片选项卡

PowerPoint 自 2010 版开始支持节的功能，与 Word 中的分节符类似，节可将一个演示文稿划分成若干个逻辑部分，更有利于组织和多人协作。

2）幻灯片浏览视图

单击"▦"按钮可以切换至幻灯片浏览视图，这种视图直接显示幻灯片缩略图，在创建演示文稿以及准备打印演示文稿时，可以轻松地对演示文稿的顺序进行排列和组织。此外，还可以在幻灯片浏览视图中添加节，并按不同的类别或节对幻灯片进行排序，如图 5-3 所示。

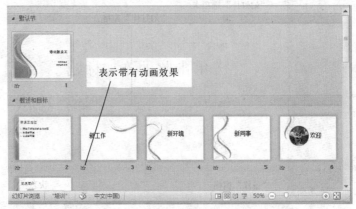

图 5-3 "幻灯片浏览"视图

3）幻灯片放映视图

幻灯片在播放的过程中全屏显示，逐页切换，可以通过单击"▢"按钮切换至放映视图，从当前幻灯片开始播放。

2. **功能区**

与其他 Office 软件类似，普通视图下，PowerPoint 功能区包括 9 个选项卡，按照制作演示文稿的工作流程从左到右依次分布，如图 5-4 所示。

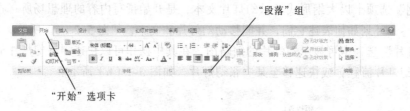

图 5-4 功能区

各选项卡及包括的主要功能如表 5-1 所示。

表 5-1 PowerPoint 选项卡功能

选项卡	主 要 功 能	对应演示文稿制作流程
开始	插入新幻灯片、将对象组合在一起以及设置幻灯片上的文本格式	准备素材、确定方案 开始制作演示文稿
插入	将表、形状、图表、页眉或页脚插入演示文稿	增加演示文稿的信息量 提升说服力
设计	自定义演示文稿的背景、主题设计和颜色或页面设置	装饰处理

选项卡	主 要 功 能	对应演示文稿制作流程
切换	可对当前幻灯片应用、更改或删除切换效果	
动画	可对幻灯片上的对象应用、更改或删除动画	
幻灯片放映	开始幻灯片放映、自定义幻灯片放映的设置和隐藏单个幻灯片	预演与展示
视图	查看幻灯片母版、备注母版、幻灯片浏览，打开或关闭标尺、网格线和绘图指导	提升演示整体质量
审阅	检查拼写、更改演示文稿中的语言或比较当前演示文稿与其他演示文稿的差异	审核校对
文件	保存现有文件和打印演示文稿	完成制作打包发布

5.1.3　PowerPoint 与 Word 的主要区别

Word 的主要功能是制作文档，接近于现实生活，其基本操作单位是页、段和文字；PowerPoint 的主要用途是制作展示用的幻灯片，因此在 PowerPoint 中的逻辑操作单位是幻灯片和占位符。

因用途不同，PowerPoint 不像 Word 那样注重于文字格式的排版，供用户打印美观的纸质文档，其更注重于对象的位置、颜色和动画效果的设置，以保证用户在屏幕上能够达到最佳演示效果。

占位符是一种带有虚线边缘的框，绝大部分幻灯片版式中都有这种框，如图 5-5 所示。在这些框内可以放置标题及正文，或者是图表、表格和图片等对象。幻灯片的版式变换实际上是对占位符位置和属性的调整。

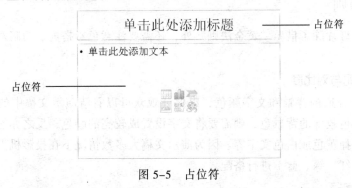

图 5-5　占位符

5.2　设计演示文稿的基本原则

逻辑结构清晰，层次鲜明的演示文稿可以让观众明确演示目的。设计演示文稿时要注意文字不宜过多，颜色搭配合理，恰当使用动画效果和幻灯片切换效果。

5.2.1　典型结构

1. 黄金法则

演示文稿有一种典型结构，这种结构基于两种概念：

1）一除以六乘以六

又称"演示文稿黄金法则"，基本概念是每张幻灯片只讨论一个项目，一张幻灯片最多有六个子项目，每个子项目又不应超过六个词语。实践表明，如果一行超过六个词语，观众将无法一次抓住这一行所要表达的意思，就不能专心听演讲者的介绍。任何法则都会有例外，但应尽可能将此作为一项基本理念。

2）重复

首先向观众说明要讲的主要内容，讲到这些内容时，再向观众总结讲了什么。在演示过程中要使用积极的语调，使用现在时态使演示保持主动语态而不是被动语态。

2. 常用演示文稿结构

通常来说，演示文稿的结构包括：

1）标题幻灯片

一个演示文稿通常有一个主题，如 xx 年度报告、新产品建议书、进度报告等。标题幻灯片体现主题。很多演讲者会在开场白时播放标题幻灯片。

2）目录幻灯片

目录幻灯片是演示文稿的目录页，向观众介绍将要演讲的信息概要。根据"黄金法则"应将项目数量限制在六张以内。

3）内容幻灯片

目录幻灯片的每个项目都将有一张相对应的内容幻灯片。目录幻灯片上的项目为内容幻灯片的标题。有时可能会需要多张幻灯片来阐述一个项目，这时，每张幻灯片的标题都是相同的，但可以使用副标题来区分这些幻灯片。

5.2.2 设计原则

设计出的幻灯片除了借鉴"黄金法则"外，还需要注意色彩搭配、明暗对比度、文字大小等细节问题。

1. 色彩搭配与对比度

要注意选择合适的背景和文字颜色，以保证观众可以看清演示文稿中的文字和图片内容。如果选择颜色较深的背景色，则需要将文字设置成较亮的颜色，反之亦然。例如，选择蓝色背景时，选择黄色或白色文字等。因为演示文稿大多数情况下在投影机上播放，所以建议选择三基色（红、绿、蓝）进行搭配。

2. 字体与字号

在字体方面，要注意选择线条粗犷的字体，建议选择黑体字并且加粗；字号方面建议在保证演示文稿美观和整洁的基础上，尽量加大，但是要注意合理断句。

5.3 演示文稿基本操作

制作演示文稿的一般工作过程可归纳为：

（1）准备素材、确定方案。

（2）归纳总结及信息提炼。

（3）装饰处理提升演示文稿的观赏性。

（4）预演放映。

（5）审核校对。

（6）打包发布。

5.3.1　创建演示文稿

单击"文件"选项卡选择"新建"命令，将切换至"可用的模板和主题"，如图 5-6 所示。

图 5-6　可用的模板和主题

1.　空演示文稿

PowerPoint 启动后就自动创建一个空白演示文稿文件，此文件中的幻灯片具有白色背景和文字默认为黑色，不具备任何动画效果，也不具备任何输入内容提示。

2.　样本模板

模板是创建演示文稿的模式，提供了一些预配置的设置，例如文本和幻灯片设计等，如果从头开始创建演示文稿，使用模板更为快速。PowerPoint 提供相册、日历、计划和用于制作演示文稿的各种资源的样本模板。此外，通过"Office.com 模板"可以实时获取微软提供的最新设计。

3.　主题

主题包括预先设置好的颜色、字体、背景和效果，可以作为一套独立的选择方案应用于文件中。还可以在 Word 、Excel 和 Outlook 中使用主题，使文档、表格、演示文稿和邮件的整体风格一致。

保存、关闭和打开演示文稿与 Word 完全一致。

5.3.2　案例 1——使用样本模板创建演示文稿

使用"PowerPoint 2010 简介"样本模板创建一个演示文稿，如图 5-7 所示，创建完毕后切换至放映视图，观看该演示文稿。

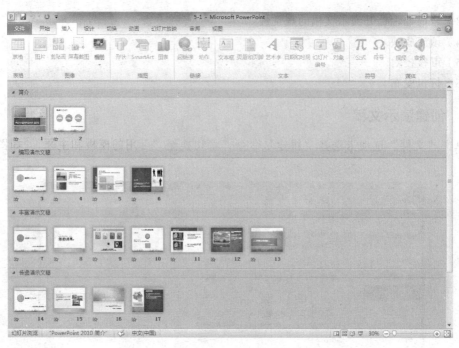

图 5-7 "PowerPoint 2010 简介"演示文稿

案例分析：

该演示文稿所有幻灯片风格相同，并且具有内容提示，主题与操作工具 PowerPoint 2010 有关，首先应考虑使用"样本模板"新建演示文稿，从浏览视图看，该演示文稿采用了分节的方法；标题栏上显示的文件名是 5-1，并且未显示兼容模式字样。

操作方法如下：

（1）选择"文件"→"新建"命令，在"可用的模板和标题"中，单击"样本模板"按钮。

（2）双击"PowerPoint 2010 简介"图标即可创建基于样本模板的演示文稿。

（3）单击窗口右下角状态栏上的"▦"按钮切换至"幻灯片浏览"视图，可观察到幻灯片缩略图按节分类显示。

（4）选中第一页幻灯片，单击状态栏上的"▧"按钮开始放映幻灯片，学习 PowerPoint 2010 的新增功能。

小结：

"样本模板"为广大用户提供规范的演示文稿格式，用户可根据实际需要进行取舍，在制作商务演示文稿时这一功能尤为实用，在提示向导自动创建的演示文稿中需要进行一系列的个性化操作，例如，放置公司的 logo，根据实际内容更改幻灯片版式等。

后续案例将以"天宫一号——中国首个太空实验室"为主题，结合演示文稿制作流程介绍 PowerPoint 中的常用操作。

5.3.3 案例 2——确定演示文稿框架

利用"大纲"选项卡，建立"天宫一号——中国首个太空实验室"演示文稿的框架。编者通过搜索制作的演示文稿框架如图 5-8 所示。

图 5-8　演示文稿框架

案例分析：

制作"天宫一号"有关主题的演示文稿，首先需要利用 Internet 搜索与其的有关信息，包括文字介绍、图片信息等，对制作对象加以了解，确定制作主题和基本展示框架，然后利用"大纲"选项卡将框架制作出来。

操作方法如下：

（1）选择"文件"→"新建"命令，双击"空白演示文稿"。

（2）启动浏览器使用"百度"等搜索引擎搜索与"天宫一号"有关的信息。

（3）对信息进行过滤、挑选，确定展示方案。

① 单击"大纲"选项卡，依次输入幻灯片标题，按【Enter】键，新建幻灯片。

② 选中第一张幻灯片，在幻灯片窗格中的"副标题"占位符中输入"中国首个太空实验室"。

③ 所有幻灯片标题键入完毕后，单击窗口左上角的"保存"按钮██。

（4）在弹出的"另存为"对话框中，输入文件名"5-2.pptx"单击"保存"按钮。

小结：

一定要养成在制作演示文稿前确定展示方案，拟定展示提纲的习惯，这样才可以突出展示主题。"大纲"选项卡以大纲形式显示幻灯片文本，是开始撰写内容的理想场所；在"大纲"选项卡下，输入幻灯片的标题后，按【Enter】键将自动添加新的幻灯片，按【Shift+Enter】组合键可在一页幻灯片上换行。

5.3.4 案例 3——规范演示文稿结构

确定主题的展示方案后，进一步规划每一部分需要幻灯片的大致张数。对于张数较多的演示文稿，可以使用新增的节功能组织幻灯片，与使用文件夹组织文件类似，使用命名节跟踪幻灯片组。而且，可以将节分配给其他合作者，明确合作期间的所有权。分节后的演示文稿如图 5-9 和图 5-10 所示。

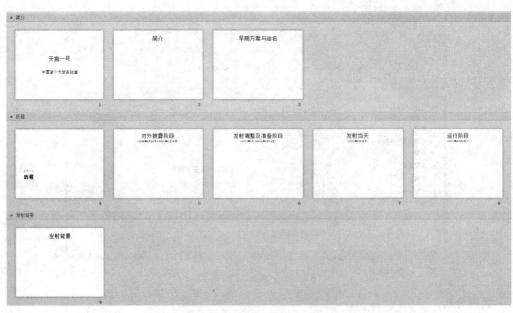

图 5-9　简介～发射背景节

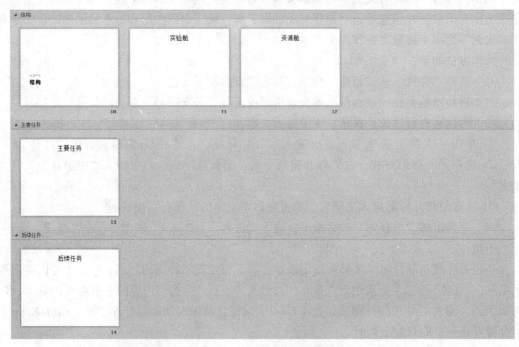

图 5-10　结构～后续任务节

案例分析：

图中使用的是幻灯片浏览视图，整个演示文稿共分为六节，依次是：简介、历程、发射背景、结构、主要任务和后续任务。"历程"节中包括节标题幻灯片和四张内容幻灯片，"结构"节中包括节标题幻灯片和两张内容幻灯片。在"幻灯片"选项卡下，选中某一节开始的幻灯片后右击，在弹出的快捷菜单中选择"新增节"命令可增加一节；选中一张幻灯片，选择"开始"→"版式"→"节标题"命令可将版式更改为节标题。

操作方法如下：

（1）打开"5-2.pptx"文稿，切换至"幻灯片"选项卡，选中第一张幻灯片右击，在弹出的快捷菜单中选择"新增节"命令，如图5-11（a）所示；

（2）选中新增的节右击、在弹出的快捷菜单中选择"重命名节"命令，在弹出的对话框中输入"简介"，如图5-11（b）所示。

（a）　　　　　　　　　　　　　　（b）

图 5-11　新增节

（3）选中标题为"历程"幻灯片，新增一个同名的节，选择"开始"→"版式"→"节标题"命令将其版式更改为"节标题"幻灯片。

（4）参照图5-9或根据搜索到的相关素材，选择"开始"→"新建幻灯片"→"标题和内容"命令完成内容幻灯片的添加。

（5）按类似的方法完成其他节和幻灯片的添加。

（6）将演示文稿另存为"5-3.pptx"。

小结：

"节"使演示文稿的结构更加清晰，尤其是在幻灯片页数较多的情况下，使操作更为便捷。幻灯片被增加至节中后，可以随节的移动而移动，删除而删除，这一功能有利于多人协作、校对以及对幻灯片结构的修改。

5.3.5　案例4——使用幻灯片版式和项目符号

本案例将完成"简介"及"早期方案与命名"幻灯片的内容制作，要制作的幻灯片如图5-12所示。

案例分析：

"简介"幻灯片采用了"两栏内容"的版式，左边是文字，右边是图片，文字采用默认字体，使用"↬"作为项目符号；"早期方案与命名"幻灯片也使用了项目符号，具有"早期方案"和"命名依据"两个子标题，"命名依据"栏中使用了不同的字体。

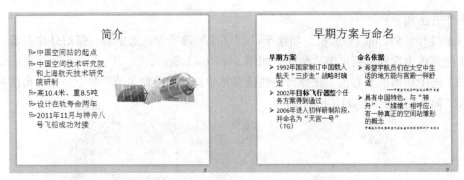

图 5-12　使用背景和项目符号

操作方法如下：

（1）设置幻灯片版式。

① 选中"简介"幻灯片，将其设置成"两栏内容"版式。

② 切换至功能区中的"开始"选项卡，单击"幻灯片"组中 版式 按钮右侧的下拉按钮。

③ 选择"两栏内容"，执行完毕后，幻灯片上将增加一个占位符。

（2）输入文字内容并设置项目符号。

① 单击左侧的占位符，参考图 5-12 录入与"天宫一号"有关的简介文字。

② 单击"段落"组中的"项目符号"按钮 右侧的下拉按钮，选择"项目符号和编号"命令。

③ 在对话框中单击"自定义"按钮，在"符号"对话框中选择 Wingdings 字体，找到相应符号，如图 5-13 所示。

（3）添加图片至占位符。

占位符中除了可以输入文字外，还可以存储图像、表格等对象。单击右侧占位符中的"插入来自文件的图片"按钮，在弹出的对话框中选择事先选好的图片，如图 5-14 所示。

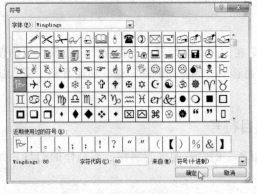

图 5-13　设置特定项目符号

图 5-14　添加图片至占位符

（4）切换至 "早期方案与命名"幻灯片，将其设置成"比较"版式。

（5）输入文字并设置项目符号。

（6）选择"文件"→"另存为"命令将演示文稿另存为"5-4.pptx"。

小结：

"幻灯片版式"实际上是系统预置的各种占位符布局，在使用时可根据需要进行选择，建议不要采用绘制文本框的形式在幻灯片上输入文字，因为绘制的文本框在更改版式时不会随版式而改变。项目符号有助于提升幻灯片上文字的逻辑性，用户可以根据需求自定义项目符号。

5.4 使用表格和图形

表格和图形时是 PowerPoint 中经常使用的对象，使用这两种对象可以让观众明确演讲者的意图。这里的表格和图形操作与其他 Office 软件基本相同。

5.4.1 创建表格

"对象"是一张幻灯片上的任意形状、图片、视频或者文本框，表格是对象中的一种。PowerPoint 不像 Word 那样具有将规则文字转换为表格的功能。这里的表格是多个文本框的组合。可以使用"表格和边框"工具栏来快速修改表格属性。一个设计得比较好的表格会更加突出展示效果。PowerPoint 中插入表格的方法有多种，最为常用的是单击占位符中的"插入表格"按钮▦ 和选择"插入"选项卡中的"表格"命令。选中表格对象后，功能区中将出现"表格工具"组，包含"设计"和"布局"两个选项卡。

1. **设计**

该选项卡中包括设置边框、底纹等一系列关于表格样式设置的按钮。

2. **布局**

包括与表格的行、列、宽度对齐方式等设置的按钮。

5.4.2 案例5——插入表格并设置样式

"历程"节相关的演示内容较多，使用表格可突出展示出历程的时间点，本案例要制作的幻灯片如图 5-15 所示。

图 5-15　插入并设置表格格式

案例分析：

该幻灯片采用默认的"标题和内容"版式，由标题占位符和 8 行 2 列表格构成；单元格中的文字垂直居中，表格无外框线并具有半透明的阴影。

操作方法如下：

（1）打开"5-4.pptx"文稿，另存为"5-5.pptx"。

（2）插入表格

① 选中"历程"演示文稿，单击占位符中的▦按钮，插入一个 8 行 2 列的表格。

② 启动 Word，复制搜索到的文字素材，采用"只保留文本"的模式粘贴至空白文档。

③ 在 Word 中，完成素材文字的整理，删除多余的文字内容，在所有的日期末尾按键【Tab】键输入制表符，整理好的文字素材如图 5-16 所示（显示编辑标记状态）；

时间 → 事件
2008 年 9 月 28 日 → 中国首次披露"天宫一号"发射计划
2009 年 1 月 26 日 → 天宫一号模型在 2009 年中央电视台春节联欢晚会上亮相
2009 年 2 月 27 日 中央电视台军事报道中首次出现了中国天宫一号空间实验室实体画面
2010 年 8 月中旬 天宫一号完成总装，转入电性能综合测试阶段
2011 年 3 月 3 日 全国政协委员、空间技术专家戚发轫向新华社记者透露，中国将在 2011 年发射目标飞行器天宫一号
制表符———— 2011 年 6 月 29 日 → 天宫一号目标飞行器通过出厂评审，转运至酒泉卫星发射中心，开展任务实施前最后阶段的测试工作
2011 年 7 月 23 日 → 用于发射天宫一号目标飞行器的长征二号 F 运载火箭 23 日上午运抵酒泉卫星发射中心

图 5-16　整理完毕的文字素材

④ 复制整理好的文字素材，将其转换成表格，切换至演示文稿窗口，选择"开始"→"粘贴"→"使用目标样式"命令将其粘贴至幻灯片的表格中。

提示： 因为 Word 中的文字本身带有格式，所以在复制文字以后，选中幻灯片上的表格，然后执行"开始"→"粘贴"→"使用目标样式"命令使用 PowerPoint 中的主题直接修饰；制表符" → "可以作为转换表格的分隔符。

⑤ 设置字号"20"磅，调整表格宽度和高度，使表格适应文字内容，移动表格至恰当位置。

默认情况下，表格大小随文字字号变化，调整表格的宽度和高度后，文字能够自动适应单元格。

（3）设置表格格式。

① 选中表格中的全部文字，切换至"布局"选项卡，单击"对齐方式"组中的"垂直居中"按钮▤，选中第一行文字，设置水平居中。

② 选中表格，切换至"设计"选项卡，单击"表格样式"组中"边框"按钮右侧的下拉按钮，执行⊞ 内部框线①命令。

③ 单击"表格样式"组中"效果"按钮右侧的下箭头，选择"阴影"→"透视"→"右上对角透视"命令。

④ 按照类似方法为"发射准备阶段"和"发射当天"幻灯片添加表格并设置样式，参考完成状态如图 5-17 所示；

（4）保存该演示文稿。

发射调整及准备阶段
（2011年8月—2011年9月28日）

时间	事件
2011年8月18日	原定8月底发射天宫一号的原计划被取消调整
2011年9月10日	发射场区测试工作重新启动，进展顺利
2011年9月20日	天宫一号和运载火箭组合体运载至发射塔架
2011年9月25日	包括发射场地及飞行航区在内的全区表控通讯系统进行合练并取得成功
2011年9月26日	预定9月27日及28日发射场将出现的大风降温天气，原定27至30日之间的发射计划更正为在29或30日择机发射
2011年9月28日	中国载人航天工程新闻发言人宣布了天宫一号的发射时间——"2011年9月29日21时16分至21时31分在窗口前沿发射"。

发射当天
（2011年9月29日）

时间	事件
13时16分	发射天宫一号的长征二号FT1型火箭进入8小时倒计时
14时16分	载人航天各系统功能检查，地面设备开机自检
约18时	火箭系统开始进行全箭状态检查
发射前半个小时	最后一批工作人员撤离
21时16分3秒	搭载着天宫一号的长征二号FT1运载火箭点火发射
21时17分	天宫一号火箭助推器分离
21时19分	火箭一、二级分离成功，一级坠落
21时19分	整流罩分离
21时25分45秒	天宫一号准确进入预定轨道
21时29分	太阳能电池帆板展开
21时35分左右	入轨运行
21时38分	天宫一号目标飞行器发射圆满成功

图 5-17　插入并设置表格格式

小结：

演示文稿中的表格是由一组占位符构成的，每个单元格为一个占位符；若（创建）插入新幻灯片时，选用了带有"表格"的幻灯片版式，则可单击占位符中的"插入表格"按钮，在对话框中设定行、列数，然后单击"确定"按钮创建。

因为演示文稿中的表格与 Word 中的表格存在区别，所以事先在 Word 中制作好表格将表格粘贴至幻灯片上，再设置格式是一种效率较高的做法。值得一提的是 PowerPoint 中的表格的主要目的是对观众展示，在使用表格时应尽量保证文字简练，行数和列数较少，可以让观众清楚地看到单元格中的内容。

设置表格外观可以通过"设计"选项卡完成。在表格中可以按【Tab】键切换单元格。

在将已有 Word 文档制作成演示文稿的情景下，如果表格十分复杂，粘贴至幻灯片后处理起来非常烦琐，可以采用截图或者链接的形式来处理。

在演示文稿中恰当运用图形和图像插图，可以大大提高对观众的吸引力，突出演示重点。

5.4.3　案例6——插入剪贴画

要制作的幻灯片如图 5-18 所示。

运行阶段
（2011年9月30日—）

时间	事件
9月30日	转入自主运行状态
10月6日	在轨飞行109圈
10月10日	首次公布了自带相机拍摄的太空图片
10月14日	进入交会对接的准备阶段
11月3日	与神舟八号飞船完成首次交会对接
11月4日	与神舟八号飞船的组合体第一次轨道维持
11月14日	与神舟八号飞船第一次分离，约半小时后，进行了第二次对接
11月15日	合体完成了第二次轨道维持，开始了神舟八号返回前的轨道精化调整
11月16日	神舟八号飞船与天宫一号目标飞行器成功分离

图 5-18　个性化图形幻灯片示例

案例分析：

该幻灯片采用的版式是"标题和内容"版式，内容使用表格的形式展现，表格下方使用一张经过修改的"地球"主题剪贴画作为背景，表格具有透明效果。

操作方法如下：

（1）打开"5-5.pptx"文稿，另存成"5-6.pptx"。

（2）制作表格。

在"幻灯片"选项卡中，选中"运行阶段"幻灯片，采用案例5中的操作方法。

（3）插入剪贴画。

① 单击幻灯片空白处，选择"插入"→"剪贴画"命令；

② 在弹出的"剪贴画"任务窗格中输入剪贴画的关键字来搜索需要的素材。

③ 浏览剪贴画，单击其右侧的下拉箭头，在弹出的快捷菜单中选择"插入"命令，如图5-19所示。

在"搜索文字"文本框输入搜索内容后，单击"搜索"按钮可以看到所有的搜索结果，可以通过选择搜索范围和结果类型使搜索更精确，并且，可以通过该任务窗格搜索视频和声音文件。

图5-19　搜索剪贴画

（4）参照样文，将其取消组合，删除多余的部分。

提示： 在PowerPoint中有两种类型的图片：不能被重新组合的"位图"和可以被取消组合采用绘图工具编辑的"矢量图"。大多数的剪贴画都是矢量图格式的。取消组合的图形就像利用形状工具绘制图形一样可以被编辑。

选中该剪贴画，将其取消组合（可能需要执行多次取消组合操作），参照样文选中相应的区域删除，更改完毕后重新组合。

（5）设置叠放次序。

图片在表格上一层，遮挡表格中的文字，选中图形后右击，在弹出的快捷菜单中选择"置于底层"→"置于底层"命令，使其下移至底层，如图5-20所示。

（6）设置表格透明度。

选中表格对象右击，在弹出的快捷菜单中，选择"设置形状格式"命令，在弹出的对话框中选择"填充"，拖动滑块调整表格的透明度，如图5-21所示。

图5-20　设置叠放次序

图5-21　调整表格填充色透明度

（7）保存该演示文稿。

小结：

PowerPoint 中可以使用的图形类型如表 5-2 所示。

表 5-2　PowerPoint 支持的图形

类型	扩展名	说　　明
增强型图元文件	.emf	大多为矢量图
图形交换格式	.gif	通常带有动画效果
联合图像专家组	.jpg、.jpeg、.jfif、.jpe	图片，非矢量图
可移植网络图形	.png	大多为矢量图
Windows 位图	.bmp、.rle、.dib	图片，非矢量图
Windows 图元文件	.wmf	Window 剪贴画大多为这种格式的矢量图

在演示文稿中恰当地使用图形可以大大提高演示效果，用户可以利用绘图工具绘制图形，也可以对插入部分的图形进行个性化设置。

提示：只有矢量图可以被取消和重新组合，插入的图片等不可以执行这些操作。应该意识到，如果编辑具有动画效果的剪贴画，被编辑对象可能与原来形状不一致。

5.4.4　案例 7——使用 SmartArt

当文字内容较多时，用户可以使用 SmartArt 组件将其制作成与逻辑顺序相符的图形，增强演示效果。

要制作的幻灯片如图 5-22 所示。

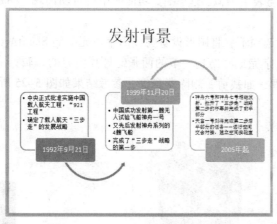

图 5-22　SmartArt 图形幻灯片示例

案例分析：

该幻灯片采用图形呈现发射背景中的三个主要时间点，这种图形是采用 SmartArt 制作的，通过箭头体现先后顺序，应用了"简单填充"样式使三个时间点采用不同的颜色。

操作方法如下：

（1）打开"5-6.pptx"文稿，另存为"5-7.pptx"。

（2）插入 SmartArt 图形。

① 在"幻灯片"选项卡中，选中"发射背景"幻灯片，单击幻灯片空白处，选择"插入"→"SmartArt"命令或者单击占位符中的"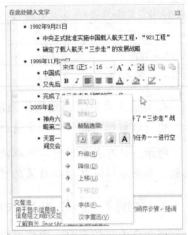"按钮。

② 在弹出的"选择 SmartArt 图形"对话框中选择"流程"→"交替流"，如图 5-23 所示。

③ 在"在此处键入文字"窗格中，依次输入图形中需要显示的内容，选中项目后右击，在弹出的快捷菜单中选择"升级"和"降级"命令来设置从属关系，选择"上移"和"下移"命令来设置前后顺序，如图 5-24 所示。

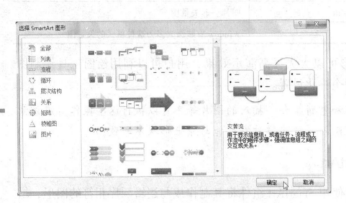

图 5-23　选择 SmartArt 图形　　　　图 5-24　输入 SmartArt 图形中的文字

④ SmartArt 图形与表格类似，选中后，功能区中将自动出现"SmartArt 工具"，包括"设计"和"格式"选项卡。

⑤ 通过"设计"选项卡，将图形设置为"简单填充"的 SmartArt 样式。

⑥ 使用图片和文字完成"结构"节的两张幻灯片内容的编辑，应用"图片工具"对插入的图片素材进行处理，如裁剪、删除背景等，参考结果如图 5-25 所示。

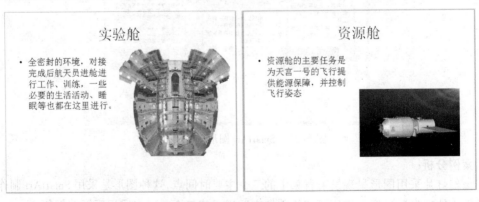

图 5-25　参考完成状态

（3）使用 SmartArt 完成"主要任务"和"后续任务"节，参考结果如图 5-26 所示。

（4）保存该演示文稿。

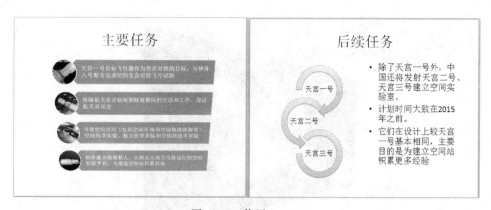

图 5-26 使用 SmartArt

小结：

创建 SmartArt 图形时，系统会提示选择类型，如"流程"、"层次结构"或"关系"。类型类似于 SmartArt 图形的类别，并且每种类型包含几种不同布局。因为 PowerPoint 演示文稿通常包含带有项目符号列表的幻灯片，所以当使用 PowerPoint 时，也可以将幻灯片文本转换为 SmartArt 图形。还可以使用某一种以图片为中心的新 SmartArt 图形布局快速将 PowerPoint 幻灯片中的图片转换为 SmartArt 图形。

SmartArt 图形创建后，可以通过功能区中的选项卡将进行修改，此外，还可以通过文本窗格改变图形的顺序和文字的级别。

5.5 多媒体应用

媒体（Medium）原有两重含义，一是指存储信息的实体，如磁盘、光盘、磁带、半导体存储器等，中文常译做媒质；二是指传递信息的载体，如数字、文字、声音、图形等，中文译做媒介。从字面上看，多媒体（Multimedia），就是由单媒体复合而成的。

5.5.1 音频与视频

将声音或影片剪辑对象添加至演示文稿中，是增加幻灯片品质和吸引观众眼球的有效途径。用户可以通过 Microsoft 剪辑管理器从 CD、语音和声音文件中录制声音，或者使用视频文件。记住，声音和影片剪辑文件很大，创建或插入其可能会导致整个演示文稿文件变大。用户能够设置声音和视频持续播放或只播放一次。

一般情况下，PowerPoint 会嵌入声音和视频等对象，也就是说对象成为演示文稿的一部分。如果需要使用较大的视频或声音文件时最好使用链接形式。

选中功能区中的"插入"选项卡，分别单击"音频"或"视频"按钮并进行后续操作可实现对应文件的添加。

5.5.2 案例 8——插入视频剪辑

在"发射当天"幻灯片后，插入一张新幻灯片，用于播放发射成功的视频，以提升演示效果。参考幻灯片如图 5-27 所示。

图 5-27　插入视频幻灯片示例

案例分析：

将影片和视频剪辑插入至 PowerPoint 中的方法与插入剪贴画对象一样简单。用户可以插入自己的影片文件，也可以从 Microsoft 剪辑管理器中选择剪辑，与声音文件一样，可以为影片或视频剪辑添加动画效果。

应注意到，影片和视频剪辑文件尤其庞大，这些文件默认情况下将被链接至演示文稿中，如果将演示文稿复制至其他计算机上、通过电子邮件发送给其他人或发布为 Web 演示文稿，必须将剪辑文件与演示文稿一起移动。

操作方法如下：

（1）打开"5-7.pptx"文稿，另存为"5-8.pptx"。

（2）搜索并下载素材。利用互联网搜索并下载与"天宫一号成功发射"的视频，与演示文稿保存在同一文件夹下。

提示：下载土豆、优酷等视频网站上的素材，需要提前下载其专门提供的视频插件。

（3）新建幻灯片。

选中"发射当天"幻灯片右击，在弹出的快捷菜单中选择"新建幻灯片"命令。

（4）插入视频文件。

单击内容占位符中的"🎞"按钮，在弹出的"插入视频文件"对话框中，选中要插入的文件，单击"插入"按钮，如图 5-28 所示。

提示：当视频文件较大时，建议选择"链接到文件"，这样视频文件不嵌入在 pptx 文件中，使文件修改起来相对迅速，但是，如果在其他计算机上放映该演示文稿时，视频文件要事先复制到相应路径，否则，视频无法播放。

（5）设置视频文件属性。

选中插入视频文件，功能区中将出现"视频工具"选项组，其中包括"格式"和"播放"两个选项卡；使用"格式"选项卡，可以对视频文件的外观、样式等信息进行调整；"播放"选项卡用来设置视频文件如何播放等信息。

① 设置视频文件的"视频效果"为"预设"中的"预设 12"。

图 5-28　插入文件

② 设置"视频选项"为"未播放时隐藏"、音量为"中"并自动播放；

③ 切换至"放映"视图测试。

提示：

若要在演示期间显示媒体控件，请执行下列操作：

在"幻灯片放映"选项卡上的"设置"组中，选中"显示媒体控件"复选框。

在幻灯片上插入视频文件的做法有多种，例如，选择"插入"→"视频"命令及单击占位符中的视频按钮等。

使用搜索引擎提供的"视频"搜索功能可以方便地搜索到视频文件。

在视频文件上层放置文本框等占位符，增强演示效果，突出演示主题。

小结：

声音和视频等多媒体文件可以增强演示效果，使用时要注意播放演示文稿的计算机系统上应安装有播放素材文件的播放器和解码组件，因为 PowerPoint 本身并不包含播放声音和视频的功能，这些功能是其通过调用系统中安装的相关软件实现的。例如，播放 MP3、AVI 和 WMV 文件必须要保证系统中安装有较新版本的 Windows Media Player 等。当视频文件较大时，应采用链接的形式插入，并在移动演示文稿时需连同链接文件一起移动。

5.5.3　案例 9——插入 MP3 文件作为背景音乐

案例分析：

放映幻灯片时同时播放背景音乐可以将观众带入一种意境，MP3 声音文件是网络上较为常见的格式，插入声音文件与插入视频和图片等对象的操作方法类似，声音文件在 PowerPoint 中以"小喇叭"图标的形式可见。

操作方法如下：

（1）打开"5-8.pptx"文稿，另存为"5-9.pptx"。

（2）利用互联网搜索并下载适合主题的 MP3 文件。

（3）将下载到的文件插入至第一张幻灯片，并设置自动播放，放映时隐藏声音图标。

① 选中第一张幻灯片，选择"插入"→"音频"→"文件中的音频"命令。

② 在"插入音频"对话框中选中声音文件，单击"插入"按钮。

提示：与视频文件类似，音频文件同样分为两种插入形式，即直接嵌入和链接，当声音文件较大，演示文稿页数较多时，建议选择链接形式插入；音频对象同样具有格式和播放选项卡，其功能与视频类似，不再赘述。

③ 选中插入的音频对象，切换至"播放"选项卡，在"音频选项"组中，选中"放映时隐藏"复选框，选择"自动播放"选项。

（4）设置声音在视频幻灯片播放前停止。

默认情况下，单击鼠标时自动停止播放声音。要实现在幻灯片切换的过程中始终连续播放同一音频文件，可切换至"播放"选项卡，在"音频选项"组中，选择"跨幻灯片播放"选项，如果设置声音在某一页幻灯片播放完毕后停止，则需要对"播放音频"的"效果选项"进行设置。

① 选中音频文件，选择"动画"→"动画窗格"命令。

② 单击音频文件右侧的下拉按钮，选择"效果选项"命令，弹出"播放音频"对话框，切换至"效果"选项卡。

③ 在"停止播放"组中，设置在某张幻灯片停止播放音频，如图 5-29 所示。主要选项功能如下：

图 5-29 设置声音停止时间

"从上一位置"：从上一次音频播放停止处继续播放；"开始时间"：设置从那一时间开始播放音频对象，例如声音文件的总长度是 5 分钟，可以通过改选项设置从第 3 分钟处开始播放；"在某张幻灯片后"：循环播放声音，直至指定的数字的幻灯片播放完毕后停止。

提示：

当音频文件持续时间不是很长的情况下，可能在演示文稿放映完毕前，就没有声音了。如要连续播放音乐，可选中声音对象，在"播放"选项卡下，选中"循环播放直到停止"复选框，这一选项的含义是循环播放该声音，直到遇到停止播放声音命令。

设置持续播放的背景声音，应将声音对象设置为"循环播放直到停止"，并且在"播放"选项卡下，选择"跨幻灯片播放"。

（5）保存演示文稿，切换至放映视图，观察声音的播放情况。

提示：

如果采用链接形式插入音频，在执行插入操作之前，请将音频文件与演示文稿保存在同一文件夹下，在移动演示文稿时同时移动其所链接的声音文件，以保证在其他计算机上播放正常。

音频在幻灯片放映视图下才可以按照预先设计播放停止时机播放。

小结：

音频是演示文稿中的一种特殊对象，采用链接或者嵌入的形式保存在演示文稿中，这种对象同样支持效果和计时选项，可以通过"动画"→"动画窗格"设置声音对象开始时间和停止时间。在放映带有声音文件的幻灯片前，要确认放映的计算机上安装有相应的播放器和声卡。

178

5.6 美化演示文稿

演示文稿的主题、框架和内容设计完毕后，进入美化阶段。应用主题可以方便地提升演示文稿的艺术效果，在进行幻灯片演示时将需要突出的重点设置动画效果，可以吸引观众的眼球从而达到最佳演示目的。

5.6.1 主题与动画

主题是颜色、字体和效果三者的组合，可以作为一套独立的选择方案应用于文件中。PowerPoint 功能区中的"设计"选项卡中包括系统预置主题和修改主题中包含相关内容的一组按钮。

动画可美化演示文稿，它包括对象动画和幻灯片切换动画两类。对象动画主要是指给幻灯片上的文本或对象添加特殊视觉或声音效果。

1. 对象动画的分类

PowerPoint 中的对象动画效果共分为四类：

1）进入

为对象或占位符添加进入幻灯片时所采用的动画效果，系统提供了基本型、细微型、温和型和华丽型四类动画。

2）强调

当需要利用动画效果强调某些文字或对象时，使用该功能，常见的强调动画效果有放大/缩小、更改字号、改变颜色和渐变等，强调动画效果可以设置成与其他动画同时播放。

3）退出

设置占位符或对象如何离开幻灯片，例如，百叶窗、飞出等。

4）动作路径

动作路径是 PowerPoint 自 2003 版开始提供的功能，其主要作用是为对象添加按照预置路径或自定义路径运动的动画效果。

2. 动画的常用操作

1）添加动画

选中对象后，单击"动画"选项卡，在"动画"选项组中可以选择系统提供的常用动画效果，单击下拉按钮，可按类别弹出动画效果选择对话框，设置动画效果。

单击"高级动画"组中的"添加动画"按钮，可为同一对象添加多种动画效果。

2）设置动画选项

为带有文字的占位符添加动画效果后，单击"动画"选项组中的"效果选项"按钮，可选择动画播放的形式。单击"动画窗格"按钮可在专门的窗格中设置当前幻灯片上各种动画的播放时机、效果选项、计时和播放顺序等，如图 5-30 所示。

图 5-30 效果选项及动画窗格

3．幻灯片切换

1）切换效果

单击"切换到此幻灯片"组中的相应效果可设置当前幻灯片的出现动画类别，通过该组中的"效果选项"按钮设置切换动画的细节。切换效果是幻灯片之间的过渡动画，选中幻灯片后，使用功能区中的"切换"选项卡可以设置"细微"、"华丽"和"动态内容"三类的切换效果。

2）计时

通过调整"计时"组中的选项还可以设置切换时播放声音、时机、应用到演示文稿中全部幻灯片和持续时间等属性。

5.6.2　案例 10——应用主题美化演示文稿

本案例的主要内容是为"天宫一号——中国首个太空实验室"演示文稿，应用主题进行美化。应用主题后的演示文稿示的部分幻灯片效果例如图 5-31 所示。

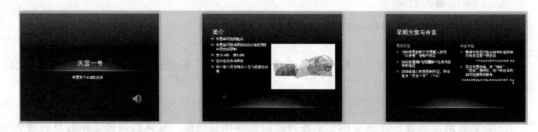

图 5-31　应用主题的演示文稿

案例分析：

图中的幻灯片应用了"极目远眺"主题进行修饰，标题和内容文字的字体是黑体，应用主题后，文字颜色发生了相应更改。

操作方法如下：

（1）打开"5-9.pptx"文稿，另存为"5-10.pptx"。

（2）选择主题。

① 选中功能区上的"设计"选项卡，单击"主题"组中的"其他"按钮，如图 5-32 所示。

图 5-32　选择主题

② 在弹出的列表框中选择"极目远眺"。

提示：当鼠标指针在主题上移动时，系统将在幻灯片窗格中直接预览主题效果；鼠标指针停留在某一主题上时系统将弹出标签显示主题名称。

③ 单击"字体"按钮右侧的下拉按钮，在弹出的列表中选择"Office 经典 2"。

（3）保存该演示文稿。

小结：

主题可以比喻成演示文稿的衣服，可以快速改变演示文稿的外观，使其更加美观。主题中包括颜色、字体和效果三类选项，用户可以自由组合，以呈现不同效果。除可选择系统预设的大量颜色方案外，还可以单击"颜色"按钮右侧的下拉按钮，选择"新建主题颜色"可实现演示文稿中各种对象颜色的自定义；一般情况下，为使观众可以看清文字，制作过程中应选用较为粗犷的字体，如黑体等，同时，还要注意背景颜色与字体颜色的选择，使其对比相对明显。如果要在一个演示文稿中应用不同的主题，需要在演示文稿中新建母版，有关母版的相关知识将在后续章节介绍。

5.6.3 案例 11——为对象添加动画效果

本案例以为"简介"幻灯片添加动画效果为例，介绍为对象添加动画效果的方法，编辑状态如图 5-33 所示。

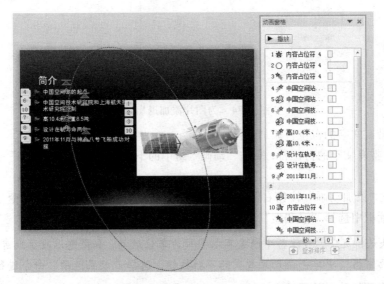

图 5-33 添加动画效果后的"简介"幻灯片

案例分析：

图示的幻灯片采用了进入、强调、路径和退出动画效果，而且同一时间中有多种动画效果播放，需要使用"添加动画"按钮为同一对象添加多种动画效果；从"动画窗格"中可看出，"内容占位符"动画先播放，带有文字的占位符按段落播放动画，每个动画的播放时间、效果及调整顺序。

操作方法如下：

（1）打开"5-10.pptx"文稿，另存为"5-11.pptx"。

（2）为图片添加动画效果。

① 选中图片，切换至功能区中的"动画"选项卡。

② 单击"动画"组中的"淡出"按钮。

③ 在选中图片的状态下，单击"添加动画"按钮右侧的下拉按钮，选择"其他动作路径"命令，在"添加动作路径"对话框中选择"基本"组中的"圆形扩展"；选中路径曲线，

对其大小进行调整，旋转一定角度，预览动画，使其围绕幻灯片做椭圆运动。

提示：在路径动画中，绿色箭头表示开始位置，红色箭头表示结束位置，动画过程中，PowerPoint 先将对象移动至中心与箭头重合位置，再按路径运动。

④ 单击"添加动画"按钮右侧的下拉箭头，选择"退出"动画中的"缩放"，如图 5-34 所示。

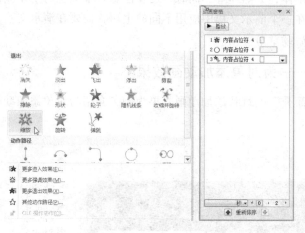

图 5-34　为图片添加退出动画

（3）为带有文字的占位符添加动画。

① 选中带有文字的占位符，单击"动画"组中的下拉箭头，选择"强调"动画中的"波浪形"。

② 单击"添加动画"按钮右侧的下拉按钮，选择"更多强调效果"命令，在"添加强调效果"对话框中选择"温和型"中的"彩色延伸"。

提示：默认情况下，占位符中的文字以字母为单位运动，如果想以段落或者整体为单位，可以在"动画窗格"中单击该动画效果的下拉按钮，选择"效果选项"命令进行修改。

（4）制作叠加动画效果的文字。

调整动画播放顺序，使文字以段落为单位，在"波浪形"强调的同时，进行"彩色延伸"强调。

① 展开"动画窗格"中隐藏的动画项目，按照段落，将"彩色延伸"动画拖动至"波浪形"动画之后，完成状态如图 5-35 所示。

② 按住键盘上的【Ctrl】键，依次单击"彩色延伸"动画项目，单击右侧的下拉按钮，选择"从上一项开始"命令，如图 5-36 所示。

提示："从上一项开始"表示与上一动画同时播放，"从上一项之后开始"表示上一动画播放完毕后开始播放。

（5）添加"图片再次出现，文字同时退出"的动画效果。

① 选中图片，添加"轮子"进入动画。

② 选中文字占位符，添加"缩放"退出动画，设置为"从前一项开始"。

（6）完成其他幻灯片动画效果的添加。

图 5-35　调整动画顺序　　　图 5-36　设置动画播放选项

（7）保存该演示文稿。

小结：

PowerPoint 中的动画分为进入、强调、退出和路径四类，用户可以根据需要选择，四类动画可以相互叠加，叠加的关键步骤是选择动画的播放时机。用户可以在"动画窗格"中查看幻灯片上所有动画的列表。"动画窗格"显示有关动画效果的重要信息，如效果的类型、多个动画效果之间的相对顺序、受影响对象的名称以及效果的持续时间。多数动画都是从文本窗格上显示的顶层项目符号开始向下移动的，应用到 SmartArt 图形的动画与可应用到形状、文本或艺术字的动画有以下不同：

（1）形状之间的连接线通常与第二个形状相关联，且不将其单独地制成动画；

（2）如果将一段动画应用于 SmartArt 图形中的形状，动画将按形状出现的顺序进行播放。

5.6.4　案例 12——设置幻灯片切换效果

本案例将以标题幻灯片切换效果为例，介绍幻灯片切换效果的添加方法。

为标题幻灯片添加"显示"切换动画，效果为"从左侧淡出"，持续时间 4 s，播放"照相机"声音。

案例分析：

"显示"动画属于"细微型"动画，持续时间和播放声音可以通过"计时"组设置。

操作方法如下：

（1）打开"5-11.pptx"文稿，另存为"5-12.pptx"。

（2）设置幻灯片切换动画类别。

选中标题幻灯片，切换至"切换"选项卡，单击"切换到此幻灯片"组中的下拉按钮，在弹出的窗格中选则"显示"。

（3）设置切换选项。

单击"效果选项"按钮的下拉箭头，选择"从左侧淡出"。

（4）设置计时选项。

设置"声音"选项为"照相机"；"持续时间"为"4.00"，设置完毕的"切换"选项卡如图5-37所示。

（5）完成其他幻灯片切换效果设置，使每张的进入效果不同，保存演示文稿。

图5-37　切换选项卡

提示：单击"全部应用"按钮，可将切换效果应用至演示文稿中的所有幻灯片。

5.7　幻灯片母版应用与动作设置

幻灯片母版是幻灯片层次结构中的顶层幻灯片，用于存储有关演示文稿的主题和幻灯片版式的信息，包括背景、颜色、字体、效果、占位符大小和位置。各幻灯片版式派生于母版。母版体现了演示文稿的整体风格，包含了演示文稿中的共有信息。

每个演示文稿至少包含一个幻灯片母版。修改和使用幻灯片母版的主要优点是可以对演示文稿中的每张幻灯片（包括以后添加到演示文稿中的幻灯片）进行统一的样式更改。使用幻灯片母版时，由于无须在多张幻灯片上键入相同的信息，因此节省了时间。如果演示文稿包含的幻灯片页数较多，并且需要对同一版式幻灯片进行统一格式的更改，使用母版将大大提高效率。

动作设置是指单击或移动鼠标时完成的指定动作。在较长的演示文稿中往往使用目录，并在每页幻灯片上增加导航栏，来提高逻辑性，这种需求可以通过综合运用动作设置和母版来实现。

5.7.1　使用动作设置和链接

使用动作设置和链接可以在同一演示文稿中跳转至不同的幻灯片，或者引入当前演示文稿外的其他文件。

1. 动作设置

PowerPoint中有两类动作，第一类是单击鼠标时完成指定动作，第二类是移动鼠标时完成指定动作。选中对象后，切换至"插入"选项卡，单击"动作设置"按钮，可以在弹出的"动作设置"对话框中完成动作设置。

2. 动作按钮

PowerPoint提供了专门用于动作设置的按钮，单击"形状"按钮的下拉按钮，可在列表的底端看到它们。单击相应功能的按钮后，在幻灯片上拖动即可完成按钮的添加，并自动弹出"动作设置"对话框。

3. 超链接

超链接可以实现在幻灯片上单击某一段文字或对象后转向其他文档或网站。选中对象后右击，在弹出的快捷菜单中选择"超链接"命令，弹出"插入超链接"对话框，完成具体选项设置。链接分为链接当前演示文稿中的幻灯片、演示文稿外的其他对象两大类。

5.7.2 案例 13——制作目录幻灯片

PowerPoint 的目录能更明晰地表达主题，使观众能够事先了解清楚演讲内容的框架，紧紧牵引着观众的思路对协助他们了解将要演讲的内容是十分有利的。本案例将以"天宫一号——中国首个太空实验室"添加目录幻灯片为例，介绍使用动作设置创建链接的方法。将要制作的幻灯片如图 5-38 所示。

案例分析：

目录幻灯片其实是后续内容标题的列表，一般出现在标题幻灯片之后。PowerPoint 自 2007 版开始不提供自动创建摘要幻灯片的功能，需要用户自己制作目录幻灯片列表，因此，需要在标题幻灯片后插入一张"标题和内容"版式的幻灯片，然后根据设计的内容框架，将后续幻灯片的相关标题粘贴到内容占位符中。

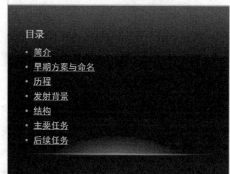

图 5-38　目录幻灯片示例

选中目录幻灯片中相应的文字，然后通过"动作设置"或者"超链接"功能，设置链接属性，使之链接到相应的幻灯片，可使展示较为灵活。

操作方法如下：

（1）打开"5-12.pptx"文稿，另存为"5-13.pptx"。

（2）新建幻灯片。

① 选中第一张幻灯片即标题幻灯片，切换至"开始"选项卡。

② 单击"新建幻灯片"按钮的下拉按钮，选择"标题和内容"版式的幻灯片。

（3）完成目录文字内容。

① 在"标题"占位符中输入"目录"。

② 根据演示文稿的内容框架，依次将后续幻灯片的一级标题粘贴至内容占位符中。

提示： 在"大纲"选项卡下，选中所有内容右击，在弹出的快捷菜单中选择"折叠"→"全部折叠"命令后，复制所有的一级标题，然后，粘贴至文本占位符中，对多余内容进行删除可提高操作效率。

（4）选中文字设置链接。

动作设置和超链接都能够实现此要求，这里建议用户使用动作设置功能，操作相对简单，并且避免因绝对和相对路径而产生的问题。

① 选中"简介"文字，切换至"插入"选项卡，单击"动作"按钮。

② 在"动作设置"对话框中，切换至"单击鼠标"选项卡，选中"超链接到"单选按钮。

③ 在下拉列表框中选择"幻灯片"选项，如图 5-39 所示。

在弹出的"超链接到幻灯片"对话框中选中"简介"后，单击"确定"按钮，如图 5-40 所示。

按上述方法，完成其他文字链接的设置。

图 5-39　设置超链接　　　　　　　　　图 5-40　选择需要链接到的幻灯片

提示： 当使用"动作设置"或者"超链接"功能链接到其他文件时，建议用户将链接到的文件与演示文稿文件放置在同一文件夹下，以保证转移至其他机器上时运行正常。

小结：

链接是在 PowerPoint 中经常使用的技术，在操作过程中按照先选中，再设置的步骤进行，需要注意链接地址的路径问题，尽量使用相对路径，如果在链接地址中见到类似于"C:\XX\XXX\XX"的内容，则使用的是绝对路径，如果将目标文件更换位置链接将失效。

5.7.3　案例 14——更改链接颜色

本案例的主要内容是使链接文字显示得更为清晰。

案例分析：

链接颜色属于主题配色中的一种，因此可以通过更改当前主题的颜色实现链接文字颜色改变。

操作方法如下：

（1）打开"5-13.pptx"文稿，另存为"5-14.pptx"。

（2）新建主题颜色

① 切换至"设计"选项卡，单击"颜色"旁的下拉按钮。

② 选择"新建主题颜色"命令，在如图 5-41所示的对话框中更改链接颜色。

（3）将颜色更改妥当后，保存该演示文稿。

小结：

主题包含了演示文稿中各类元素的颜色信息，对于超链接的颜色，只能通过"颜色"修改，在设置配色方案的过程中要兼顾背景、文字和链接颜色

图 5-41　更改链接颜色

使观众可以看清演示内容。如果在一个演示文稿中应用两种或两种以上的主题颜色则需要新建母版。

5.7.4 案例 15——使用动作按钮

较长的演示文稿需要添加目录幻灯片提高逻辑性，在内容幻灯片上增加导航工具栏，不但可以使演示者与观众互动时，方便切换至话题所在幻灯片，而且方便观众自行浏览幻灯片。导航工具栏一般由目录、上一页、下一页、最后一页和结束放映按钮构成。

案例分析：

导航工具栏是一组动作按钮的集合，一般情况下出现在每张内容幻灯片的下方，这些动作按钮均链接到当前演示文稿中。需要为大部分幻灯片增加导航工具栏，而当前演示文稿正文幻灯片大都采用相同的母版，因此，对母版进行编辑，是一种事半功倍的方法。本案例中目录幻灯片与内容幻灯片采用相同的母版，可在添加导航工具栏后对目录幻灯片进行单独处理。

操作方法如下：

（1）打开"5-14.pptx"文稿，另存为"5-15.pptx"。

（2）为除标题幻灯片的所有幻灯片添加导航工具栏。

① 选中第一张正文幻灯片，选择"视图"→"幻灯片母版"命令切换至母版视图，选中内容幻灯片母版，选中"页脚区"占位符，按【Delete】键将其删除。

② 切换至"插入"选项卡，单击"形状"按钮的下拉按钮，选中"动作按钮"组中的"第一张"，按住鼠标左键，在母版幻灯片原页脚区域绘制大小恰当的图形，松开鼠标左键后系统将自动弹出"动作设置"对话框，首先在该对话框中，选中"幻灯片"列表项，然后在"超链接到幻灯片"对话框中选择目录所在幻灯片，依次确定返回母版幻灯片编辑状态，如图 5-42 所示。

图 5-42　添加导航按钮

③ 按上述方法，添加与"第一张"按钮相同大小的"后退或前一项"、"前进或后一项"和"结束"按钮，并进行相应的动作设置。

④ 选择"自选图形"→"动作按钮"→"自定义"命令，绘制与前几项相同大小的按钮，设置动作"结束放映"；选中"自定义"按钮右击，在弹出的快捷菜单中选择"添加文本"命令，输入大写的"X"作为按钮上显示的文字，并设置字体、字号和文字颜色等属性，使

其与其他按钮协调，完成状态如图 5-43 所示。

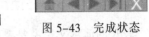

单击"视图"选项卡中上的"普通视图"按钮，可发现与目

图 5-43　完成状态

录幻灯片版式不同的幻灯片上未出现导航栏。

⑤ 再次切换至幻灯片母版视图，将前一步制作的导航栏复制到其他版式母版的页脚区。

⑥ 放映演示文稿，测试导航工具栏。

（3）去掉目录幻灯片上的导航工具栏。

因"目录"幻灯片与其他的内容幻灯片采用相同的母版，故删除该幻灯片上导航工具栏最简单的方法就是为其指定其他母版。

① 选中"目录"幻灯片，切换至"视图"选项卡，单击"幻灯片母版"按钮，在左侧的"母版幻灯片缩略图"窗格中，首先选中当前幻灯片所基于的母版右击，在弹出的快捷菜单中，选择"复制版式"命令，然后，在缩略图窗格底部右击，在弹出的快捷菜单中选择"粘贴"命令，删除母版副本上的导航工具栏，如图 5-44 所示。

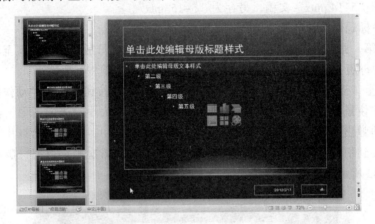

图 5-44　复制母版幻灯片

② 关闭母版视图，返回普通编辑状态，选中"目录"幻灯片，切换至"开始"选项卡，单击"版式"按钮右侧的下拉按钮，设置"目录"幻灯片使用新版式，如图 5-45 所示。

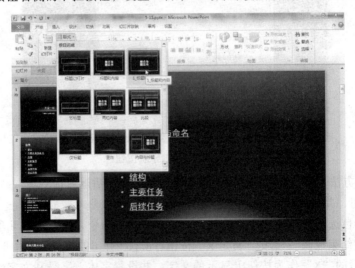

图 5-45　应用修改后的母版

小结：

PowerPoint 自 2003 版本开始支持在同一演示文稿中使用多个母版，一定要区分母版和幻灯片版式，母版是所有幻灯片所具有的共同版式，包括占位符的位置及各占位符中使用的字体、字号颜色等信息，幻灯片母版分为两大类，即标题幻灯片母版和非标题幻灯片母版，当需要在多张类似版式的幻灯片上增加相同的元素时使用。常见的应用情景除了本案例中的导航工具栏外，还有类似幻灯片采用相同动画效果或在所有幻灯片上添加公司标识等；主题预置了一组信息，一般情况下，一个主题中包含其所基于的母版、颜色和效果等信息。

5.8 放映演示文稿

幻灯片放映显示在屏幕上，在运行该程序时不显示菜单和工具，可以运用画笔等工具随时在屏幕上标注，强调重点。另外，PowerPoint 还提供"广播幻灯片"及"打包成 CD"功能，帮助用户在没有安装 PowerPoint 的电脑上显示演示文稿。

5.8.1 设置放映方式

PowerPoint 提供三种不同的放映方式，可以通过选择"幻灯片放映"→"设置放映方式"命令打开"设置放映方式"对话框实现设置，如图 5-46 所示。

提示：

（1）演讲者放映（全屏幕）。

为现场观众播放，演示速度由演讲者设置。

（2）观众自行浏览（窗口）。

为网站或内部网络设置，观众通过各自的计算机来观看演示文稿。

（3）在展台浏览（全屏幕）。

自动循环放映幻灯片。

（4）循环放映，按【Esc】键终止。

演示文稿循环放映，直到有人按【Esc】键终止。之后需要重新启动演示文稿。

（5）放映时不加旁白。

如果为演示文稿录制了旁白，可在演示时播放旁白可以关闭，以节省内存。

（6）放映时不加动画。

放映演示文稿，但不显示任何动画效果，以缩短放映演示文稿的时间。

（7）绘图笔颜色。

选择绘图笔的颜色，演讲者可以在演示过程中用绘图笔来圈定、加下画线或强调某些内容。

（8）放映幻灯片。

选择当前演示文稿要放映的幻灯片数。

（9）换片方式。

确定幻灯片的换片方式。

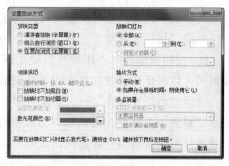

图 5-46　设置放映方式

（10）多监视器。

设置演示文稿是否将在多个监视器上播放，如放置在会议室中多个位置的监视器。

（11）幻灯片放映分辨率。

改变用于播放演示文稿的分辨率（像素）。在音频视频设备不是很先进时，这一选项很方便。

5.8.2 案例16——自动循环放映演示文稿

在大型展会等宣传活动中，需要使用自动循环播放的演示文稿，协助主办方为参加者提供多方位多角度的服务。

案例分析：

这种放映方式属于"展台浏览（全屏幕）"放映类型。

自动循环放映需要指定幻灯片切换间隔时间或者排练计时。

操作方法如下：

（1）打开"5-15.pptx"文稿，另存为"5-16.pptx"。

（2）让整个演示文稿可以自动循环放映。

演示文稿自动循环放映，属于"在展台浏览"放映类型，当演示文稿中包含动画效果时，需要使用排练计时或者直接指定幻灯片自动切换时间。

① 设置幻灯片自动切换时间：一般情况下，用户通过单击或者空格键播放动画，在自动放映方式下，可以通过设置幻灯片的切换时间实现自动播放动画和幻灯片切换。

单击"切换"选项卡，在"计时"组中可以设置每张幻灯片的自动切换时间。

② 使用排练计时：用户可以使用该项功能，通过预演的形式来自动设置保存幻灯片切换时间，以保证在自动放映方式下达到最佳演示效果。

选择"幻灯片放音"→"排练计时"命令，演示文稿将从第一页幻灯片开始放映，并且显示"预演"工具栏，记录每一动画和幻灯片切换的时间，预演完毕后，用户可选择是否保留排练计时供自动换片时使用。

提示：在"幻灯片浏览"视图下，显示每页幻灯片的缩略图，同时在缩略图下方显示每页幻灯片的播放时间，方便用户从全局角度了解和设置播放选项，如图5-47所示。

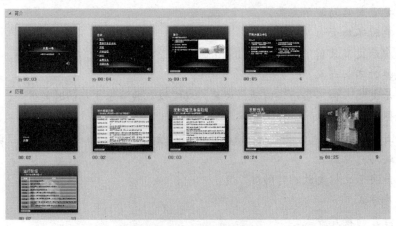

图5-47 幻灯片浏览视图

（3）将放映方式设置为"在展台浏览"，放映该演示文稿。

小结：

可以根据放映场合来设置幻灯片的放映类型，排练计时是 PowerPoint 设置幻灯片切换时间间隔的一种方式。

音频和视频文件的相关操作不会被排练计时功能记录，所以需要通过"动画窗格"设置声音和视频文件的播放时间。

在自动放映状态下，如果单击或者按空格等键，自动放映自动取消，切换回手动换片形式。

使用"在展台浏览"放映方式时，演讲者最好在展台附近随时进行讲解，以保证观众能够明确其主要目的和意图。

5.8.3　放映幻灯片

开始幻灯片放映之后，放映视图左下角的 ⬅ ✎ ▭ ➡ 工具栏，可用于在演示文稿中导航，或在放映过程中为某一幻灯片添加注释。

"导航"栏本身就设计的不太清楚，在某些背景色下，难以辨认，所以在演示之前需要提前练习。

"注释"功能可以在幻灯片放映过程中使用，如同在高射投影上使用记号笔。这些标记只在幻灯片放映过程中显示，而不会添加到幻灯片上。用户可以使用"橡皮擦"工具或按【E】键（橡皮擦）从幻灯片上将这些标记清除。

箭头（即标准鼠标指针）可用于指出某张幻灯片上的某些方面。在演示过程中，箭头可以隐藏，也可以一直显示。

有三种注释选择：圆珠笔（细）、毡尖笔（较粗）和荧光笔（更粗、半透明）。用户可以选择使用记号笔或箭头，也可改变记号笔标记的颜色。还可以在开始幻灯片放映之前确定记号笔的颜色；记住要选择一个适合幻灯片背景色的笔色。

在幻灯片播放过程中，激活记号笔之后如果要关闭该功能，有以下方法可供选择：

（1）单击"✎"按钮，然后选择"箭头"选项；或者也可以单击另一种记号笔选项。

（2）按【Ctrl+A】组合键关闭记号笔，然后按【Ctrl+P】组合键打开记号笔。

提示：

（1）幻灯片放映技巧。

按【F5】键可以从头放映幻灯片；单击窗口左下角的"▭"按钮可以从当前幻灯片开始播放；在放映过程中可以使用键盘上的空格键和【PageDown】键代替单击鼠标左键，向后翻页或者播放动画；使用键盘上的【Backspace】键和【PageUp】键可向前翻页或者后退到前一项目；放映过程中按【B】键可以实现黑屏，按【W】键可实现白屏；任何状态下均可按键盘上的【Esc】键结束放映返回编辑状态。

演讲者可以使用专门的演示工具进行翻页和绘图等操作，这样演讲者可以直接面向观众而不是只面向自己的计算机屏幕。

（2）使用多个显示器。

PowerPoint 支持多显示器，可以通过计算机操作系统设计在不同显示器上使用不同分辨

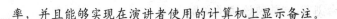

率，并且能够实现在演讲者使用的计算机上显示备注。

（3）打包成 CD。

当演讲者不确认演示用机是否安装有专门的演示软件和软件版本时，可以使用打包成 CD 功能，并将播放器集成在 CD 中。

（4）幻灯片备注。

简单地说，幻灯片备注就是用来对幻灯片中的内容进行解释、说明或补充的材料，便于演讲者讲演或修改。备注中不仅可以输入文本，而且还可以插入多媒体文件。

5.8.4　案例 17——将演示文稿打包成 CD

"打包成 CD"功能允许用户将一个或者多个演示文稿放入一张独立的 CD 中。该 CD 一般情况下包含一个 PowerPoint 播放器和支持演示文稿所有文件。这意味着用户可以将多媒体的产品信息发送给客户，或者将培训资料发送给分支机构的员工，并且，即使他们没有安装 PowerPoint 也可以观看光盘中的演示文稿。

操作方法如下：

（1）打开"5-17.pptx"文稿。

（2）使用打包成 CD 功能将该演示文稿和所属素材整理到一个文件夹中。

打包演示文稿的方法是：打开演示文稿，选择"文件"→"保存并发送"→"将演示文稿打包成 CD"命令。

演示文稿中加入的元素越多，其容量就越大。当向"包"中添加 PowerPoint 播放器时，文件的总计大小将会非常大，或者与系统文件联系结构复杂。传输这种演示文稿的一个简单的方法是确认与演示文稿相联系的所有文件，整个演示文稿带有播放器以及容纳播放器和演示文稿的 CD 至少要 650 MB。在"打包成 CD"对话框中，单击"选项"按钮，弹出"选项"对话框，可设置是否包含播放器和演示文稿所链接的文件等信息，如图 5-48 所示。

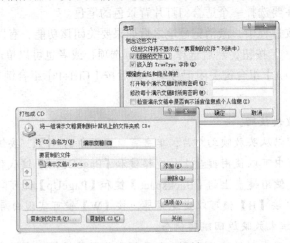

图 5-48　"打包成 CD"对话框

完成选项设置后，单击"复制到文件夹"按钮可将打包文件存储在指定的文件中，单击"复制到 CD"按钮，将文件刻录到光盘上。如果演示内容安全级别较高，可选择检测不适宜信息或个人信息及设置密码。

小结：

使用"打包成 CD"功能可以将演示文稿连同其附属文件传递给他人，打包过程中可以集成 PowerPoint 播放器，可以保证在没有安装 PowerPoint 的机器上播放。目前，移动存储设备的价格越来越低廉，使用其中的打包到文件夹功能，将文件夹复制至闪存盘等移动存储设备上既能满足需要，又能节约资源。

PowerPoint 2010 提供"广播放映幻灯片"功能，演示者可以在任意位置通过 Web 与任何人共享幻灯片放映。用户要向访问群体发送链接(URL)，之后，邀请的每个人都可以在浏览器中观看幻灯片放映的同步视图。单击"幻灯片放映"窗格中的"广播放映幻灯片"按钮，可通过向导实现。

提示： 如果使用"广播放映幻灯片"功能，用户需事先申请 Windows Live 账号。

5.9 课 后 作 业

1. 利用互联网搜索素材，制作演示文稿，具体要求如下：

（1）选择主题与时俱进，是近期的热点问题。

（2）演示文稿包括标题幻灯片、目录、内容和总结四大部分。

（3）标题幻灯片采用与其他幻灯片不同的背景，并且具有自动循环播放的元素。

（4）目录采用个性化项目符号，并且直接链接至每一部分的幻灯片；主题合理，并且在一个演示文稿中应用两种以上颜色方案；各种类型的文字都能清晰显示。

（5）内容幻灯片上放置个性化的标志，风格统一，底部放置导航栏，可以方便地转到邻近的幻灯片、返回目录和结束放映。

（6）整个演示文稿具有跨幻灯片播放的背景音乐和视频文件。

（7）演示文稿图形、图片和 SmartArt 插图相结合。

（8）具有路径、进入和退出等多种动画效果。

（9）将整个演示文稿的放映方式设置为观众自行浏览。

（10）使用打包成 CD 功能，将演示文稿复制到文件夹中。

2. 新建一个演示文稿，在该演示文稿中制作"闪烁星空"动画效果。

3. 制作以汽车宣传为主题的演示文稿，演示文稿中包括标题幻灯片及带有轮子旋转动画效果的汽车图片幻灯片。

第 5 章 PowerPoint 演示文稿制作软件

第6章

→ 浏览网上信息

计算机网络的出现，为人们共享信息提供了极大的方便，国际互联网 Internet 的普及，真正体现了网络拉近世界，信息沟通你我，将整个地球变成了"地球村"的概念，现代人可以通过 Internet 实现人们日常生活中的各种活动。

网上漫游的前提是计算机能够接入 Internet，其次就是要使用合适的浏览器，浏览器有很多，目前常用浏览软件有 Internet Explorer，Netscape 等，用得最多的就是 Internet Explorer，简称 IE。它是微软推出的一种免费浏览器软件，目前使用 IE 7 和 IE 8 的用户较多。IE 8 与以往版本的 IE 相比，有了显著的变化和改进，一些特性可以说是革命性的，这些新特性主要包括五项，分别是新界面、选项卡式浏览、搜索、RSS 订阅源、安全性，本章着重介绍 IE 8 浏览器的使用。

6.1 Internet Explorer 简介

IE 是使用计算机网络必备的重要工具软件之一，在互联网应用领域甚至是必不可少的。Internet Explorer 与 Netscape 类似，也内置了一些应用程序，具有浏览、发信、下载软件等多种网络功能。

6.1.1 功能简介

微软公司开发的 Internet Explorer 是综合性的网上浏览软件，是使用最广泛的一种 WWW 浏览器，也是用户访问 Internet 必不可少的一种工具。2009 年 3 月 20 日，微软正式发布 IE 8 浏览器。并在官方网站上提供免费下载，目前使用 IE 8 浏览器的用户日益增多。除了提升安全性，还增加了多页面浏览等功能，IE 8 与以往版本的 IE 相比，有了显著的变化和改进，一些特性可以说是革命性的，这些新特性主要有五项。一是全新的界面，告别纷繁复杂的工具栏，IE 8 的新界面显示的信息量超过用户访问的每个网页。简洁的工具栏更便于向收藏夹添加网站、搜索 Web、清除历史记录以及访问最常用的其他任务和工具。二是选项卡式浏览（注：即 Tab 标签），无论用户是在搜索 Web、比较价格还是仅停留在喜爱的主题上，Internet Explorer 8 使用户可以同时查看多个不同的网站（所有网站在一个有组织的窗口中）。三是搜索，IE 8 为用户提供喜爱的 Web 搜索提供商。使用内置搜索框，无需打开搜索提供商页面即可随时搜索 Web。用户可以在单独选项卡上显示搜索结果，然后在其他选项卡上打开结果以快速比较站点并找到所需的信息。四是 RSS 订阅源，无需浪费时间检查不同站点和网络日志来获取更新。只需选择用户关注的站点和主题，IE 8 将为用户的收藏中心提供所有新标题和更新。五是安全性，在用户浏览到潜在仿冒网站（即看似合法网站，实际上却是设计用于捕获用户的个人信息的网站）时，IE 8 通过向用户发出警报来帮助用户保持用户的信息安全。它还更易于查看哪些网站提供安全数据交换，以便用户可以安全放心地在线购物和办理银行业务。这些新特性的主要内容后面将一一介绍。本章主要介绍 IE 8 浏览器的使用与操作技巧。

为了方便快捷上网浏览网页，应学会使用 Internet Explorer 浏览器软件的常用按钮，主要按钮的功能如下：

（1）"主页" 🏠 按钮：单击"主页"按钮可返回每次启动 Internet Explorer 时显示的网页。

（2）"后退" ⬅ 按钮：单击"后退"按钮可返回到刚刚查看过的网页。

（3）"前进" ➡ 按钮：单击"前进"按钮可查看在单击"后退"按钮前查看的网页。

（4）"停止" ✖ 按钮：如果查看的网页打开速度太慢，可单击"停止"按钮。

（5）"刷新" 🔄 按钮：如果看到网页无法显示的内容，或者想获得最新状态的网页，可单击"刷新"按钮。

（6）"收藏夹" ⭐ 钮按：单击"收藏夹"按钮可从收藏夹列表中选择站点。

（7）"快速导航选项卡" ⊞ 钮按：单击"快速导航选项卡"按钮可以很方便地打开用户保存过的所有常用网页。

6.1.2　网址的含义

用户了解了 IE 浏览器的主要功能后，有必要了解"什么是网址"，网址是网络上用来标识网站的，就像人们的家庭住址一样，每一个网站也都有一个网址，用来标识它在 Internet 上的位置。一般来说，网址由四部分组成，彼此之间用小点隔开，这四部分各有含义，例如北京大学的网址"www.pku.edu.cn"，其中的"www"是万维网（World Wide Web）。它表示通过"www"方式来访问这个网站；"pku"是区别不同网站的依据，也是与网站的名字相关的一个标识，在其他三部分不变的情况下，更改这个词，代表的就是不同的网站。

例如：

"www.pku.edu.cn"是北京大学的网址；

"www.tsinghua.edu.cn"是清华大学的网址。

至于"edu"，则表示这个网站的性质，"edu"表示这个网站属于教育网站，如果这个位置上是"com"，例如："www.sohu.com.cn"或者"www.sina.com.cn"，表示这个网站是个商业网站；"org"是非盈利组织的网站，比如水木清华站的 www 网址"smth.org"。常用的不同网站标识类别如表 6-1 所示。

网址中最后一段的"cn"表示这个网址是在中国注册的，"fr"表示法国，"uk"表示英国等。

例外的是在美国注册的网站就没有这个后缀，因为网络从美国开始发展的，所以就把缺少后缀默认为美国了。其他国家或地区的代码如表 6-2 所示。

所以，"www.cctv.com.cn"表示这是一个通过"www"方式来访问的网站，网站的名称是"CCTV"，属于商业网站，注册地是中国。用户在今后上网中，可能会见到一些与前面介绍过的规则不一致的网址，不要感到奇怪，因为各个国家都有自己的域名管理机构，相互之间出现一些混乱也是难免的。

表 6-1 网站标识的类别	
标　识	类　别
com	商业机构
net	网络机构
gov	政府部门
org	非盈利性组织
edu	教育机构
ac	科研机构
mil	军事网站

表 6-2 国家的代码	
标　识	类　别
cn	中国
ru	俄罗斯
ca	加拿大
jp	日本
uk	英国
de	德国
fr	法国

6.2 使用 IE8 网页浏览器及设置

6.2.1 使用网页浏览器

浏览网站需要一个平台，用来存放浏览的信息并接受用户浏览时进行的操作，这个平台就被称为浏览器。目前最常用的浏览器是 Windows 自带的 Internet Explorer，简称 IE。

在浏览网页之前，先要打开 IE。操作方法有如下三种：

（1）双击桌面上 IE 的图标，IE 的图标是一个蓝色的英文字母"$\mathcal{C}$"。

（2）单击任务栏 "快捷启动"里的 Internet Explorer 图标，也是一个蓝色的英文字母"$\mathcal{C}$"。

（3）选择"开始"→"所有程序"→Internet Explorer 命令，如图 6-1 所示，也可启动 IE。

图 6-1 打开网页浏览器 IE

在工具栏下方的"地址"栏中输入网站的网址，如"http://www.edu.cn"，然后按【Enter】键，就会打开中国教育和科研计算机网站的首页，如图 6-2 所示。

图 6-2　中国教育和科研计算机网

可以看到首页中内容很多，但都是一些标题。如果要看看具体内容，只要在文字链接上单击即可。当页面太长，下面和后面的内容都看不到时，只要用鼠标拖动页面右边和下边的滚动条，使页面上下左右滚动即可查看。

6.2.2　使用 IE 8 设置向导

使用 Windows 7 的用户，在升级到 IE 8 以后，首次启动浏览器时会自动链接到 IE 设置页面，需要对其设置才能正常使用 IE 8。

升级安装 IE 8 完毕后，双击桌面上的 Internet Explorer 图标。弹出"设置 Windows Internet Explorer"对话框。单击"下一步"按钮，如图 6-3 所示。

在窗口中选中"不，不打开建议网站"单选按钮，单击"下一步"按钮。在接下来的窗口中选择"使用快速设置"单选按钮，并单击"完成"按钮，完成 IE 8 的设置，这时用户可使用 IE 8 进行网页浏览，如图 6-4 所示。

图 6-3　"设置 Windows Internet Explorer"对话框　　图 6-4　选择"使用快速设置"单选按钮

提示：使用 IE 8 设置向导进行设置，然后再用浏览器浏览网页。

6.3 常规浏览案例

IE 是由微软公司推出的使用最广泛的网页浏览器,是 Windows 操作系统的重要组成部分。下面介绍 5 个常用的实际应用案例。

6.3.1 案例 1——设置多个主页

利用 IE 8 设置,同时使用多个主页。

案例分析:

常常在浏览网页时,需要立刻转到不同的网页,用户可以根据自己的工作、学习需要在 IE 8 中设置不同的多个主页,为用户下次浏览提供方便。

操作方法如下:

(1)启动 IE 8,选择"工具"→"Internet 选项"命令,如图 6-5 所示。

(2)弹出"Internet 选项"对话框,在"常规"标签下的"主页"文本框中输入要启动时打开的网址,然后单击"确定"按钮,如图 6-6 所示。

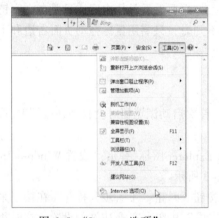

图 6-5 "Internet 选项"

图 6-6 输入多个网址

(3)当用户下次启动 IE8 时,即可同时打开多个网页,如图 6-7 所示。

图 6-7 同时打开多个网页

提示：本案例输入了两个网址，分别是"www.163.com"、"www.baidu.com"，用户可以根据自己工作和学习的需要，输入其他不同的网址，这样可以提高上网的效率。

6.3.2 案例2——自定义IE工具栏

在IE 8浏览器中，可以自定义IE的工具栏，对工具栏进行删除和添加。

案例分析：

IE 8工具栏中的一些工具其实并不常用，可以将其隐使IE 8外观变得更简洁。

操作方法如下：

（1）启动IE 8，右击IE工具栏，在弹出的快捷菜单中选择"自定义"→"添加或删除命令"命令，如图6-8所示。

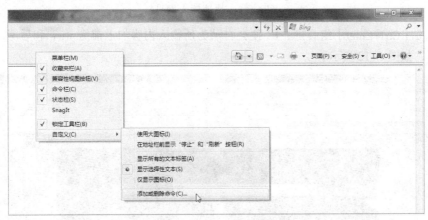

图6-8　右击IE工具栏

（2）弹出"自定义工具栏"对话框，在"当前工具栏按钮"列表框中选择需要删除的选项，如选择"打印"工具栏按钮，然后单击"删除"按钮将其删除，最后单击"关闭"按钮即可，如图6-9所示。

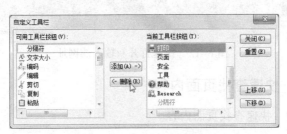

图6-9　删除"打印"工具栏按钮

（3）用户可以观察到，IE工具栏由原来的五个按钮（如图6-8所示）变为四个按钮，如图6-10所示，少了一个"打印"工具栏按钮，用户可根据需要进行不同的设置。

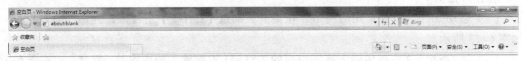

图6-10　少了一个"打印"工具栏按钮

6.3.3　案例3——快速输入网址

在 IE 8 浏览器中，快速输入网址。

案例分析：

用户在浏览网页时，希望操作方便简单，本案例将学习快速打开网址的方法。

操作方法如下：

（1）启动 IE 8，在 IE 地址栏中输入需要访问的网站地址的中间项，例如输入 bing，如图 6-11 所示。

图 6-11　快速输入网址

（2）按【Ctrl+Enter】组合键，IE 便会自动为所输入内容加上前缀 www.和后缀.com 并打开该网页，如图 6-12 所示。

图 6-12　快速打开新输入的网址

6.3.4　案例4——快速查找页面内容

在 IE 8 浏览器中，快速查找页面内容。

案例分析：

在浏览网页时，用户最需要的是在内容繁多的页面中迅速找到所需内容，可以使用组合键来实现。

操作方法如下：

（1）启动 IE 8，打开常用的网站，在当前页面按【Ctrl+F】组合键，弹出"查找"栏，如图 6-13 所示。

（2）在"查找"文本框中输入所需内容的关键词（本例输入的内容是"教育"），如图 6-14 所示。

图 6-13 弹出"查找"栏

图 6-14 输入所需内容

（3）IE 会自动定位到关键词所在位置，并将其选中，如图 6-15 所示。

图 6-15 定位到关键词

提示：在"查找"文本框中输入所需内容的关键词，之后，可以单击查找栏中的"下一个"按钮，在该网页下继续查找，也可以单击"上一个"按钮进行向上查找。

6.3.5 案例5——使用快速导航选项卡

在 IE 8 浏览器中，使用快速导航选项卡。

案例分析：

在浏览网页时，用户可以打开多个网页，使用快速导航选项卡功能可以方便用户对不同网页进行切换。

操作方法如下：

（1） 在打开多个选项卡时单击"添加到收藏夹"按钮下方的"快速导航选项卡"按钮，如图 6-16 所示。

图 6-16 单击"快速导航选项卡"按钮

（2） 这时各个网页会以缩略图显示，如图 6-17 所示。

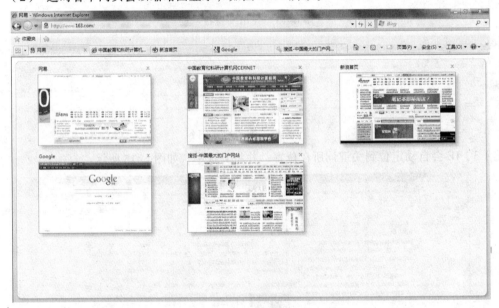

图 6-17 显示缩略图

（3）再次单击"快速导航选项卡"按钮，即可切换回正常显示模式，如图 6-18 所示。

（4）在快速导航缩略图页面中单击要浏览的网页，也可快速访问到相应网页，如图 6-19 和图 6-20 所示。

提示：通过单击"快速导航选项卡"按钮，用户可以在正常显示模式与快速缩略图模式之间进行切换，在快速缩略图模式下单击想要访问的网页，即可以正常显示模式访问相应的网页。在快速缩略图模式中若要关闭一个"缩略图"中的网页，方法是单击该"缩略图"右上角的"关闭"按钮。

图 6-18　再次单击"快速导航选项卡"按钮，回到正常显示模式

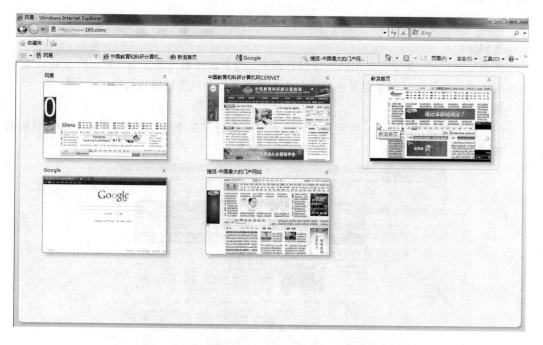

图 6-19　在快速导航缩略图页面中单击要访问的网页

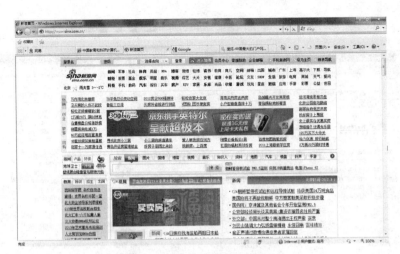

图 6-20 显示相应网页页面

6.4 使用"收藏夹"

在浏览网页时，经常会发现一些很有吸引力的站点和网页。前面讲到的"前进"和"后退"按钮虽然好用，一旦关闭计算机，它们记录的信息就会丢失。这时可以通过收藏夹来保存网址。

6.4.1 案例6——添加网址到收藏夹

添加网址到收藏夹。

案例分析：

在浏览网页时，需要将常用的网址保存起来，为下次使用提供方便，那么就可用 IE 的收藏夹来实现，添加网址到收藏夹常用的方法有菜单操作和快捷键操作两种。

操作方法如下：

（1）打开要保存的网页，然后单击"收藏夹"按钮，在弹出的窗格中单击"添加到收藏夹"按钮，如图 6-21 所示。

图 6-21 添加到收藏夹

（2）此时会弹出"添加收藏"对话框，在"名称"文本框中输入要为这个网站取的名字后，单击"添加"按钮即可保存该网址（本例输入"中国教育"），如图6-22所示。

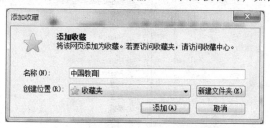

图 6-22　给网址取个方便记忆的名字

（3）网址被添加到收藏夹后，再访问该网页时就会很方便。单击"收藏夹"按钮，在下拉菜单中找到该网站，单击文字链接即可。

（4）快速添加网址到收藏夹，在当前页面按【Ctrl+D】组合键，弹出"添加收藏"对话框，然后单击"添加"按钮即可快速将其添加到收藏夹，如图6-23所示。

图 6-23　快速添加网址到收藏夹

6.4.2　案例 7——整理 IE 收藏夹

整理 IE 收藏夹。

案例分析：

IE 收藏夹为用户浏览常用网址提供了方便，然而网址收藏夹太多会让 IE 收藏夹变得杂乱无章，为解决这一问题，用户可以为其建立不同的文件夹，将网址链接分类存放。

操作方法如下：

（1）启动 IE，单击"收藏夹"按钮，然后再单击"添加收藏夹"按钮右侧的下拉按钮，在弹出的下拉菜单中选择"整理收藏夹"命令，如图6-24所示。

（2）在弹出的"整理收藏夹"对话框中单击"新建文件夹"按钮，如图6-25所示，创建用来分类的文件夹，并对其命名。

图 6-24　选择"整理收藏夹"命令

图 6-25　单击"新建文件夹"按钮

（3）将网站的快捷方式按类别拖动到相应文件夹，然后单击"关闭"按钮即可完成。

6.5　安全性浏览案例

在网络带宽不足或上网人数过多的情况下，可以通过修改浏览器中的一些特殊参数，如：设置"Internet 临时文件"当中的参数等，来提高网页的浏览速度及上网的安全性。

在 IE 浏览到潜在仿冒网站，即看似合法网站，实际上却是设计用于捕获用户个人信息的网站时，IE 8 通过向用户发出警报来帮助用户保持本人的信息安全。它还更易于查看哪些网站提供安全数据交换，以便用户可以安全放心地在线购物和办理银行业务。

6.5.1　案例 8——开启 IE 内容审查程序

案例分析：

使用"Internet 选项"IE 的内容审查程序可以有效地屏蔽互联网上的不良信息。

操作方法如下：

（1）启动 IE，选择"工具"→"Internet 选项"命令，弹出"Internet 选项"对话框，单击"内容"选项卡，单击"内容审查程序"选项区域中的"启用"按钮，如图 6-26 所示。

（2）弹出"内容审查程序"对话框，在"请选择类别，查看分级级别"下拉列表框中依次选择类别选项，用鼠标拖动调节滑块，设置其分级，如图 6-27 所示。

（3）设置完毕，单击"确定"按钮，弹出"创建监护人密码"对话框。设置监护人密码、并输入密码提示信息以防遗忘，然后单击"确定"按钮，关闭对话框即可，如图 6-28 所示。

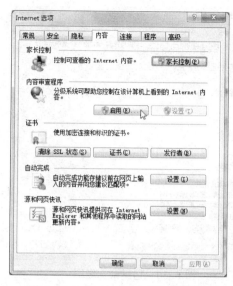

图 6-26 "Internet 选项"对话框

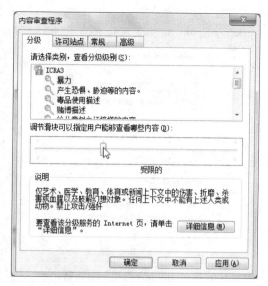

图 6-27 设置分级

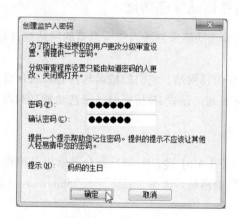

图 6-28 设置监护人密码

6.5.2 案例 9——屏蔽弹出广告窗口

通过 IE 自带的屏蔽功能阻止其弹出广告窗口。

案例分析：

在浏览一些网站时，总会自动弹出一些广告窗口，影响正常浏览。这时用户可以通过 IE 自带的屏蔽功能阻止其弹出，提高上网的效率。

操作方法如下：

（1）启动 IE，选择"工具"→"Internet 选项"命令，弹出"Internet 选项"对话框，单击"隐私"标签，选中"启用弹出窗口阻止程序"复选框，然后单击"设置"按钮，如图 6-29 所示。

（2）弹出"弹出窗口阻止程序设置"对话框，在"筛选级别"下拉列表中选择筛选级别，然后单击"关闭"按钮即可，如图 6-30 所示。

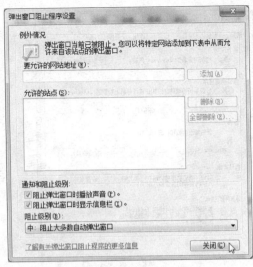

图 6-29 "Internet 选项"对话框　　　　　图 6-30 选择筛选级别

6.5.3 案例 10——仿冒网站筛选功能

通过设置 IE 仿冒网站筛选功能来判断当前所浏览的网站是否是仿冒网站。

案例分析：

在网络上经常存在一些仿冒网站，它们的域名与内容和被仿冒的网站几乎一样，稍不留意就会落入其陷阱。用户可以通过设置 IE 仿冒网站筛选功能来判断当前所浏览的网站是否是报告给微软的仿冒网站。

操作方法如下：

（1）打开 IE 浏览器，按【Alt】键，IE 浏览器会显示出菜单栏。

（2）打开需要进行辨别的网站，选择"工具"→"SmartScreen 筛选器"→"检查此网站"命令，如图 6-31 所示。

图 6-31 仿冒网站筛选

（3）弹出"SmartScreen 筛选器"提示信息框，提示用户此网站是否为已报告的仿冒网站等信息，如图 6-32 所示。

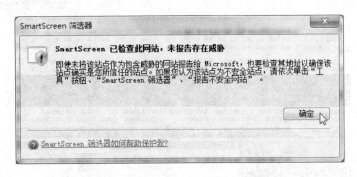

图 6-32 "仿冒网站筛选"信息框

提示：因网络环境日新月异，网站筛选功能并不能完全保证用户的网络安全，因此用户在浏览涉及自身利益的网站时应仔细辨别 IE 地址栏中的网站域名，提高安全防范意识，以防利益受到侵害。

6.6 订阅、查看 RSS 信息

IE 8 的亮点很多，如多标签浏览方式、自定义搜索引擎等，还有大名鼎鼎的"RSS 新闻浏览"功能。在去年这一年中，RSS 一路发展，现在已经是大多数用户每天最常用到的功能之一了。而且，同其他第三方网页浏览器一样，IE 8 也具备了 RSS 新闻自动提醒功能，每当用户访问到一个支持 RSS 订阅的网页时，任务栏上原本灰暗的 RSS 按钮便马上会亮起来，提醒用户可以预订。而单击"摘要"按钮之后，IE 8 又会转到一个专门的 RSS 新闻页面之中（IE 7 自带），其中左边就是新闻列表，右侧则是一个便捷的筛选栏，用户可以根据自己的需要直接键入条件筛选新闻，使用起来特别方便，无需浪费时间检查不同站点和网络日志来获取更新。只需选择用户关注的站点和主题，IE 8 将为用户的收藏中心提供所有新标题和更新。下面主要介绍订阅、查看 RSS 信息。

6.6.1 案例 11——订阅 RSS 信息

用 IE 订阅 RSS 信息。

案例分析：

通过 IE 可以方便地订阅各种 RSS 信息。

操作方法如下：

（1）当打开的网页提供 RSS 订阅时，IE 工具栏的源按钮会变为亮色并处于可单击状态，如图 6-33 所示。

（2）单击"源"按钮，打开订阅 RSS 网页，单击"订阅该源"超链接，如图 6-34 所示。

（3）弹出"订阅该源"对话框，在"名称"文本框中输入名称，然后单击"订阅"按钮即可，如图 6-35 所示。

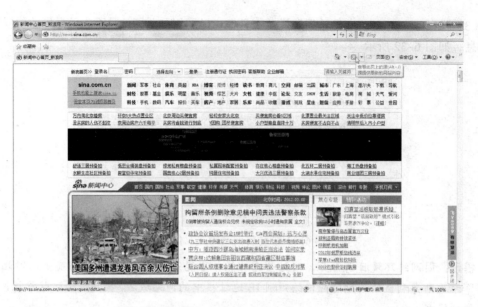

图 6-33 "源"按钮的状态

图 6-34 单击"订阅该源"超链接

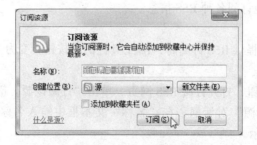

图 6-35 单击"订阅"按钮

6.6.2 案例 12——查看 RSS 信息

查看已订阅的 RSS 信息。

案例分析：

通过 IE 可以方便地订阅各种 RSS 信息。之后就可查看已订阅的 RSS 信息，了解最新资讯。

操作方法如下：

（1）启动 IE，单击"收藏夹"按钮，然后单击"源"选项卡即可显示出已订阅"源"的链接，如图 6-36 所示。

图 6-36　单击"查看源"按钮

（2）单击链接右侧的"刷新"按钮，可以查看该"源"的更新信息，如图 6-37 所示。

图 6-37　单击链接右侧的"刷新"按钮

（3）单击该链接即可进入相关网页进行信息浏览。在打开的页面中单击信息标题超链接可打开该信息所在的网页，从而获得完整信息，如图 6-38 所示。

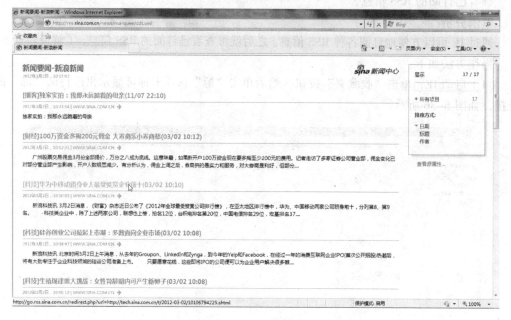

图 6-38　进入相关网页进行信息浏览

6.7　高级使用技巧

可以使用多种方式在网页中查找信息。单击工具栏上的"搜索"按钮时，在窗口的左边将显示浏览器栏，可提供带多种搜索功能的搜索服务。如果希望快速查找信息，可在地址栏中输入"Go"、"Find"或"?"命令，如：启动 IE 浏览器后，在地址栏中输入："go 60 周年大庆"，按【Enter】键，即可进行自动搜索，用户可以选择下载需要的内容。可以分别使用"Find"或"?"命令，用相同的方法搜索所需资料，最后所得结果和"go"命令完全相同，用户可以自行练习。下面介绍几种高级使用技巧。

6.7.1　案例 13——快速定位到地址栏

快速定位到地址栏（技巧 1）。

案例分析：

在浏览网页时经常要在地址栏中输入网址。使用快捷健可以将光标快速定位到 IE 地址栏，省去用鼠标操作的麻烦。

操作方法如下：

在当前网页按【Alt+D】组合键，将光标定位到 IE 地址栏，且地址栏中的网址处于全选状态，直接输入所需网址即可，如图 6-39 所示。

提示：如果用户需要复制当前网页的网址，只须按【Alt+D】组合键将其全选，然后按【Ctrl+C】组合键即可将其复制到剪贴板。

图 6-39　快速定位到地址栏

6.7.2　案例 14——快速打开 IE 的下拉列表

快速打开 IE 的下拉列表（技巧 2）。

案例分析：

IE 下拉列表中保存着最近打开网页的历史记录，因此比较常用。

操作方法如下：

在浏览网页时按【F4】键即可快速弹出 IE 下拉列表，从而节省用鼠标操作的时间，如图 6-40 所示。

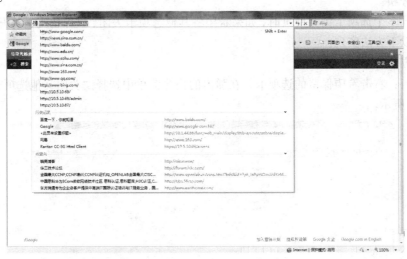

图 6-40　快速打开 IE 的下拉列表

6.7.3　案例 15——让 IE 地址栏不留痕迹

让 IE 地址栏不留痕迹（技巧 3）。

案例分析：

IE 下拉列表框中保存着最近打开网页的历史记录。如果用户不希望所输入网址被 IE 地址栏记录。可在启动 IE 后，按【Ctrl+O】组合键，输入网址，进行访问，就不会留下记录。

操作方法如下：

启动 IE 后，按【Ctrl+O】组合键，在弹出的"打开"对话框的地址栏中输入网址，然后单击"确定"按钮即可进行访问，如图 6-41 所示。

图 6-41　IE 地址栏不留痕迹

6.7.4　案例 16——只保留当前选项卡

只保留当前选项卡（技巧 4）。

案例分析：

在打开多个选项卡浏览网页时，如果希望将其他选项卡关闭，只保留当前打开的选项卡，可以通过以下方法实现。

操作方法如下：

方法一：右击希望保留的选项卡，在弹出的快捷菜单中选择"关闭其他选项卡"命令，如图 6-42 所示。

图 6-42　选择"关闭其他选项卡"命令

方法二：按【Ctrl+Alt+F4】组合键，即可快速关闭其他选项卡，只保留当前活动的选项卡。

小结：

本章介绍了 IE 8 浏览器的主要操作，通过本章的学习，可以掌握 IE 8 中文简体版浏览器的常用功能，以及使用选项卡式浏览、搜索、RSS 订阅源以及高级使用技巧等，IE 8 与以往版本的 IE 相比，有了显著的变化和改进，一些特性可以说是革命性的。但是，要想在 Internet 上自由冲浪，必须经过大量的实践，才能得心应手。有些浏览器的功能这里没有叙述，读者可以实践后自行学习。

6.8 课 后 作 业

1. 访问 Internet 之前，对 IE 进行设置。请设置 IE 浏览器的主页为空白页；清除历史记录；将 Internet 的安全级别设置为"中低"；保存历史记录的天数为 7 天。

2. 利用 IE 8 设置同时使用 3 个主页，如"www.sina.com"、"www.yahoo.com"、"www.baidu.com"。

3. 使用 IE 浏览器访问人民网的网站，网址为"http://www.people.com.cn/"，浏览其主页。在收藏夹中收藏人民网的网站。

4. 为方便以后访问，在收藏夹中建立一个名为"时政要闻"的文件夹，将环球网网站主页加入该文件夹。

5. 开启 IE 内容审查程序，设置其分级，设置监护人密码等，分别进行设置练习。

6. 订阅、查看用户所喜欢的 RSS 信息。

Internet 是一个巨大的信息资源宝库，所有的 Internet 使用者都希望宝库中的资源越来越丰富，应有尽有。Internet 中的信息以惊人的速度增长，每天都有新的主机被连接到 Internet 上，每天都有新的信息资源被增加到 Internet 中。然而 Internet 中的信息资源分散在无数台主机之中，如果通过访问每一台主机来获取自己需要的信息，显然是不现实的，因此搜索引擎就应运而生了，本章着重介绍利用搜索引擎搜索信息的方法及搜索技巧。

7.1　什么是搜索引擎

搜索引擎（Search Engines）是对互联网上的信息资源进行搜集整理，然后供用户查询的系统，它包括信息搜集、信息整理和用户查询三部分。

搜索引擎就是搜索信息网址的服务环境和服务工具。设想一下，如果没有强有力的搜索工具，那么想在网上寻找一个特定的网站，就如同在一个没有检索服务的图书馆寻找一本书一样困难。常见的搜索引擎大都以 Web 的形式存在，一般都能提供网站、图像、音/视频等多种资源的查询服务。因此，用户使用搜索引擎时，首先就要连接到提供搜索引擎服务的网站。

搜索引擎其实也是一个网站，只不过该网站专门为用户提供信息"检索"服务，它使用特有的程序把因特网上的所有信息归类以帮助人们在浩如烟海的信息海洋中搜寻到自己所需要的信息。

7.2　常用的搜索引擎

国内用户使用的搜索引擎主要有英文和中文两类。常用的英文搜索引擎包括 Google、Yahoo 等，常用的中文搜索引擎主要有 Google 中文、百度、中文 Yahoo!、搜狐、搜狗等，目前最为常用的中文搜索引擎是百度，常用搜索引擎的网址如表 7-1 所示。

表 7-1　常用搜索引擎网址

常用搜索引擎	网　址
多语言综合性搜索引擎　Google	http://www.google.com.hk
著名综合性搜索引擎　Yahoo（雅虎）	http://www.yahoo.com.cn
全球最大的中文搜索引擎百度	http://www.baidu.com
面向全球华人的网上资源查询系统　新浪	http://www.sina.com.cn

7.3 常规搜索案例

有一些专门提供搜索引擎的网站，比如"Google"和"百度"，这两个搜索引擎是目前使用比较多的。除了这些网站之外，很多大型门户网站都提供搜索引擎，比如"新浪"、"搜狐"、"雅虎"等，下面介绍3个与工作和生活有关的实际案例。

7.3.1 案例1——搜索 "北京 鲜花店"相关的网页

利用 Google 搜索引擎搜索"鲜花店"相关的网址，然后访问具有"鲜花店"有关信息，浏览查看所需要的品种。

案例分析：

需要购买鲜花，可又不知道在什么地方，解决的方法很简单，利用搜索引擎来查找鲜花店，为迅速搜索到所需的网址，可以在搜索引擎的文本框中输入"鲜花店"，也可以输入"北京 鲜花店"来检索北京的鲜花店（关键词中间要有空格）。

操作方法如下：

（1）启动 IE 8 浏览器，在地址栏中输入 "http://www. Google.com.hk" 后按【Enter】键。

（2）在 Google 主页的文本框中输入"北京 鲜花店"，单击"Google 搜索"按钮，输入关键词进行搜索的页面如图 7-1 所示。

图 7-1　输入关键词进行搜索

（3）找到符合条件的项目，单击该链接，如"北京网上订花，市区免费速递"，如图 7-2 所示。

提示： Google 会对符合条件的结果进行自动分页，默认情况下每页显示 10 项结果；每一项由指向相关网页的超链接、网页的简要介绍、网页快照和类似网页构成；用户可以单击相应的页码和"上一页"、"下一页"按钮进行换页；在页面中所有包含关键词的部分均用红色字体表示。

（4）如打开中国鲜花礼品网，即可查询到需要购买鲜花的各种信息（如按用途、按材料、按对象、按价格来选购等），如图 7-3 所示。

图 7-2 Google 返回的搜索结果

图 7-3 搜索到的相关信息

提示：通过搜索为用户提供了极大的方便，可以根据需要进行查询、浏览、预订、送货上门等各种服务。

7.3.2 案例2——搜索阅读"北京晚报"相关网页

利用百度搜索引擎搜索"北京晚报"相关的网址，然后浏览阅读 "北京晚报"相关信息，浏览查看所需要的信息。

案例分析：

需要浏览阅读报纸，解决的方法很简单，利用搜索引擎来查找"北京晚报"，为迅速搜索到所需的网址，可以在搜索引擎的文本框中输入"北京晚报"（"北京晚报"关键词中间不要空格），也可以输入"北京 晚报"来检索（"北京"、"晚报"关键词中间要有空格）。

操作方法如下：

（1） 启动 IE 8 浏览器在地址栏中输入"http://www.baidu.com"后按【Enter】键。

（2）使用百度搜索引擎进行搜索，在搜索框中，输入要搜索的"北京 晚报"，搜索到的北京晚报首页，如图 7-4 所示。

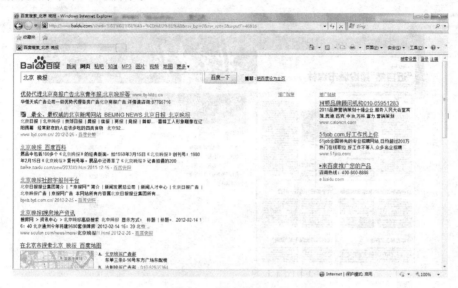

图 7-4 搜索北京晚报

提示： 在相关网页中可以浏览到该报当天的要闻，如果时间紧迫，也可以将页面保存到计算机中，等有时间再慢慢阅读。

（3）如果想依次阅读每个版面，单击图中的"今日版面的链接"窗口，也可以有选择地阅读不同的版面，如直接单击"第 03 版 北京新闻"版面，即可打开该版面，如图 7-5 所示。

图 7-5 浏览北京晚报版面

（4）接下来，打开北京新闻的链接，进入北京新闻（第03版），单击查看内容，就可以阅读该栏目的详细内容，如图7-6所示。

图7-6　阅读北京晚报

提示：阅读时，可以随时返回前一个版面，根据自己的需要，也可以随意选择不同的版面，进行浏览和阅读。

7.3.3　案例3——搜索"北京银行"网点

利用百度搜索引擎搜索"北京银行"相关的网址，然后查询北京市所有中国工商银行的网点地址，同时打印需要的网页内容。

案例分析：

需要搜索北京的银行网点，解决的方法同样是利用搜索引擎来查找"北京银行网点"，为迅速搜索到所需的网址，可以在搜索引擎的文本框中输入"北京银行"，也可以输入"北京 银行 网点"来检索（"北京 银行 网点"关键词中间要有空格）。

操作方法如下：

（1）启动IE 8浏览器在地址栏中输入"http：//www.baidu.com"后，按【Enter】键；

（2）在搜索框中，输入要搜索的关键字"北京 银行 网点"，单击"百度一下"按钮，进入了如图7-7所示。

（3）在图7-8所示的窗口中，单击"北京工商银行网点信息大全"链接，自动打开如图7-9所示的窗口。

（4）在图7-9所示的窗口中，可以查询到北京市所有工商银行的网点地址。

（5）如果需要打印当前的网页，可单击"打印机"旁的下拉按钮，在弹出的下拉菜单中选择"打印"命令，如图7-10所示。

（6）弹出"打印"对话框，设置完毕后单击"打印"按钮即可打印，如图7-11所示。

图 7-7　搜索北京银行

图 7-8　浏览北京银行网点

图 7-9　北京工商银行营业网点

图 7-10 选择文件打印

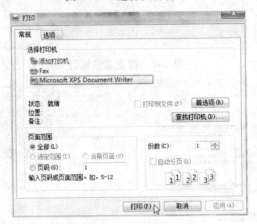

图 7-11 单击打印

7.4 搜索图片及音乐

大多数搜索引擎都提供分类检索的功能，例如，查找新闻类的信息、图片类、MP3 类的信息等。

7.4.1 案例 4——搜索 "黑莓 手机" 的相关图片

Google 图片搜索功能可以搜索超过 8 亿个图片，是 "因特网上最好用的图片搜索工具"。

利用谷歌（http://www.google.cn.hk）搜索引擎搜索 "黑莓手机" 的相关图片，按分类查找的方法进行搜索。

案例分析：

需要购买手机，可又不知道手机的样子，最快的解决方法是上网搜索，浏览有关手机的图片。很简单，利用搜索引擎来查找图片，为迅速搜索到所需的网址，可以在搜索引擎的文本框中输入 "黑莓 手机"（关键词中间要有空格）。

提示：注意搜索之前，一定要设置搜索类别为图片。

操作方法如下（以 "谷歌" 为例）：

（1）启动 IE 8 浏览器在地址栏中输入 "http：//www.google.com.hk" 后按【Enter】键。

（2）在 Google 首页上单击"图片"链接就进入了 Google 的图片搜索界面，如图 7-12 所示（搜索全球的图片）。

图 7-12　Google 图片搜索

（3）在"Google 搜索图片"文本框中输入"黑莓 手机"进行搜索，结果页面如图 7-13 所示，Google 给出的搜索结果具有一个直观的缩略图，以及对该缩略图的简单描述。如图像文件名称、文件格式、长宽像素、大小及网址等信息。

图 7-13　搜索得到的图片

（4）在搜索结果中，选择喜爱的图片进行查看或保存。

（5）如果想更加精确地搜索图片，可以使用"高级图片搜索"对搜索条件进行更为详细的设定。单击搜索文本框右侧的"高级图片搜索"按钮，打开设置页面，如图 7-14 所示。

图 7-14　高级图片搜索

（6）在页面中根据提示对各种条件进行设定，本例搜索一款"黑莓 9000"手机的相关图片，可设定"中尺寸、JPG 文件、彩色图片"这些条件，搜索结果页面如图 7-15 所示。

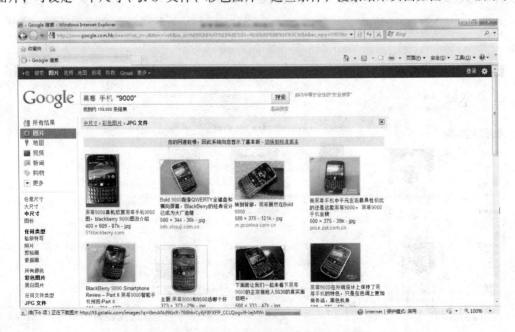

图 7-15　指定大小、颜色和格式来搜索图片

7.4.2 案例5——搜索音频和视频

百度在天天更新的 3 亿中文网中提取 MP3 下载链接，建立庞大的 MP3 歌曲下载链接库。使用百度搜索需要的 MP3。

利用百度（http://www.baidu.com）搜索引擎搜索"喀秋莎"的 MP3，按分类查找的方法进行搜索。

案例分析：

需要练习歌曲或者想听某首歌曲时，最快解决的方法是上网搜索，可以在搜索引擎的文本框中输入"你想要找的歌曲名称"（也可以在文本框中输入歌手姓名，但要加空格），然后搜索、下载即可获得。

提示：注意搜索之前，一定要单击 MP3 类别。

操作方法如下：（以"百度"为例）

（1）启动 IE 8 浏览器在地址栏中输入"http://www.Baidu.com"后按【Enter】键；

（2）在"百度"首页上单击"MP3"链接进入百度的 MP3 搜索界面，如图 7-16 所示。

图 7-16　百度 MP3 搜索

（3）把要想搜索歌曲的名称输入到搜索文本框中，然后单击右边的"百度一下"按钮，就可以开始搜索了。本例搜索歌曲"喀秋莎"，搜索结果如图 7-17 所示（包括歌手名）。

提示：

（1）在文字输入框的下面还有一排单选按钮，可以设定歌曲的文件格式，或者设成搜索歌词或手机铃声。

（2）搜索 MP3 选择关键字时，可以用歌曲名加歌手名一起搜，在歌手名和歌曲名之间要加一空格。

（3）每一条搜索结果都给出了文件大小、格式和下载速度，点击前面的歌曲名就可以下载了。

（4）百度 MP3 搜索引擎拥有自动验证下载速度卓越功能，总是把下载速度最快的排在前列，使用户下载 MP3 歌曲的速度总是保持最快。

图 7-17　搜索结果

（5）在搜索页面可以直接进行下载操作。如使用 IE 自动的下载功能，可在欲下载的歌曲名称上右击，在弹出的快捷菜单中选择"目标另存为"命令，再选择存放目录，单击"保存"按钮即可。

（6）百度还提供了一项很有用的功能，视频搜索。利用它可以很方便地搜索到自己喜欢的视频，例如搜索"三国演义"的视频，结果如图 7-18 所示。

图 7-18　视频搜索

（7）百度还提供了一项很有用的功能，视频搜索。利用它可以很方便地搜索到自己喜欢的视频，例如搜索"三国演义"的视频，结果页面如图 7-19 所示。

图 7-19　视频搜索

7.5　搜索引擎的使用技巧

　　每个搜索引擎都有自己的查询方法，只有熟练地掌握才能将搜索运用自如。不同的搜索引擎提供的查询方法不完全相同，要想具体了解，可以到各个网站中去查询，但有一些通用的查询方法，各个搜索引擎基本上都具有。

7.5.1　使用双引号（""）

　　给要查询的关键词加上（英文输入法状态下的双引号），可以实现精确查询，这种方法要求查询结果精确匹配，不包括演变形式，例如，在搜索引擎的文本框中输入"电话号码"，它就会返回网页中包含"电话号码"这个关键字的网址，而不会返回诸如"号码查询"之类的网页，如图 7-20 所示。

图 7-20　使用双引号功能查询

7.5.2 使用加号（＋）

在关键词前用加号，也就等于告诉搜索引擎该关键字必须出现在搜索结果的网页上，例如在搜索引擎中输入"＋足球＋篮球"就表示要查找的内容必须同时包含"足球、篮球"这两个关键字，如图 7-21 所示。

图 7-21　使用加号功能查询

7.5.3 使用减号（－）

在关键词前用减号，这就意味着在查询结果中不能出现该关键字，例如，在搜索引擎中输入"电视台 －北京电视台"（"－"为英文格式字符，减号前留一个空格），它就表示最后的查询结果中不包含"北京电视台"，如图 7-22 所示。

图 7-22　使用减号功能查询

当需要查找的信息需要符合多个条件时，需要在搜索条件中使用逻辑运算。以搜索"价格在1000元以下的8G MP5播放器"信息为例，介绍如何在搜索条件中使用逻辑"与"命令。

7.5.4 案例6——搜索"MP3播放器"的相关信息

利用谷歌（http://www.google.com.hk）搜索引擎搜索"MP3播放器"的相关信息。

案例分析：

需要购买MP3播放器，可又不知道播放器的样子及功能等，最快解决的方法是上网搜索，浏览有关MP3播放器的图片及相关信息。可利用搜索引擎来查找图片及相关信息，为迅速搜索到所需的网址，可以在搜索引擎的文本框中输入"MP3 播放器"（关键词中间要有空格，同时把想购买的其他条件一次输入文本框）。

提示：注意搜索之前，提炼出关键词：价格、1000元以下、8G、爱国者、MP3播放器。

操作方法如下：

（1）启动IE 8浏览器，在地址栏中输入"http://www.google.com.hk"后，按【Enter】键。

（2）进入Google首页或其他搜索引擎首页，在关键词文本框中键入："价格 1000元以下 8G 爱国者 MP3播放器"（不含引号，关键词之间用空格分隔），按【Enter】键，如图7-23所示。

图7-23 输入关键词

（3）浏览结果，单击符合条件项目的链接，打开相应的网页，如图7-24所示。

提示：

（1）本任务中采用空格来分隔每个关键词，表示逻辑"与"，即同时满足多个条件，也可采用"and"或者"+"分隔。

（2）多个关键词之间如采用"OR"进行分隔，表示逻辑"或"，即只要符合关键字中的任何一个就算符合条件，例如，搜索条件："价格 OR 1000 元以下 OR 8G OR 爱国者 MP3 播放器"，表示包含价格、1000 元以下、8G、爱国者 MP3 播放器这几个关键词中的一个或多个的网页都要在搜索结果中显示出来。

（3）如果在关键词前面采用"NOT"或者"."则表示从显示结果中过滤掉包含该关键词的内容。例如，搜索条件："价格 1000 元以下 .8G 爱国者 MP5 播放器"，表示在搜索结果中去除包含"8G"这一关键词的项目。

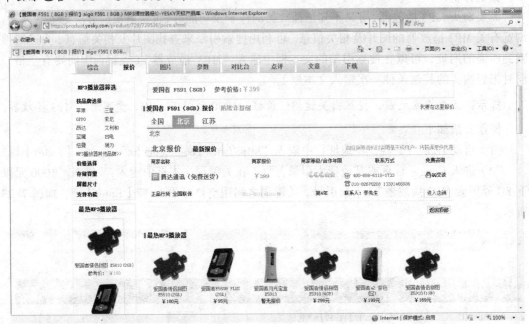

图 7-24 搜索结果

7.6 将网站加入搜索引擎

搜索引擎获取信息的方法主要有两种，一种是通过名为"蜘蛛"的程序获取，第二种是通过人工登录方式。

下面将以在 Google 搜索引擎中登录喜爱的网站为例，介绍如何将网站加入搜索引擎。

案例 7——将"http://www.edu.cn"网站加入搜索引擎

利用谷歌（http://www.google.com.hk）搜索引擎，将"http://www.edu.cn"网站加入。

案例分析：

一个网站建立以后，网站建设者的首要任务是推广自己的网站，增加网站知名度，从而提高网站的点击率。将自己制作的网站加入到搜索引擎之中是一个比较省时省力的好方法，下面以"http://www.edu.cn"网站为例，将该网站加入搜索引擎。

提示：将网站加入搜索引擎之前，首先要有网址，可以是自己建好的网站，也可以是用户喜欢的网站。

操作方法如下：

（1）启动 IE 浏览器，在地址栏中输入"https://accounts.google.com/ServiceLoginAuth"，进入 Google 的网站管理工具页面，如图 7-25 所示。

图 7-25　登录网站

（2）成功登录后，即可在"产品→网站站长工具→添加网站"中输入需要登录的网址、评价、识别码后，单击"添加网址"按钮，如图 7-26 所示。

图 7-26　添加网站

（3）至此即成功添加了网站，如图 7-27 所示。

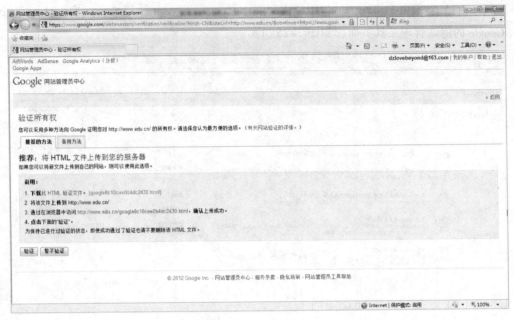

图 7-27　成功添加

7.7　典型搜索引擎推荐

　　面对众多功能的搜索引擎，用户该选择哪个呢？本节对当前比较常用的若干个搜索引擎进行简单的介绍，用户可以根据需要选择适合自己的搜索引擎，前面结合实例已经多次使用"谷歌"和"百度"搜索引擎，这里将不再介绍。

7.7.1　雅虎搜索引擎

　　Yahoo!是世界上最著名的搜索引擎，也是全球最大的搜索引擎之一。它的网络资源信息巨大，无论用户需要什么样的信息，几乎都可以从这里找到。它的界面比较简洁，功能却十分强大。Yahoo!的英文网站网址为"http://www. yahoo.com"，目前有许多的网名都将 Yahoo! 作为自己浏览的首页，将其作为自己进入因特网的网络之门，雅虎英文站点的首页如图 7-28 所示。

　　Yahoo!在国内也建立了中文站点，简体版的网址为"http://cn.yahoo.com"。和其他支持中文的国外搜索引擎相比，中文雅虎突出的特点是它进行了彻底汉化。其整个界面几乎都是中文，中文界面大大方便了不熟悉英文的用户。

　　为了便于搜索，Yahoo 把浩翰的网页进行了分类，按休闲与运动、社会与文化、电脑与网络、政府与政治等分类，用户可以在相关的类别中查找相要的信息，也可以直接在它的搜索框中输入想要查找的关键字。它收录了因特网上众多的中文网站，其首页如图 7-29 所示。

图 7-28 雅虎英文站点的首页

图 7-29 中文雅虎网站首页

7.7.2 新浪搜索引擎

新浪网搜索引擎是面向全球华人的网上资源查询系统。它提供网站、网页、新闻、软件、游戏等查询服务。网站收录资源丰富，分类目录规范细致，遵循中文用户习惯。目前共有 16 大类目录，一万多个细目和二十余万个网站。新浪搜索为用户提供最准确、全面、翔实、快捷的优质服务，以用户需求为本，是互联网上最大规模的中文搜索引擎之一。其首页如图 7-30 所示。

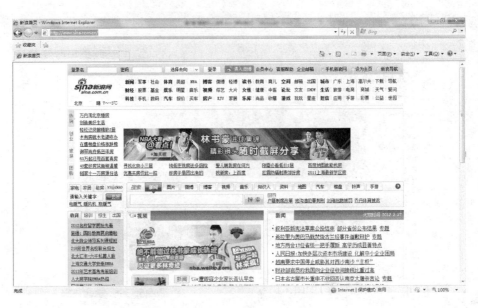

图 7-30　新浪搜索引擎

7.7.3　搜狐搜索引擎

搜狐搜索引擎是继中文雅虎搜索引擎之后出现在国内的最有影响力的搜索引擎网站。搜狐是世界强劲的互联网品牌。搜索引擎是搜狐核心产品，1998 年 2 月 25 日正式推出，目前日浏览量达到 1 500 万，在业界一直保持领先地位。2001 年 6 月 28 日，搜狐公司在业界率先推出搜索引擎商业网站登录服务，目前提供多种形式的登录方式，满足不同类型网站需求。

搜狐搜索引擎的口号是"出门看地图，上网用搜狐"。搜狐首页上设置了新闻、体育、财经、科技、商业、娱乐、女性、生活等栏目，其网址是"http://www.sohu.com"，首页如图 7-31 所示。

图 7-31　搜狐搜索引擎

7.7.4　一些著名的搜索引擎网址

下面给出一些比较有名的搜索引擎的网址，供用户参考，如表 7-2 所示。

表 7-2　一些著名的搜索引擎网址

中文简体搜索引擎	网　址	英文搜索引擎	网　址
必应搜索	http://cn.bing.com/	MSN	http://www.msn.com/
悠游搜索	http://www.goyoyo.com/	AOL	http://www.aol.com/
有道搜索	http://www.youdao.com/	Altavista	http://www.altavista.com/
北极星	http://www.beijixing.com.cn/	HOTBOT	http://www.hotbot.com/
中国搜索	http://www.zhongsou.com/	Emusic	http://www.emusic.com/
SOSO 搜搜	http://www.soso.com/	MP3 音乐搜索器	http://content.mp3.com/
TOM 搜索	http://i.tom.com/	UBL 流行音乐资料库	http://www.ubl.com/

小结：

搜索引擎的主要功能是协助用户查找所需要的 Internet 上的各种信息。在本章中以 Google 和百度为例，介绍了搜索引擎的常用方法、几个常规搜索的案例，同时也介绍了图片、MP3 歌曲的搜索及搜索引擎的使用技巧，还有典型搜索引擎的推荐。搜索技巧如下：

1. 使关键词更"关键"

仅输入想要查找的核心词汇，不加修饰词，查找的范围会大些，得到的结果也多些。因此，在进行查找之前一定要明确自己的目的，是要得到某一事物的所有相关信息，还是要查找具体的某一确切的事物。如果是前者，就要把关键词范围扩大，不加修饰词，只输入核心词；如果是后一种情况，则与之相反，应该把详细的名称输入，以便于直接得到查询结果。

2. 细化查询

许多搜索引擎都提供了对搜索结果进行细化与再查询的功能，如有的搜索引擎在结果中有"查询类似网页"的按钮，还有一些则可以对得到的结果进行新一轮的查询。

3. 根据需要选择查询方法

如果需要快速找到一些相关性比较大的信息，可以使用目录式搜索引擎的查找功能。如果想得到某一方面比较系统的资源信息，可以使用目录逐级进行查找。如果要找的信息不普遍，应该用比较大的全文搜索引擎查找。

4. 使用逻辑运算

在搜索时，给出多个关键词，并将多个词用 AND（逻辑与）结合起来，或者在每个词前面加上加号"＋"，这种"与"逻辑技术大大的缩小了搜索结果的范围，从而提高搜索效率。

在搜索时，给出多个关键词，并将多个词用 OR（逻辑或）结合起来，可以使搜索结果更加全面。

很多搜索引擎都支持在搜索关键词前加减号"－"或"NOT"限定搜索结果不能包含的词汇，即去除无关的搜索结果，提高搜索结果相关性。有的时候，在搜索结果中见到一些想要的结果，但也发现很多不相关的搜索结果，这时可以找出那些不相关结果的特征关键词，把它"减掉"。

5. 进行精确搜索

用英文双引号引起来的词组，意味着只有完全匹配该词组（包括空格）的网页才是要搜索的网页，这样可以大大提高搜索效率。

6. 有针对性地选择搜索引擎

用不同的搜索引擎查询得到的结果常常有很大的差异，这是因为服务提供商的设计目的和发展走向有许多不同，使用时要根据自己的需要选择合适的搜索引擎。例如，Google 擅长查找一般性资料、Yahoo 擅长查找产品资料、北大天网擅长教育网内 FTP 站点资源的搜索等。

所有的搜索引擎均提供"高级搜索"和"搜索帮助"功能，用户可以借助这些功能了解各搜索引擎的特点，以便灵活运用。

7.8 课 后 作 业

1. 什么是搜索引擎？
2. 思考常用搜索引擎各有什么特点？
3. 如何挑选关键字？应该注意哪些问题？
4. Google 高级搜索有哪些技巧？
5. 目前常见、典型的搜索引擎有哪些？
6. 练习分别使用百度和 Google 搜索网页、图片、MP3 及手机铃声。
7. 练习分别用多种方法搜索自己想要的资料。

→ 网络技术基础

计算机网络是指将有独立功能的多台计算机，通过通信设备线路连接起来，在网络软件的支持下，实现彼此之间资源共享和数据通信的整个系统。计算机网络根据其覆盖范围可分为局域网、城域网和广域网。日常工作和生活中使用的网络技术主要包括：Internet 接入、小型局域网络组建、网络应用服务器搭建和常见故障解决。

8.1　网络基础知识

在行业中绘图时，经常用"云"形状来表示当多台计算机或局域网连接到另一个城市或国家的多台计算机或局域网时的情况，如图 8-1 所示。

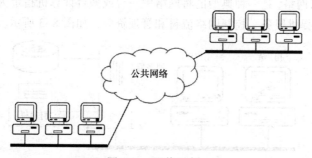

图 8-1　网络示例

公共网络或"云"形状，将包括许多结点。

了解简单的网络基础知识，对于组建网络和解决常见故障具有很大的帮助作用，本节将介绍常见的网络结构、TCP/IP、IP 的定义和常见的网络设备。

8.1.1　常见的网络结构

1. 按照规模划分

网络按照规模划分为局域网、城域网和广域网，各类网络的范围和典型代表如表 8-1 所示。

表 8-1　网络分类

网 络 规 模	通 常 范 围	典 型 代 表
局域网（Local Area Network，LAN）	几百米到几十千米	以太网、机房网络、家庭网络、公司网络
城域网（Metropolitan Area Network，MAN）	覆盖一个城市	169 网络
广域网（Wide Area Network，WAN）	跨接很大范围，如一个国家	Chinanet、Internet

2. 按照计算机地位划分

根据计算机在网络中的地位不同又分为以下两类：

1）点对点网络

点对点网络构建成本较低，而且易于互联，适用于家庭或小型办公室网络。之所以被称为点对点，是因为该网络中所有的计算机都享有平等的权力——没有控制网络的独立计算机，典型代表是局域网，如图 8-2 所示。

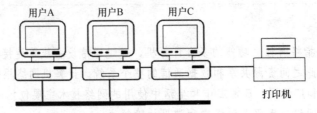

图 8-2　点对点网络示例

在这种网络中任何一台计算机都可以与网络上的其他计算机分享其资源。例如，用户 C 将彩色打印机设为共享资源。当计算机 A 想打印文件时，彩色打印机会作为可用打印机出现在备选名单中，就好像该打印机是直接连接到计算机 A 一样。

2）C/S（客户端/服务器）网络

客户端/服务器网络，是一种典型的将网络中一台或多台计算机指定为网络服务器的大型网络，该主机负责提供服务、控制网络流量和管理资源，如图 8-3 所示。

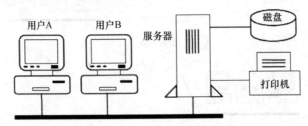

图 8-3　客户端/服务器网络示例

该网络类型提供了更好的性能和安全性，因为服务器控制哪台计算机可以访问什么资源，以及什么时候可以访问这些资源。而当公司雇员在世界各地存储文件时，该服务器会作为服务中心。这种服务器被称为网络结点。

流行的服务器操作系统包括：① Unix；② Linux；③ Windows Server。

这种服务器可以是大型机、小型机、工作站、Unix 工作站或者非常强大的计算机；同时，它也必须安装了服务器软件，明显区分于一般用户，并且设置了访问权限。

客户端计算机可以是任何拥有网卡并配备了适当的连接、识别服务器软件的计算机。许多大公司都有一个将个人计算机和 Macintosh 计算机混合连接的网络；所有用户共享来自同一服务器的信息，甚至可能在计算机与服务器的协议不一样的情况下，这些共享也可以实现。

提示：

该网络中的计算机角色是服务器还是客户端，与机器的配置高低无直接关系，决定因素是该计算机上安装的操作系统。

较大的公司及其他单位，为方便网络管理，提高网络资源的利用率，常采用这种模式，给企业提供综合性服务，这种形式的计算机网络被称之为企业内部网（Intranet），校园网也属于该范畴。

8.1.2　TCP/IP 简介

日常生活中人与人之间沟通，必须遵循相同的语言规定，例如，我国全面推广普通话，学会普通话后走到全国任何一个地方都可以方便的沟通。网络上的计算机之间通信也必须遵循某种标准，这些标准称为协议。TCP/IP 协议是目前应用最广泛的一个协议族。

TCP（Transmission Control Protocol）/IP（Internet Protocol）即传输控制和网际协议，协议是一套规则，该规则包括了电缆的类型，接口卡及可用于设置或连接到网络的电子信号格式。规定了计算机之间对话的一组标准，所有应用该协议的计算机之间可以通信，常见的 TCP/IP 是由多个子协议所构成的协议族，常用协议有：

1. HTTP

HTTP（Hypertext Transfer Protocol）超文本传输协议，这个协议已经成为浏览器和 Web 站点之间的标准，平时访问网站时应用的就是该协议。HTTP 协议应用的最为广泛，不局限于传输网页，例如，有些网站提供利用 HTTP 下载文件的方法。

2. FTP

FTP（File Transfer Protocol）文件传输协议，用于 Internet 上的控制文件的双向传输，所谓双向是指用户使用该协议可以从服务器上下载文件，也可以将自己的文件上传到服务器上。同时，它也是一个应用程序。用户可以通过它把自己的计算机与世界各地所有运行 FTP 协议的服务器相连，访问服务器上的大量程序和信息。目前，可以进行文件传输的专用客户端软件有多种，最为简单的是浏览器，访问 FTP 站点时只需要在浏览器的地址栏中输入"ftp://站点名称"即可。

3. SMTP 和 POP

SMTP（Simple Mail Transfer Protocol）即简单邮件传输协议，它是一组用于由源地址到目的地址传送邮件的规则，由它来控制邮件的中转方式。SMTP 协议属于 TCP/IP 协议族，它帮助每台计算机在发送或中转信件时找到下一个目的地。POP（Post Office Protocol）邮局协议，是邮件客户端软件从服务器上接收邮件时所使用的协议，主流版本是 POP3。

4. DNS 协议

DNS（Domain Name Service）域名解析协议，其主要作用是将用户输入的网址，例如，www.sina.com 等，转换为相对应的网络标识 IP 地址。

8.1.3　计算机的网络标识

网络最明显的特点是资源共享，既包括硬件资源的共享，也包括软件资源和数据资源的共享。查询到所使用计算机的网络标识，才可让同网络的计算机访问到自己。

1. IP 地址

就像每位公民都有自己的身份证号一样，在网络上计算机是通过一种称为 IP 地址的代号标识，目前使用的 IP 地址分为 IPv4 和 IPv6 两个版本。

1）IPv4

该协议是网际协议（Internet Protocol，IP）的第四版，也是第一个被广泛使用、构成现今互联网技术的基石的协议。IPv4 使用 32 位二进制地址，因此最多可容纳 4 294 967 296($=2^{32}$)个地址，INNA（Internet Assigned Numbers Authority）即 Internet 号码分配局将 IP 地址分为 A、B、C、D 四类。一般的书写法为四个用小数点分开的十进制数，每位十进制数的范围从 0～255，例如，202.206.204.5，有些 IP 地址段属于专用地址，常见的有以下几种情况：

① 127.x.x.x 测试地址，给本机使用。

② 10.x.x.x，172.16.x.x 和 192.168.x.x 供本地网使用，在企业内部网和局域网中比较常见，需要对本地网地址转换为外网地址（NAT），才能连接到国际互联网。

2）IPv6

随着计算机、网络设备和网络应用的增加，IPv4 所提供的 IP 地址数量不足以满足需求，IPv6 位址采用 128 位二进制数，通常写做 8 组，每组四个十六进制数的形式，可容纳 2^{128}（约 3.4×10^{38}）个 IP 地址。例如：2009:0aa8:05b3:0cd3:1206:8a2e:0370:5776。目前 IPv6 是一种发展趋势，将来有望普及。

3）网段

网段是被设计为某一特定用途的一部分网络，如工作组、部门和数据类型等。一般设立网段的是为了某种特定的目的，让较小类型信息通过网络，当然也可以作为防止无访问权限的人员获取网络中的信息的一种安全防护措施。

4）网关

网关（Gateway）就是一个网络连接到另一个网络的"关口"。简单地说，是所连接到的上一级网络设备的 IP 地址。

2. 计算机名称

在 Windows 网络中，用户可以通过 IP 地址和计算机名称两种方式找到其他的计算机，因此在同一局域网中计算机名称必须唯一，在计算机接入网络后，用户可以执行 Windows 提供的网络安装向导，设置联网方式和计算机网络标识。

8.1.4 常见的网络设备

通过标准的网络设备，可以方便地将网络连在一起。究竟选用哪些方案、设备或软件取决于网络的使用要求。

1. 网卡

网络接口卡分为有线、无线网卡和手机网卡三类。

1）有线网卡

有线网卡是应用得最普遍的一种，其作用是发送和接收电信号。采用接口卡的形式安装在计算机中，或者直接集成在计算机的主板上，安装有线网卡的计算机，均具备 RJ-45 接口，如图 8-4 所示。

人们常说的网线，即非屏蔽五类双绞线，采用 RJ-45 接头，如图 8-5 所示，用于计算机和上级设备的连接。

图 8-4　有线网卡　　　　　　　　　　　图 8-5　非屏蔽五类双绞线

2）无线网卡

该类网卡的主要功能是：将计算机中将要发送的数据转变为无线电信号，将此类信号传输给同网络内具有无线网卡的计算机或者无线网络访问点，并且具备接收无线电信号的功能。常见的无线网卡采用 PCI 接口、USB 接口、集成于 CPU 或主板上的形式安装在计算机中，例如，Intel 公司迅驰技术的 CPU，便集成了无线网络模块。这种 CPU 经常用于笔记本电脑中，在电脑的外壳上带有迅驰标志，如图 8-6 所示。

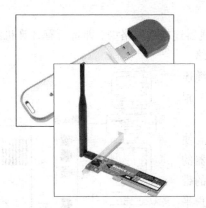

图 8-6　无线网卡和迅驰标志

3）GPRS、CDMA 和 3G 上网卡

（1）GPRS 上网卡。GPRS 是通用分组无线业务（General Packet Radio Service）的简称，它突破了 GSM 移动网络只能提供电话短信服务的限制，可说是 GSM 的延续。使用者所负担的费用是以其传输资料单位计算，并非按照在线时间长短计算，理论上较为便宜。

该类网卡的主要功能是：使计算机可以借助 GSM 移动通信网络（目前使用的）访问 Internet，也可以这样理解，GPRS 上网卡是一种特殊的 GSM 手机，这种手机也有 SIM 卡，但是主要作用是用于数据传输而不是通话。目前中国移动和中国联通都提供这种业务。

（2）CDMA 上网卡。CDMA 技术的出现源自于人类对更高质量无线通信的需求。就像加入不同的移动网络需要使用不同的手机一样，CDMA 上网卡可以使计算机借助 CDMA 移动通信网络访问 Internet，与 GPRS 上网卡类比，CDMA 上网卡是一种特殊的 CDMA 手机，这种手机使用 UIM 卡，主要作用是用于数据传输而不是通话。目前中国电信提供这种业务。

（3）3G 上网卡。随着 3G 通信网络的发展，3G 上网卡逐步普及。目前我国有中国移动的 TD-SCDMA 和中国电信的 CDMA EVDO 以及中国联通的 WCDMA 三种网络制式，所以常见的无线上网卡就包括 EVDO 无线上网卡、TD-SCDMA 和 WCDMA 无线上网卡三类，使用 3G 网络上网速度较前两种无线接入方式快，但是费用也较高。

三类上网卡如图 8-7 所示。

CDMA 无线上网卡　　　　GPRS 无线上网卡　　　　3G 无线上网卡

图 8-7　手机网络无线上网卡

2．集线器

使用集线器将计算机连接在一起，再将集线器连接到网络中，即将所有计算机组成网络。图 8-8 所示为一个由四个端口集线器组建的网络。

分别由每台个人计算机的网卡中引出的电缆连接到集线器的每个端口上。由集线器也要引出一根电缆，将集线器与上一级网络连接起来。

购买和安装集线器是相对低廉的组网方案。使用集线器主要的缺点是，所有用户连接到集线器的等额分享最高传输速度。例如，如果网络连接的带宽速度是 100 Mbit/s，那么在此图中的每个用户平均连接速度只有 25 Mbit/s。

3．交换机

交换机的功能类似于集线器，但连接交换机的每个用户都能获得全部的带宽。当然，交换机也可以用来连接网段。使用交换机组网的组网形式使用集线器完全一致。

图 8-8　使用集线器组网

4．ADSL Modem

ADSL Modem 可将网卡等设备发出的数字信号转换成电话线可以传输的电信号。

5．路由器

路由器是互联网络中必不可少的网络设备之一，它是一种连接多个网络或网段的网络设

242

备，它能将不同网络或网段之间的数据信息进行"翻译"，以使它们能够相互"读"懂对方的数据，从而构成一个更大的网络。

目前大多数家用路由器集成交换、路由、ADSL Modem 和无线网络功能，并且简单易用。

6. 防火墙

防火墙可以是物理设备，也可以是专门的安装软件。防火墙可防止任何未经授权而进入某个已连接到互联网的网络进行外部访问。如果某些信息不符合安全要求，防火墙就会阻止这些信息进入或退出网络。图 8-9 所示为安装了防火墙的网络布局。根据网络配置的不同，防火墙可能会被安装在路由器或独立的计算机上。

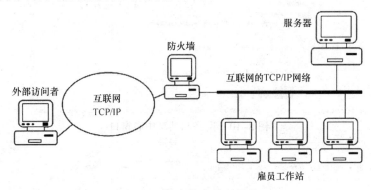

图 8-9　带有防火墙的网络

8.1.5　案例 1——查看计算机网络标识

查看所使用计算机的 IP 地址、计算机名称、网络适配器数量，并设置共享文件夹。

案例分析：

查看 IP 地址的方法有多种，在 Windows 7 系统中常用的方法是使用"网络和共享中心"，同时也可以通过该功能查看网络适配器的数量、属性设置及计算机在网络上的标识，但是在计算机自动获取 IP 地址的情况下，查看 IP 地址操作相对复杂，使用命令查看较为便捷。将文件夹设置为共享可通过快捷菜单完成。

操作方法如下：

（1）选择"开始"→"控制面板"命令，单击"网络和 Internet"项目图标，打开"网络和共享中心"窗口，如图 8-10 所示。

① 查看计算机的网络标识：在右侧窗格的上方将显示当前计算机的网络标识；

② 查看活动网络：在该窗口的"查看活动网络"分组中显示当前网络的类型及活动网络适配器的工作状态。

③ 查看网络适配器数量：单击窗口中左侧导航栏中的"更改适配器设置"链接，可打开"网络连接"窗口，如图 8-11 所示。该窗口显示当前计算机中全部网络适配器的数量及状态，如果网络适配器图标中包含有红色的"×"则表示该适配器未连接，如果图标显示成灰色则表示适配器被禁用。

④ 查看网络适配器的状态及属性：在"网络连接"窗口中选中适配器后右击，在弹出的快捷菜单中选择"状态"命令，弹出适配器所对应的"本地连接状态"对话框，如图 8-12 所示。

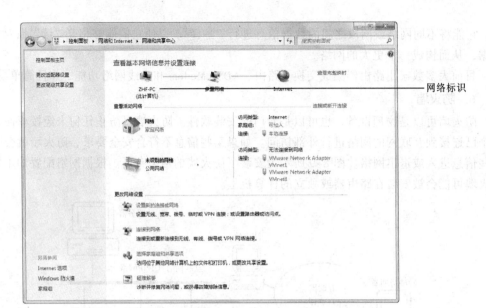

图 8-10　网络和共享中心窗口

图 8-11　网络连接窗口

　　单击"详细信息"按钮后，可显示该连接的各类相关 IP 地址、物理地址和网卡型号等信息，如图 8-13 所示。

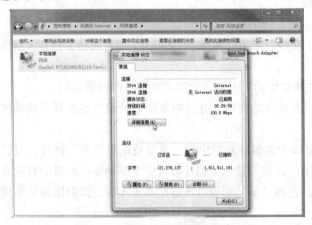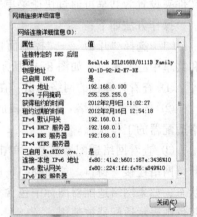

图 8-12　查看本地连接状态　　　　　　　　　图 8-13　本地连接的详细信息

　　提示：大多数情况，IP 地址和 DNS 服务器地址，必须按照上级网络管理机构所指定的进行设置，Windows 对于每个网络适配器，默认设置为 IP 地址自动获取。如果网络运营商使用固定 IP 则需要在图 8-12 所示的对话框中单击"属性"按钮，在弹出的"本地连接属性"对话框中，选中"Internet 协议（TCP/IP）"相应版本后，再次单击"属性"按钮，在弹出对话框进行设置，如图 8-14 所示。

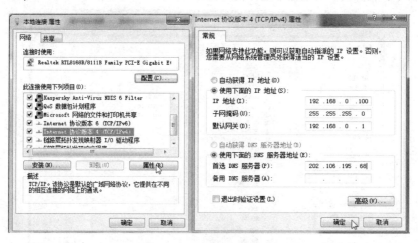

图 8-14　设置固定 IP 地址

（2）使用命令查看 IP 地址：首先单击"开始"按钮，在"搜索程序和文件"对话框中输入 CMD，按【Enter】键，然后在如图 8-15 所示的命令窗口中输入 ipconfig 命令后，再次按【Enter】键。

（3）更改计算机的网络标识：选中桌面上"计算机"图标右击，在弹出的快捷菜单中选择"属性"命令，在"系统属性"窗口中，可查询到当前计算机在网络上的名称和所属工作组，如需更改计算机的网络标识，可以单击"更改"按钮，弹出"系统属性"对话框完成，如图 8-16 所示。

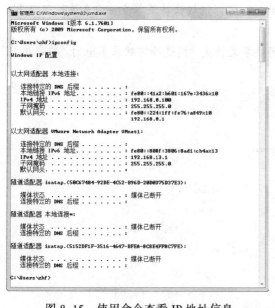

图 8-15　使用命令查看 IP 地址信息

图 8-16　查看计算机名称

提示：在同一网络中，不允许两台计算机出现相同的 IP 地址和计算机名称。

（4）共享文件夹：选中需要共享的文件夹右击，在弹出的快捷菜单中选择"共享"→"待定用户"命令，在弹出的对话框中进行相关设置，如图 8-17 所示。

图 8-17　设置共享文件夹

提示：

在 Windows 7 第一次连接到网络时，必须选择网络位置。这将为所连接网络的类型自动设置适当的防火墙和安全设置。如果用户在不同的位置（例如，家庭、本地咖啡店或办公室）连接到网络，则选择一个网络位置可帮助确保始终将计算机设置为适当的安全级别。

当局域网内的计算机加入同一个组时。共享时可以通过快捷菜单直接设置选择组内用户的权限。

如果未建立组，或者只想让特定人员访问共享文件夹，则选择快捷菜单中的"特定用户"命令，设置共享权限，如图 8-18 所示。

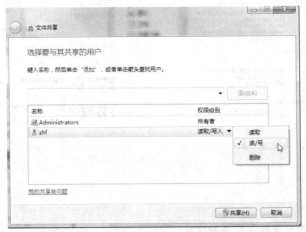

图 8-18　共享权限设置

（5）通过网上邻居查找所使用的计算机，验证文件夹共享及权限设置是否正确。

小结：

计算机中存储和处理的都是二进制数据，传输这些数据产生的内部信号称之为数字信号，借助电话线等媒质将计算机连接成网络，需要将需要传输的数字信号转换成媒质可以接收的电流形式，这一过程称之为数字/模拟（D/A）变换，反之称为模拟/数字（A/D）变换，完成 A/D 和 D/A 变换的设备被称为调制解调器，也称为 Modem（猫），在没有网线、无线网络等情况下，利用身边的电话线，使用电话 Modem 也可以连入 Internet。

所谓带宽又叫频宽，是指在固定时间内可传输的资料数量，亦即传输管道传递数据的能力。在数字设备中，频宽通常以 bit/s 表示，即每秒可传输之位数。例如，局域网的带宽为 100 bit/s，其含义是理想状态下，每秒可以传输 100 M 二进制位，大约等于 12.5 Mbit/s，所以所说的百兆局域网实际的传输速度大致等价于 12.5 Mbit/s。

一台计算机上可以安装多个网络适配器，但是每个适配器必须具有独立的 IP 地址，不能为两个适配器指定同一个 IP 地址。

可以这样理解，每一个网络适配器是从属于计算机的硬件，而每个硬件都具有自己独立的属性，例如，IP 地址、DNS 等，就像一个公司中有多个业务员，他们完成相同的工作，但是每人都有自己独立的员工编号、销售额等信息。

只有在打开网络发现的情况下，计算机才会自动出现在网络邻居或者组中。网络发现是一种网络设置，该设置会影响计算机是否可以找到网络上的其他计算机和设备，以及网络上的其他计算机是否可以找到用户的计算机。

网络发现状态有三种：

（1）启用。此状态允许用户的计算机查看其他网络计算机和设备，并允许其他网络计算机上的人可以查看本机。这使共享文件和打印机变得更加容易。

（2）禁用。此状态阻止用户的计算机查看其他网络计算机和设备，并阻止其他网络计算机上的用户查看本机。

（3）自定义。这是一种混合状态，在此状态下与网络发现有关的部分设置已启用，但不是所有设置都启用。

提示：

按【Windows+R】组合键可以快速打开"运行"对话框。

选中桌面上的"网络"图标右击，选择"属性"命令，可以打开"网络和共享中心"窗口。

在命令窗口中执行 ipconfig all 命令可以查看本机的所有网络连接及相关属性。

在任意一个窗口的地址栏中输入"\\IP 地址"可以实现快速访问使用该 IP 地址的计算机，查看其共享文件。

8.2　接入 Internet

Internet 译为因特网，是将横跨全球的各种不同类型的计算机网络连接起来的一个全球性的网络。在 Internet 上有取之不尽、用之不竭的信息财富。随着信息技术的发展，人们对

第 8 章　网络技术基础

网络的依赖性日益增强，日常的办公和学习等工作都需要借助 Internet 这一工具完成，针对家庭用户和小型企业来说，让计算机或小型局域网络接入 Internet 的主要方法有 ADSL 接入、小区宽带接入和 3G 网络接入等。使用任何一种接入方式，都需要有 Internet 服务供应商（Internet Service Provider,ISP）的支持，国内常见的 ISP 有中国联通、中国电信、中国移动和263 网络集团等公司。

8.2.1 案例 2——使用 ADSL 接入 Internet

如已经申请到中国联通的 ADSL 业务，除得到了登录的用户名和密码外，还免费领取了一部网卡接口的 ADSL Modem 和分频器，现在需要将所使用的一台计算机接入 Internet。

案例分析：

使用 ADSL 接入 Internet，首先需要完成 ADSL Modem 与电话、ADSL Modem 与计算机的连接。

完成线路连接后，使用"网络和共享中心"中的"设置新的连接或网络"功能，输入用户名、密码等信息，创建连接。

这种连接方式，对应向导中的"宽带（PPPoE）"类型。

操作方法如下：

（1）准备好电话连接线，完成如下操作：

① 连接分频器：将电话线从电话机接口中拔出，将其插入分频器的"LINE"接口。

② 连接电话机：使用电话线将电话机连接至分频器的"PHONE"接口。

③ 连接 ADSL Modem：使用电话线将 ADSL Modem 的 DSL 端口连接至分频器的"MODEM"接口，如图 8-19 所示。

（2）完成 ADSL Modem 与计算机的连接：首先要确保计算机上安装有网卡，然后使用网线将ADSL Modem 的 Ethernet（以太网）端口与计算机

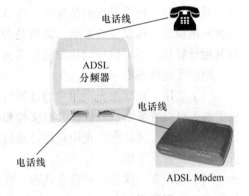

图 8-19　线路连接

上的网卡端口连接起来。连接完毕后，打开计算机和 Modem 的电源。

（3）打开如图 8-10 所示的"网络和共享中心"窗口，单击窗口"更改网络设置"区域中的"设置新的连接或网络"链接，打开"设置连接或网络"向导窗口。

① 选择连接选项：如图 8-20 所示，用户需要根据实际应用场合选择，例如，根据本案例的需求，选择"连接到 Internet"等。

② 设置如何连接：如图 8-21 所示，Windows 会根据计算机所连接的设备，自动推荐连接方式。

③ 输入网络服务信息：输入申请账号时获得的用户名和密码等选项后，单击"连接"按钮，如图 8-22 所示。

提示：

"允许其他人使用此连接"复选框指的是除当前系统用户外，其他用户是否可以进行拨号连接。

向导对连接名称不做严格限制，用户在设置过程中可随意输入；用户名和密码可以不输入，如果这样，每次执行连接时都需要重新输入这些信息。

图 8-20　网络连接类型

图 8-21　选择连接方式

④ 所有设置完毕后，执行连接可在状态栏中看到 图标，表示已经通过 ISP 认证，已经连线，单击图标，弹出图 8-23 所示的对话框，可选择断开连接或者打开"网络和共享中心"窗口。

图 8-22　输入服务信息

图 8-23　网络连接状态

小结：

ADSL（Asymmetric Digital Subscriber Line）即非对称数字用户环路。所谓非对称是指：上行（从用户到电信服务提供商方向，如上传动作）和下行（从电信服务提供商到用户的方向，如下载动作）频宽不对称（即上行和下行的速率不相同），通常 ADSL 在不影响正常电话通信的情况下可以提供最高 1 Mbit/s 的上行速度和最高 8 Mbit/s 的下行速度。目前，因地区不同各 ISP 推出的服务也不同，例如，512 Kbit/s、1 Mbit/s 和 2 Mbit/s 下行速率的产品等。

大多数 ADSL Modem 支持 DHCP（Dynamic Host Configuration Protocol）即动态主机分配协议，当计算机连接至 Modem 的 Ethernet（以太网）后，将自动获取 IP 地址。建立拨号连接的过程，实际上等于在系统中增加一个虚拟网络适配器，该适配器负责调用网卡和其他的设备访问 Internet。

不论使用何种方法连入 Internet，通用的操作步骤都是安装硬件、连接线路和执行连接向导。有些地区针对包月或包年用户，将用户名和密码内置在 ADSL Modem 中，用户仅需连线便可直接使用。除 ISP 特殊说明设置为指定的 IP 地址外，均应将计算机的 IP 地址设置为自动获取。可以将 ADSL Modem 理解为计算机的网关。

提示：可在"网络连接"窗口中找到创建的拨号连接，通过右键快捷菜单可在桌面上创建快捷方式，如图 8-24 所示。

图 8-24　宽带创建连接的快捷方式

有些 ISP 提供 USB 接口的 ADSL Modem，这种情况下，仅需将其采用 USB 连接线和电话线与计算机和分频器相连，其他操作步骤与上述一致。

8.2.2　案例 3——使用小区宽带接入 Internet

随着 IT 技术的不断发展，很多写字楼和小区已经实现光纤入户和以太网入户，与之相对应，ISP 提供了小区宽带这种接入 Internet 的方式。

本案例的主要内容是使用小区宽带方式接入 Internet。

案例分析：

使用小区宽带接入 Internet 方式与 ADSL 接入方式有区别，这种接入方式不使用 ADSL Modem，连接线路时只须使用网线将计算机与小区宽带接口连接。

一般情况下，居民小区采用拨号接入方式，按照使用时长收费，写字楼采用直接接入方式，设置专门的计费网页，用户登录后方可使用。

操作方法如下：

（1）准备好网线，连接计算机和宽带接口。

（2）居民小区宽带用户，操作方法与案例 2 中的步骤一致，使用"设置连接或网络"向导，输入 ISP 分配的用户名和密码，执行建立好的拨号连接，便可接入。

（3）写字楼宽带用户，无须使用"设置连接或网络"建立连接，如果该网络支持自动获取 IP 地址，接好网线后直接打开浏览器，输入任意网址将转到计费管理主页。

提示：在计费主页上可能需要用户下载并安装计费插件。

（4）如果写字楼网络不支持自动获取 IP 地址，则需要与网络管理部门联系，获得 IP 地址和 DNS 地址，使用案例 1 中介绍的方法为计算机设置好这些属性，然后再打开浏览器。如何判断计算机是否得到网络设备自动分配的 IP 地址，采用的方法有以下两种。

① 观察任务栏通知区域的网络图标。

a. 正确获取到 IP 地址并连接至 Internet：一般情况下，任务栏通知区域将显示 📶 图标。

b. 受限制或无连接：这时任务栏通知区域显示 📶 图标，提示"无 Internet 访问"，表示计算机因各种原因不能连接到 Internet，这时需要打开"网络连接"窗口，找到连接的适配器右击，在弹出的快捷菜单中选择"诊断"命令，使用"Windows 网络诊断"向导判断所出现的问题，如图 8-25 所示选择。

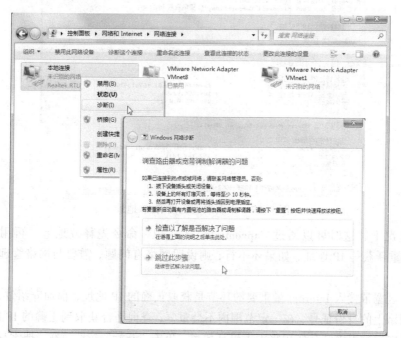

图 8-25　网络连接窗口

如果按照"Windows 网络诊断"向导提示操作，问题依旧存在，则可能要与网络管理部门联系。

② 使用命令观察是否获取到正确的 IP 地址。

采用案例 1 中介绍的方法，打开命令窗口，输入命令 ipconfig 按【Enter】键。

a. 获取到正确的 IP 地址：如果获取到正确的 IP 地址，运行结果与图 8-26 类似。

一般情况下，小区宽带采用内网地址，常见的内网地址见 8.1.3 节 IPv4 部分。

b. 未获取到正确的 IP 地址：使用 ipconfig 查询到的 IP 地址是全 0 或者以 169 开头，运行结果与图 8-27 类似。

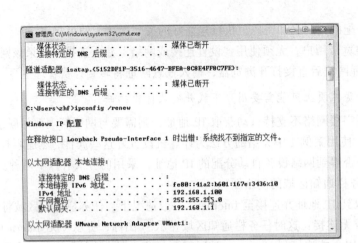

图 8-26　正确获取到 IP 地址

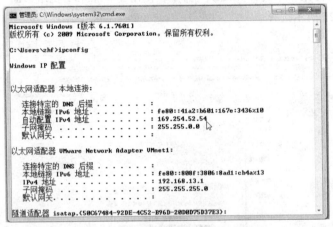

图 8-27　未获取到正确的 IP 地址

这种情况下，这时可以通过"ipconfig/release_all"命令先释放地址，再用"ipconfig/renew_all"重新获得 IP 地址，如果还不行，则说明网络有问题，需要与网络管理部门联系。

小结：

使用小区宽带接入 Internet 最重要的环节是获取正确的 IP 地址，前面介绍过，IP 地址是计算机在网络上的身份证号，在一定范围内不会重复，查询是否获取到正确的 IP 的方法有多种，在实际应用过程中结合使用将大大提高效率。单击"开始"按钮，在"搜索程序和文件"文本框中输入"IP"后按【Enter】键，可迅速打开"网络连接"窗口，查看所有网络适配器的状态，包括是否获得正确的 IP 地址，适配器是否被禁用等信息。

8.2.3　案例 4——接入无线网络

无线网络（WLAN）突破了传统网络的空间限制，用户在无线网络覆盖的任意区域均可接入网络，共享资源和网络连接。在一些餐厅、咖啡厅、商场和办公场所等地点都覆盖有无线网络。

本案例的主要内容是学生接入无线网络的方法。

案例分析：

最常见的无线网络是 AP（Access Point）无线访问结点型无线网络，这种结构是一种不使用网线的局域网结构，所有的计算机与无线接入设备连接，通过它来共享文件和 Internet 连接，如图 8-28 所示。

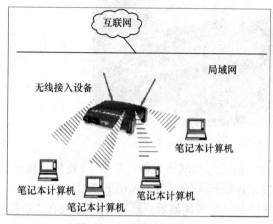

图 8-28   无线网络结构

提示：

客户端不一定是笔记本计算机，只要具有无线网络功能的电子设备均可接入。

一般的无线网络为了保证安全性，均设有密码。

与小区宽带等局域网一样，无线网络接入也需要获取正确的 IP 地址。

操作方法如下：

（1）打开"网络连接"窗口，检查计算机上是否安装有无线网卡，如图 8-29 所示高亮显示的适配器就是无线网络适配器。

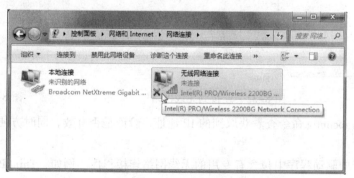

图 8-29   无线网络适配器

（2）确认计算机上的无线网络开关处于打开状态，大多数笔记本式计算机设置有此开关，台式机一般没有，默认处于打开状态，笔记本上的开关有两种形式，一种是如图 8-30 所示的硬开关，还有一种是通过按住【Fn】键同时按某个按键来实现开关；寻找无线网络开关时需要认准图中的标志。

（3）打开无线网络开关后，并且处于 AP 覆盖区域内，单击状态栏中的 📶 图标，可查看附近的无线网络，如图 8-31 所示。

无线网络开启图标

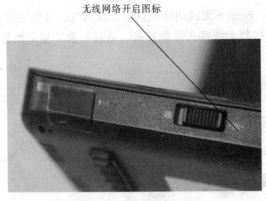

图 8-30 无线网络开关

图 8-31 提示找到无线网络

（4）在窗格中，选中相应无线网络名称，单击"连接"按钮，随后，输入提供的网络密钥，单击"确定"按钮连接到无线网络，如图 8-32 所示。

连接成功后，可在任务栏通知区域看到 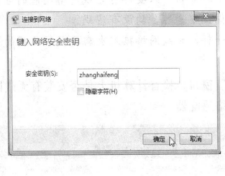 图标，并且在"连接状态"窗格中见到"已连接"字样，如图 8-33 所示。

图 8-32 连接到无线网络

图 8-33 连接成功

（5）使用 ipconfig 命令查看获取到的 IP 地址，验证是否有效，同时方便他人找到自己的计算机。

有些网卡的驱动程序中包含有专用的无线网络连接程序。例如，ThinkPad 笔记本式计算机，可以使用 Access Connections 程序来设置连接。

① 启动连接程序，选中相应的无线网络名称，输入无线密码后，单击"连接"按钮，如图 8-34 所示。

② 连接成功后，窗口中的 AP 显示动画效果，并自动弹出 Access Connection 对话框，将本次配置信息存储起来，如图 8-35 所示。

③ 存储包括连接信息的概要文件后，可进一步对连接到该网络时的其他设置进行修改。例如连接到某一无线网络时自动连接到网络打印机，并进行相关的网络安全设置等，如图 8-36 所示。

图 8-34　选中 AP 进行连接

图 8-35　连接成功存储配置

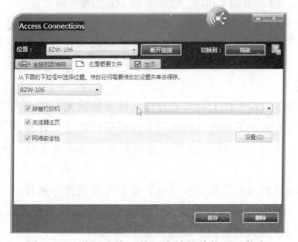

图 8-36　设置连接至某网络时的其他配置信息

第
8
章
网络技术基础

255

小结：

接入无线网络操作与的关键步骤是正确的开启无线网络适配器和使用正确的配置程序，相对于网卡专用的配置程序来说，Windows 配置更加简单，但是，当出现多个无线网络时 Windows 管理的无线连接更容易掉线。网卡自带的配置程序配置起来稍微烦琐一些，但是对于网络的性能发挥、故障检测和稳定性提高方面具有一定的保障。很多无线网卡配置程序支持导入 Windows 设置功能，所以实际应用中可以先使用 Windows 配置无线网络，配置好后将设置导入网卡专用配置程序中。

提示：

要根据网络管理员提供的加密类型进行选择。

尽量不要让 Windows 和网卡自带的应用程序同时管理无线网络，因为这样可能会产生冲突，导致网络稳定性下降。

只有连接到的无线网络 AP 接入 Internet 并且共享该 Internet 连接时，才可通过无线网络上网。

在没有网卡自带的应用程序，又需要使用概要文件的功能，实现不同的无线网络只要设置一次以后再次连接不用重新设置时，可以通过"网络和共享中心"中的"管理无线网络"调整 "首选网络"区域中的顺序提高无线网络的查找速度，从而增强无线网络性能。

直接运行 Windows 提供的"手工连接到无线网络"可以完成一系列的参数设置。

8.2.4　案例 5——使用手机上网卡接入 Internet

手机信号覆盖面积比较大，使用 GPRS、CDMA 和 3G 上网卡接入 Internet 可实现真正的移动上网。

本案例的主要内容是学习使用手机上网卡接入 Internet 的方法。

案例分析：

ADSL 是借助电话线通信网接入 Internet 的，小区宽带是借助提前布好的双绞线（网线）接入 Internet 的，而手机上网卡是借助手机通信网络接入 Internet。

这种接入方式同样需要拨号获取 IP 地址，所以配置方法与 ADSL 和小区宽带类似，手机上网卡的类型介绍见 8.1.4 节的 GPRS、CDMA 和 3G 上网卡部分。

一般手机上网卡均配有专用光盘，光盘中除了包括可以让系统识别上网卡的驱动程序外，还包括专用拨号程序，用户只需要按照说明和向导提示按部就班操作即可完成配置。

操作方法如下：

（1）安装驱动程序：将手机上网卡光盘插入计算机的光驱中，大多光盘都带有自动运行功能，有些计算机系统禁用了光盘自动运行，这时可以通过"计算机"打开光驱图标，查看光盘内容，找到扩展名为".exe"的文件双击执行并观察屏幕变化。大部分的自动运行程序名为"autorun.exe"。

（2）根据安装向导提示安装驱动程序后，安装专用的拨号程序。

（3）有些 SIM、USIM 卡是与手机上网卡分离的，使用前需要按照说明插入卡。

（4）将手机上网卡插入电脑的扩展槽或者 USB 接口。

（5）当系统提示找到硬件，并且可以使用时，执行安装好的拨号程序，按照说明书上的提示进行操作。

小结：

目前市面上流行的手机均支持接入 Internet 服务，具体做法与上述操作方法类似，事先安装手机的 PC 套件，然后使用手机连接线将其连接至计算机的 USB 接口。连接成功后，系统会提示发现调制解调器，并可以使用信息，这时执行 PC 套件中的"连接到 Internet"程序，输入手机运营商处获得的用户名等信息便可实现接入。

使用手机上网卡或者手机直接接入 Internet，与使用 ADSL 接入 Internet 类似，这种方式中上网卡或手机充当 Modem 的角色，大多数上网卡软件都比较人性化，配置起来比 ADSL 接入方式更简单，这种无线接入方式较有线接入方式传输效率稍低。

提示：

使用该接入方式，手机必须支持 GPRS 或 CDMA 和 3G 网络功能。

这种接入方式浏览网页正常，访问扩展名为 asp 或 jsp 等的动态网页时可能会出现异常。

使用手机接入 Internet 之前一定要了解计费方式，一般情况下，手机接入按照流量而不是按时长来收费。

8.3　组建家庭局域网

随着拥有两台甚至更多台计算机的家庭不断增加，以及可移动通信设备的迅速发展，家庭局域网逐渐成为人们关注的焦点。家庭网络产品开始转向无线技术，如数码照相机、笔记本式计算机、手提终端设备、支持 Wi-Fi 的手机、PSP 和数码玩具都会采用无线技术。同样，高速的无线局域网产品为家中各种设备的连接提供了新的选择。

目前常用的家庭组网，以有线和无线路由器形式的居多，因为这种组网形式不受空间限制，即使在装修过程中没有设计网络布线，使用无线路由器也可以方便地搭建家庭局域网。

8.3.1　案例 6——使用无线路由器组建家庭局域网

常见无线路由器的主要功能：

（1）提供覆盖一定范围的无线局域网接入服务。

（2）提供多个有线网络接口，可组建有线局域网。

（3）提供 WAN（Wide Area Network）广域网或 Internet 接口，并且内置拨号程序，可根据用户需求连接 ADSL Modem、小区宽带等网络。

（4）简单的网络管理功能。

本案例的主要内容是通过无线路由器组建三台计算机的局域网，结构如图 8-37 所示。

案例分析：

组建家庭局域网首先要将无线路由器的 WAN/Internet 端口，与 ADSL Modem 的以太网端口或者小区宽带端口连接。

然后使用网线将台式计算机连接至无线路由器的 LAN/Ethernet 组中的任意端口。

最后，通过有线网络访问路由器地址，对其进行一些常规配置，例如，将 ISP 分配的用户名和密码等信息配置到路由器中并设置无线网络密码等。

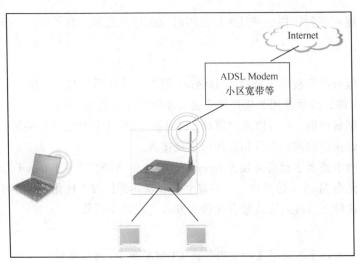

图 8-37   连接拓扑结构

操作方法如下：

（1）连接设备：路由器的背面设置有两类网络接口，一类接口上标注 Ethernet 或 LAN，另一类接口上标注 Internet 或者 WAN，两类端口的颜色不一样，一般情况下 Ethernet 端口的数量比 Internet 端口的数量多，如图 8-38 所示。

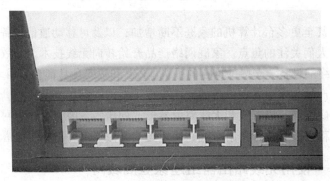

图 8-38   无线路由器背面接口

① 使用网线将路由器中的 Internet 端口与 ADSL Modem 上的 Ethernet 端口连接。

② 使用网线将计算机连接至 Ethernet 类中的任意一个端口。

③ 开启所有设备的电源。

（2）访问路由器配置页面。

① 检查通过有线连接的计算机是否获取正确的 IP 地址，如未获取，则需要检查连接线路，并查阅无线路由器的说明书，以确定是否需要手动设置计算机的 IP 地址。

② 查阅说明书上的路由器 IP 地址及登录用户名、密码，如果路由器说明书丢失，可以查阅机身上是否注明，如果忘记以前设置过的地址，可以在通电情况下，按住该设备上的 "Reset" 按钮 5 秒钟以上来恢复出厂设置。

③ 启动通过有线连接的计算机上的浏览器，输入路由器的 IP 地址后按【Enter】键，以 "LINKSYS WRH54G" 无线路由器为例，在出现的页面上单击 "快速安装向导" 图标，随后在系统弹出的登录对话框中输入用户名和密码后，单击 "确定" 按钮，如图 8-39 所示。

图 8-39　启动快速安装向导

（3）在"快速安装向导"中按照提示完成路由器与上一级网络连接设置。

① 选择路由器连入 Internet 的方式，如图 8-40 所示。

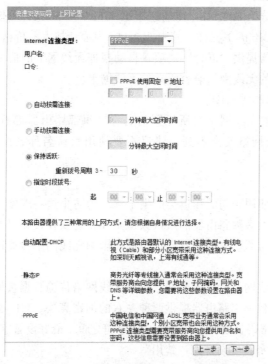

图 8-40　设置路由器 Internet 的连接类型

该步骤与将单机接入 Internet 类似，"Internet 连接类型"是指路由器连接到 Internet 的方式，并且提供 3 种连接类型供用户选择，如果以前单机联网是先拨号后使用的，则选择"PPPoE"类型，如果以前单机联网无须拨号直接就可以访问 Internet 的则选择"自动配置–DHCP"类型，如果以前单机上网需要首先设置成网管分配的 IP 和 DNS 服务器地址则选择"静态 IP"，一般情况下 ADSL 和小区宽带用户都属于"PPPoE"类型，选择这种类型，还需要在"用户名"和"口令"区域输入 ISP 分配的相关内容。

② 选择何时拨号连接。

a. 自动按需连接。当路由器上连接的计算机有 Internet 访问需求时，路由器进行自动拨号，如果连接空闲到达指定时间，则切断 Internet 拨号连接。

b. 手动按需连接。需要访问 Internet 时，首先所输入路由器的 IP 地址，访问配置页面，单击页面上的"连接"按钮，手动拨号，使其接入 Internet，如果需要断开，可通过管理页面完成，也可以设置连接空闲到达指定时间，切断 Internet 拨号连接。

c. 保持活跃。路由器只要一开机，就自动执行拨号，连接到 Internet，并且不会自动切断连接。

d. 指定时段拨号。让路由器在指定的时间段中访问 Internet。

可根据自己的实际需求选择，如果是包月、包年用户建议选择"保持活跃"或"自动按需连接"，如果是按小时计费用户建议选择"手动连接"。应认识到"自动按需连接"这种形式不仅在启动浏览器时进行连接，当计算机系统中安装有自动升级的杀毒软件或者访问网络的木马或者病毒时，也是按需连接。

（4）在"快速安装向导"中按照提示，设制无线网络信息。

① 选择无线网络模式。

目前的无线网络共分为 802.11b（传输速率 11 Mbit/s）、802.11g（传输速率 54 Mbit/s）和 802.11n（传输速率 300 Mbit/s）三种，其中 802.11n 为最新技术，价格较高，802.11b 出现较早目前濒临淘汰，路由器提供"混合"选项，自动根据无线网卡的情况进行调整，建议选择这一选项，以保证自己的无线网络兼容所有的无线网卡。

② 设置无线网络名称（SSID）。

SSID 是客户端搜索无线网络时所见到的名称，每部路由器都有自己的默认名称，但是使用默认名称对无线网络安全不利，建议不要使用默认名称，设置具有个性的无线网络名称。

③ 设置无线频道。

不同的无线路由器使用相同的频道会产生干扰，为防止这一现象发生，无线路由器提供了无线频道设置功能，大多数路由器的默认频道是 6，建议在设置时对该频道进行修改，以防止自己的无线路由器与邻居家的相互干扰，从而影响无线网络传输速率和稳定性。

④ 设置安全模式。

该选项用于加密无线网络传输的数据，防止无线网络传输数据被他人窃取。其中包括设置无线网络密码，大多数家用路由器提供两种左右的加密算法，WPA Personal（TKIP）加密算法是最常用的，它的密码长度要求在 8～63 个字符之间，最好设置字母与数字混合的密钥。如果无线网络不需要加密，可设置为"禁用"。

完成上述设置后，便可以通过有线或无线网络访问 Internet 和局域网中的计算机。

小结：

　　ADSL 用户数量巨大，很多网络设备厂商推出了集成 ADSL Modem 的无线路由器，使用这种路由器组建家庭局域网更加简便，将计算机和电话线连接至相关接口，使用路由器提供的向导进行配置即可。

　　组建家庭或小型办公局域网的主要环节是连线和路由器中 Internet 连接类型的选择，在选择连接类型时，可将路由器类比成一台个人计算机，其连接方式与个人计算机相同。当出现故障无法连接至 Internet 时，首先需要检查客户端计算机是否获取正确的 IP 地址，如果总是获取不到，则需要检查路由器中的"DHCP 服务器"是否开启，如图 8-41 所示。此外，开机时应尽量遵循先开 ADSL Modem，再开路由器，最后开计算机的顺序。

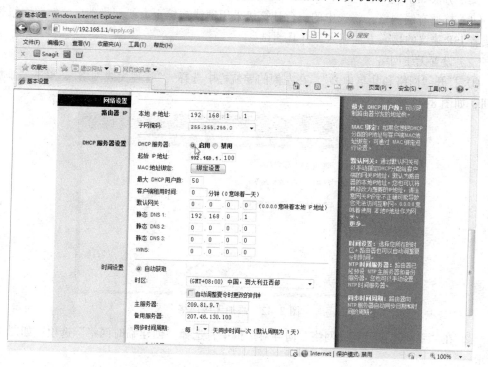

图 8-41　开启 DHCP 服务器

提示：

　　在路由器的配置页面中进行的任何配置，在保存配置后才可生效。

　　如果不需要无线网络，可使用具有交换功能的有线路由器组建网络以节省经费。将所有的计算机采用网线与路由器相连，然后按照本案例中介绍的类似方法，对路由器进行配置即可。

8.3.2　案例 7——共享 Internet 连接

　　在某些场合下，例如，召开小型会议时，会议室内只有一个有线网络端口，没有无线网络和路由器，只能连接一台计算机，而有多人参加会议并且都需要访问网络，这时可以选取一台同时具有有线网卡和无线网卡的计算机，将无线网卡工作模式设置为 AP（无线访问结点）模式共享 Internet 连接，为其他具有无线网络的计算机提供接入服务。

案例分析：

首先需要保证提供共享连接的计算机有线网络畅通，然后将该计算机的无线网络适配器设置成 AP 模式，最后共享有线连接。

要更改无线网卡的工作模式，也就是更改它的一个属性，因此可以通过无线网卡的"属性"对话框完成。

让无线网卡工作在 AP 模式，为其他具有无线网卡的计算机提供接入服务，首先要实现其他的计算机能够搜索到提供无线接入服务计算机的无线网络，这就需要为该计算机的无线网卡指定网络名（SSID）。

操作方法如下：

（1）接通有线网络：将选中的一台计算机采用网线连接至有线网络端口，按照网络管理员或者 ISP 建议的接入方法接入，并且测试。

（2）设置无线网络

① 打开"网络和共享中心"，在左侧的导航栏中选择 "管理无线网络"，单击"添加"按钮，如图 8-42 所示。

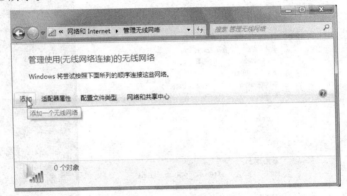

图 8-42　添加无线网络

② 在"手动连接到无线网络"向导对话框中，选择"创建临时网络"选项，如图 8-43 所示。

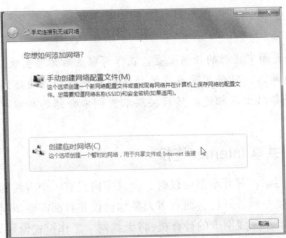

图 8-43　创建临时网络

提示：临时无线网络是专门为无线网卡之间连接所设置的选项，使用此功能的计算机距离应不大于 30 ft（9.144 m）。

③ 输入临时网络的名称，并设置密码后，单击"下一步"按钮，如图 8-44 所示。

④ 选择"启用 Internet 连接共享"选项，如图 8-45 所示。

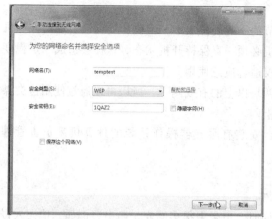

图 8-44　设置名称和密码

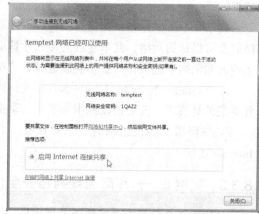

图 8-45　启用 Internet 连接共享

⑤ 其他计算机搜索到接入计算机添加的无线网络，连接成功后，便可访问 Internet。

提示：

选取的接入计算机配置最好高一些，因为它还要同时发挥无线路由器的部分功能。

只有在计算机具有一个以上网卡时才可以共享某一适配器的连接。

所有使用共享连接的计算机必须设置成自动获取 IP 地址。

共享连接后，Windows 自动将无线网络适配器的 IP 地址设置成内网地址 192.168.0.1。

小结：

（1）共享无线连接。

在所在环境只提供无线网络的情况下，可以采用本案例中介绍的方法，选取一台同时具有有线网卡和无线网卡的计算机，采用交叉网线连接一台没有无线网卡的计算机，然后通过无线网卡接入网络，使仅有有线网卡的计算机能够访问 Internet。

提示：

交叉网线与普通网线不同，这种网线两个接头的线序不一样，主要用于两台计算机通过网卡相连。

随着技术的发展，较新的计算机使用普通网线也可以相连。

（2）共享 ADSL 连接。

① 前面曾经提到，ADSL 连接实际上是一个虚拟的网络适配器，所以在家庭中只有两台计算机的情况下，如果使用的 ADSL Modem 是 USB 接口的话，可先采用交叉网线将两台计算机相连，然后将连接 USB Modem 的计算机中的 ADSL 连接共享，实现两台计算机均可访问 Internet。

② 为台式计算机加装无线网卡，然后通过无线网卡的 AP 工作模式，将 ADSL 连接共享出去，是一种节约成本的方法。共享 Internet 连接的基本思想是：将网络中的一台计算机指

定为主机。主机与 Internet 连接，其他网络计算机共享该 Internet 连接。在 Windows 7 中使用 ICS 来实现共享。具体操作方法是：

打开"网络连接"，右击要共享的连接，在弹出的快捷菜单中选择"属性"命令。切换至"共享"选项卡，然后选中"允许其他网络用户通过此计算机的 Internet 连接来连接"复选框。

共享 Internet 连接，无需路由器，可以节约一些硬件成本，但是，要保证所有的计算机随时都可以访问网络，共享连接的接入计算机必须一直保持开机状态，这样会造成一定程度的能源和网络系统资源浪费，所以这种方式仅适合应急使用。

a. Windows 2000/2003/2008 Server 支持两块以上的有线网卡，所以可以通过使用这类操作系统的计算机，安装两块网卡来实现共享上网。

b. 在使用交换机组网时，最好设置一台安装有服务器操作系统的计算机来负责管理 Internet 连接。

8.3.3 案例 8——提高无线网络安全性

采用无线路由器的网络覆盖范围较广，同时，也带来很多的安全隐患，例如，他人入侵无线网络，通过系统漏洞窃取机器上的资料，以及窃取 Internet 连接造成不必要的经济损失等。本案例的主要内容是通过路由器设置来增强无线网络的安全性。

案例分析：

（1）使他人无法搜索到无线网络。

当禁用无线网络名称（SSID）广播时，只有网络管理者告诉无线接入者无线网络的名称（SSID）时，访问者才可通过手动添加的方式接入，使用 Window 搜索无线网络时搜索不到。

（2）设置复杂的共享密钥。

即使他人通过其他手段获得了无线网络名称，因无线网络采用加密技术，没有密钥也不能轻而易举地接入。

（3）设置禁止无线客户端访问路由器配置页面。

进行此设置，可进一步提高安全性，使通过无线入侵家庭局域网的人不具有查看和配置路由器的权限，这种模式下，只有通过有线连接的计算机才可以对路由器进行访问。

（4）更改无线路由器的 IP 地址、名称和登录密码。

如果他人已经破解密钥，可以接入无线网络，但是不知道路由器地址和登录名称和密码，也无法对路由器信息进行查看和更改。

（5）使用无线 MAC（物理）地址过滤。

每块网卡都有全球唯一的 MAC（Media Access Control）介质访问控制标识，在路由器上可以设置 MAC 地址过滤，仅允许已知 MAC 地址的计算机访问网络，从而来保证网络安全性。

（6）MAC 地址与 IP 地址绑定。

大多数路由器都提供 DHCP 服务器的功能，即接入计算机可以自动获得内网 IP 地址，这样可方便用户接入网络，但是，同一台计算机可能每次得到的 IP 地址不一样，这样一方面不方便局域网共享，因为通过 IP 地址访问指定的计算机前还需要查询，另一方面，降低网络安全性，即使有非法接入的计算机也不容易被发现。在路由器上可以设置 MAC 地址与 IP 地址绑定，既方便网上邻居访问，又提高网络安全性。以下操作以"LINKSYS WRH54G"为例。

操作方法如下：

（1）禁用无线网络名称（SSID）广播。

① 在通过有线连接的计算机上，启动浏览器，输入路由的 IP 地址"192.168.1.1"后按【Enter】键，访问路由器的配置页面，单击"高级设置"按钮，输入登录用户名和密码后确定；

② 因需要设置无线部分的属性，所以选择一级导航栏上的"无线"栏目，而后选择二级导航栏中的"基本无线设置"，禁用"无线 SSID 广播"，单击"保存设置"按钮，如图 8-46 所示。

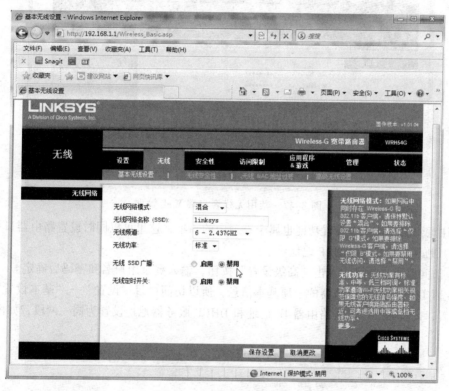

图 8-46　禁用 SSID 广播

③ 验证：在具有无线连接功能的机器上搜索无线网络，查看是否在列表中出现无线网络的名称。

（2）更改无线网络共享密钥。

① 访问路由器地址，单击"高级设置"按钮，输入登录用户名和密码后确定。

② 因需要设置无线网络密钥，所以选择一级导航栏中的"无线"类别，而后选择二级导航栏中的"无线安全性"。

③ 对于家庭用户来说，较为先进而又易用的安全模式是"WPA2 Personal"，WPA（Wi-Fi Protected Access）加密算法是"TKIP+AES"，共享密钥部分输入字母和数字相混合的字符。

提示：更改共享密钥后所有的客户端计算机都需要重新连接无线网络，必须牢记密钥。

（3）设置禁止无线用户访问路由器配置页面。

① 访问路由器地址，单击"高级设置"按钮，输入登录用户名和密码后确定。

② 因通过无线访问对路由器进行配置属于管理的一种方式，首先访问一级栏目"管理"栏目，然后选择二级栏目中的"管理"，设置禁用"无线客户端访问 Web 管理"后，单击"保存设置"按钮，如图 8-47 所示。

图 8-47　禁用无线客户端 Web 管理

应注意到路由器口令设置功能也属于管理中的一项，这里可以同时设置路由器口令。

（4）更改无线路由器的 IP 地址

① 访问路由器地址，单击"高级设置"按钮，输入登录用户名和密码后确定。

② 因 IP 地址属于路由器的一项基本信息，所以访问栏目"设置"→"基本设置"便可完成设置，设置时要注意将路由器 IP 地址和 DHCP 服务器地址设置为同一网段，如图 8-48 所示。

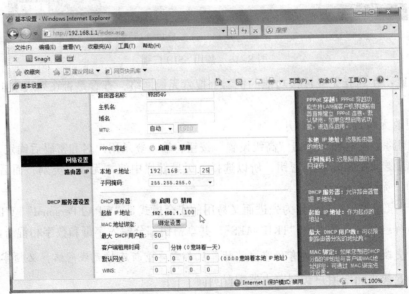

图 8-48　设置路由器 IP

图中 DHCP 的起始地址是"192.168.1.100"表示路由器为其他客户端分配地址时从该地址开始，应观察到前面的"192.168.1"是不可以被更改的，这就是设置的网段，本案例中将路由器 IP 地址设置为"192.168.1.25"，与 DHCP 起始地址同一网段。应注意到，IP 地址设置过程中任何一个十进制数都不要超过 255，并且不要设置末位是 0 和 255 的地址，因为它们具有特殊含义。

③ 单击"保存设置"按钮。

提示：以后需要通过更改后的 IP 地址来访问路由器的配置页面。

（5）进行无线 MAC（物理）地址过滤设置。

① 访问路由器地址，单击"高级设置"按钮，输入登录用户名和密码后确定。

② 因需要对无线网络进行 MAC 地址过滤，所以访问栏目"无线"→"无线 MAC 地址过滤"可完成相关设置。

③ 首先启用"无线 MAC 地址过滤"功能，设置过滤操作为"只允许列出的 PC 访问无线网络"。

④ 单击"编辑 MAC 地址过滤列表"按钮，"打开过滤列表"窗口，如图 8-49 所示。通过该对话框即可以手动添加 MAC 地址，也可以单击"无线客户端 MAC 地址列表"按钮，获取目前连接到无线网络计算机的 MAC 地址。

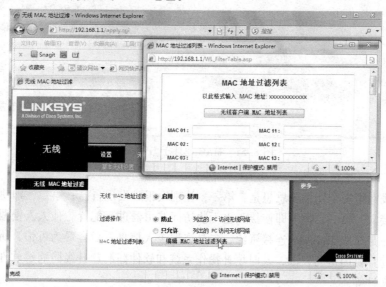

图 8-49　无线 MAC 地址过滤

⑤ 单击"无线客户端 MAC 地址列表"按钮查看当前在线的计算机，启用过滤，更新MAC 过滤列表，如图 8-50 所示；

提示：设置过滤操作时应明确"防止"和"只允许"两个选项的区别。

（6）MAC 地址与 IP 地址绑定。

① 访问路由器地址，单击"高级设置"按钮，输入登录用户名和密码后确定。

② 因 IP 地址自动分配是路由器的一项基本功能，所以访问栏目"设置"→"基本设置"找到"DHCP 服务器设置类别"可以完成相关设置。

图 8-50　查看活动无线连接计算机

③ 单击"绑定设置"按钮，可打开绑定设置窗口，在窗口中输入 MAC 地址和 IP 地址后即可完成绑定，这样，列表中每台计算机的 IP 地址就固定了，如图 8-51 所示。

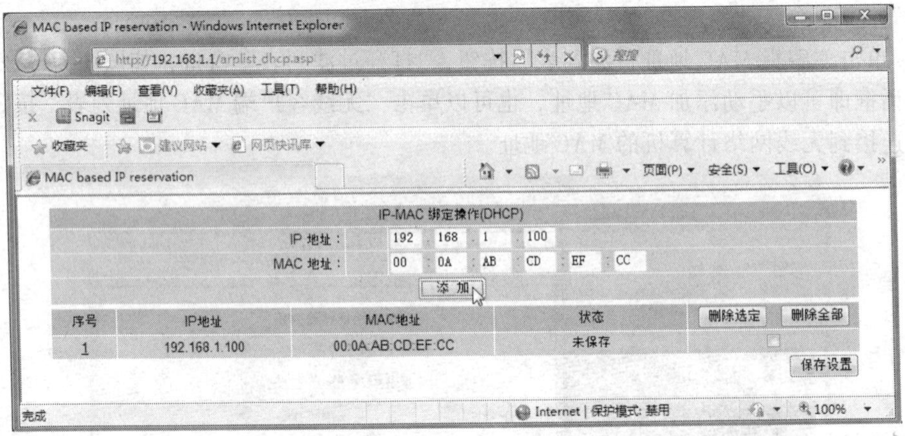

图 8-51　MAC 地址于 IP 绑定

小结：

增强无线网络安全性主要思想是：第一，让别人很难发现自己；第二，即使发现尚需输入密钥才能接入；第三，他人即使接入也无法访问路由器进行配置。他人入侵网络的主要目的有两个：一是窃取 Internet 连接资源，二是盗取个人信息。后者最为可怕，所以还需要注意设置每台计算机的访问权限，及时填补操作系统和软件漏洞和升级防病毒软件，尽量不要共享重要的文件等。

ipconfig 命令不仅可以查看本机的 IP 地址，也可以查看本机上所有网络适配器的 MAC 地址。启动命令窗口，在命令窗口中输入命令 ipconfig –all 后，按【Enter】键，如图 8-52 所示。

MAC（物理）地址的使用 48 位（6 字节）二进制数存储，通常表示为 12 个 16 进制数，每 2 个 16 进制数之间用冒号或者半字线隔开，例如，00-12-F0-C4-5D-E7 便是一个 MAC（物理）地址，其中前 6 位 16 进制数 00-12-F0 代表网络硬件制造商的编号。MAC（物理）地址全球唯一，IP 地址是网卡的逻辑标识，而 MAC 地址是固化在网卡中的物理标识。在进行MAC 地址过滤和 IP 绑定操作过程中，可以借助 ipconfig –all 命令来查询每台计算机网卡的物理地址。

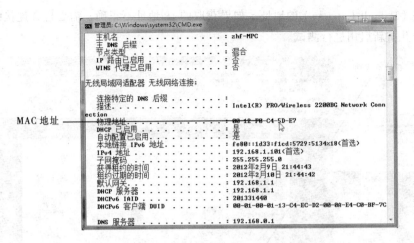

MAC 地址

图 8-52　查看 MAC 地址

在提高无线网络安全性方面，除了案例中介绍的几种方法外，最常用的还有禁止 DHCP 服务，这样就要求接入计算机必须使用网络管理者分配的 IP 地址和 DNS 地址连接网络。

因为 IP 地址是网络中的标识，所以采用固定 IP 后，即使他人破解了无线网络密钥，但是始终获取不到 IP 地址，也无法使用网络资源。

在使用固定 IP 地址时，尽量不要使用大多数家用路由器默认的 IP 地址段，例如，192.168.0.x 和 192.168.1.x，可以使用其他的内网地址，例如 10.x.x.x 或 172.16.x.x 等。

8.3.4　案例 9——简单网络故障处理

家庭和小型办公网络的主要功能是提供 Internet 连接和局域网共享，使用过程中，容易出现因为一些低级错误而导致的故障，这些故障通过一些简单的技术便可解决。

案例分析：

当发生网络故障时，首先要检查硬件部分是否工作正常，电源是否打开，连接线是否出现问题。

在检查完毕后，如仍工作不正常，需要使用常用的测试命令检查故障所在。

操作方法如下：

1. 无法访问 Internet

（1）打开"网络连接"窗口，查看常用的网络适配器是否处于以连接状态，如果显示未连接或者网络电缆被拔出则需要检查 ADSL Modem 和无线 AP 是否开启，连线是否正常。

（2）经检查网络连接正常后，检查是否已经执行了拨号程序，如采用 ADSL Modem 直接接入，需要检查是否执行了计算机上的拨号程序，采用路由器接入 Internet 的用户需要检查路由器是否拨号成功，检查路由器是否成功拨号的方法是访问路由器管理界面，如果路由器获得了合法的 IP 地址则表示成功，如果获取到的地址是全 0，则不成功，需要检查路由器与 ADSL Modem 或者小区宽带的连接情况，如图 8-53 所示。

（3）连接正常拨号也正常，仍旧不可访问 Internet，这时首先应启动浏览器，选择"文件"→"脱机工作"命令，查看该选项是否选中，如果选中去掉该选项再重新测试。如果仍旧不能解决问题，打开命令窗口，执行命令 ipconfig 查看计算机是否获取正确的 IP 地址，同时记录默认网关（Default Gateway）的地址。如果获取的 IP 地址不正确，需要检查连接线，禁用网络适配器并重新启用进行测试。

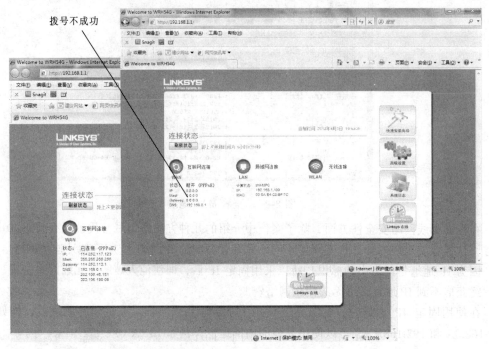

图 8-53　路由器拨号状态

（4）如果获取 IP 地址正常，则需要检查与上级网络设备（默认网关）的连接情况，具体做法是启动命令窗口，执行命令"ping 网关 IP 地址"，如果显示的结果是 Hardware Error 或者 Request Time out 和 Destination host unreachable 则表示与上级设备无法连通，这时仍需检查连接线和适配器是否工作正常，例如，无线网络开关未打开则出现 Destination host unreachable 的提示，正常状态的 ping 命令运行结果如图 8-54 所示。

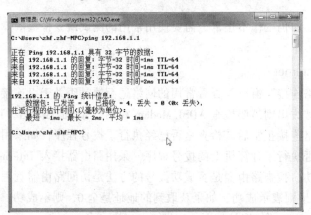

图 8-54　Ping 命令运行结果

2. 多次尝试拨号不成功

表现为用户名和密码正确，多次执行拨号程序失败。

（1）首先检查电话线有无问题（可以将电话线从 ADSL Modem 中拔出，插上电话测试是否有拨号音），如果正常，接着检查信号分频器是否连接正常（其中电话线接 Line 口，电话机接 Phone 口，ADSL Modem 接 Modem 口）。

（2）如果信号分频器的连接正常，接着检查 ADSL Modem 的"Power（电源）"指示灯是否亮，如果不亮，检查 ADSL Modem 电源开关是否打开，外置电源是否插接良好等。

（3）如果亮，接着检查"DSL"指示灯状态是否正常（常亮正常，不断闪烁不正常）；如果不正常，检查 ADSL Modem 的各个连接线是否正常（从信号分频器连接到 ADSL Modem 的连线是否接在 Line 口；与网卡连接网线是否接在 LAN 口，是否插好），如果连接不正确，重新接好连接线。

（4）如果正常，接着检查 LAN 或 PC 指示灯状态是否正常。如果不正常，检查 ADSL Modem 上的 LAN 口是否接好，如果接好，接着测试网线是否正常，如果不正常，更换网线；如果正常，将计算机和 ADSL Modem 关闭 30 秒后，重新开启 ADSL Modem 和计算机电源。

（5）如果故障依旧，接着检查网卡是否正常（是否接触不良、老化、损坏等），可以用替换法进行检测，如果不正常，维修或更换网卡。

（6）如果网卡正常，在"本地连接属性"对话框中检查是否有"Internet 协议（TCP/IP）"选项。如果没有，则需要安装该协议；如果有，则双击此项，弹出"Internet 协议（TCP/IP）属性"对话框，然后查看属性设置，一般均设为"自动获取"。

（7）如果网络协议正常，则为其他方面故障，可重新建立 PPPoE 连接重新测试。

3. 网上邻居无法访问

通过网上邻居共享文件和打印机是家庭和小型办公局域网用户的另一种需求，通过网上邻居无法访问网络是一种常见故障。

（1）双击"网络"图标，见不到本机，也见不到其他计算机，主要解决方法是该局域网内的所有计算机执行网络安装向导，并且设置相同的工作组名称。

（2）"网络"中仅能看到本机，看不到其他计算机，主要原因是这些计算机不同属于同一工作组，通过"系统"对话框，单击"更改设置"按钮改变工作组名称。

（3）如按照上述方法将所有计算机设置到同一工作组后，仍旧无法查看计算机，可以通过在地址栏中输入"\\计算机 IP 地址"的形式来测试是否能够访问其他计算机。

（4）当计算机中安装有防火墙软件时，有时会阻止网络共享资源访问，这时，可以先暂时退出防火墙，测试是否可正常访问，如正常，重新启动防火墙，对其"白名单"或者"信任网络"进行设置，添加网络地址，例如，计算机的 IP 地址是 192.168.1.100，则网络地址是 192.168.1.0；

（5）在"网上邻居"上可以看见其他计算机，但是访问时提示没有权限，这时需要对被访问计算机进行权限设置，允许用户访问网络。选择"开始"→"控制面板"→"系统和安全"→"管理工具"→"本地安全策略"→"安全设置"→"本地策略"→"用户权利指派"命令，在策略列表中双"拒绝从网络访问这台计算机"，在弹出的对话框中删除"Guest"用户，如图 8-55 所示。

双击"从网络访问此计算机"列表项，在弹出的对话框中确保"Everyone"组在列表中，如图 8-56 所示。启用该机器上的 Guest 用户。

第8章 网络技术基础

图 8-55　用户权限指派

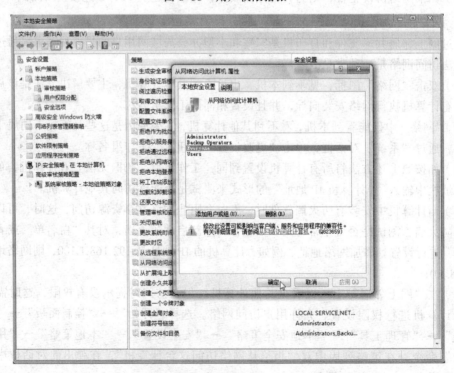

图 8-56　确认 Everyone 组

小结：

解决简单网络故障的步骤是先检查连接的线路和设备是否运转正常，在硬件正常的基础上，检查网络设备和系统的设置是否正确。"网上邻居"所使用的协议也是 TCP/IP，所以要实现在网络上可以相互访问，每台计算机都应具有 IP 地址，并且处于同一网段下。运行"网络安装向导"是事半功倍的方法，在多次尝试都不成功时，可借助"Ping 对方 IP"命令来测试两台机器是否存在连通的链路，存在的话再进行进一步检查，设置后进行重新启动是一个良好的操作习惯。在检测故障时可以适当使用替代法，例如，台式机执行 ADSL 拨号无法连接 Internet 时，可以将 Modem 连接至笔记本测试，如果还不成功，则大多数情况是 ADSL Modem 连接有问题等。

8.4 安 全 风 险

当网络中包含的信息可能是敏感的或具有商业价值时，网络可能会为组织带来潜在的安全风险。

8.4.1 提高网络安全的手段

1. 服务器安全

（1）确保想要登录到服务器的每一个人都有一个有效的登录身份标识（ID），这个登录标识是根据公司的标准建立的。建立身份标示时，每一个用户登录 ID 必须是独一无二的。

（2）确保想要登录到服务器的每一个人都有有效的密码，并且强制用户在设定的时间间隔改变密码，并保证改变后的密码是唯一的。

（3）建立新用户时，确保使用者的名字和资料输入正确，并且设置用户必须在第一次登录网络时改变密码。

（4）做定期的审计，以确保每个用户访问程序和文件的权限正确，防止用户可能调动到了公司的不同位置，但仍然具有对不再需要的某些程序和数据的访问权限。

（5）保证任何一次访问信息的请求都有适当的授权。

（6）删除不再为公司工作的用户。如果用户已调入到另一个分部或远离了主办公地点，根据用户需求改变其权限。

2. 网络安全

（1）网络管理员使用的密码应该定期更改。

（2）和网络管理员一起工作的任何雇员应该有他们自己的登录 ID 和密码设置。如果一个人离开部门或者公司时，网络管理员对这些用户的权限做相应的改变，因为这些用户可能有类似网络管理员的访问权限。

（3）确保对互联网连接设置了防火墙，防火墙的作用是当用户发送或接收信息时检查用户身份标识。实时更新防火墙软件。

（4）如果外网用户获得了访问授权，防火墙应检查这些用户名并记录行为。

（5）使用网络管理软件，限制用户在网络驱动器上的权限，禁止删除任何文件夹。用户可以控制自己的文件和文件夹，但是严格限制用户对其他人的文件、文件夹进行操作。网络人员应该定期检查共享驱动器，整理可能在无意中移至另一个文件夹中的文件或文件夹等。

（6）确保在服务器上安装的防病毒程序是最新的，当用户打开从家里带来的文件或从其他人接收到的文件时，拥有最新版本的反病毒程序，并且在每次用户登录到服务器时执行扫描就显得非常关键了。

（7）利用查看报告或查看反病毒程序所产生的日志这两种方法，对网络进行维修检查工作，确定网络中是否发现了病毒以及这些病毒的状态。有时可能会发现某一用户携带了大量的病毒，这就需要网络人员采取行动去检查该工作站。

（8）鼓励用户在电脑上对 Windows 系统进行最新的更新。特别是，对已经连接到互联网的每个工作站进行安全更新。究竟是由网络管理员进行更新而每个用户在下次登录时对系统进行更新，还是由网络管理员检查每个系统并执行更新或要求用户更新，这取决于电脑、网络的安装方式。

8.4.2　个人隐私

许多用户担心在网络环境中个人隐私被窃取，尽管文件仍然存储在本地驱动器上，而不是任何人都可访问的网络驱动器上。

隐私是一个关键的问题。例如，网络管理员可以访问网络上所有的信息，无论是机密的还是非机密的。机密资料可能会留在共享打印机上、共享文件夹和数据库临时文件中。了解与隐私相关的一些技术知识，有助于处理隐私和安全问题。

（1）如果已成功登录了计算机，登录后离开，那么在这段时间任何使用该计算机的人都能访问本地驱动器并且看到之前的档案。

（2）如果和某些人共用一台计算机，即使其他人用各自的 ID 登录，也可以在本地驱动器上看到你的文件。

（3）一般业务工作规则规定，员工在公司里工作成果是属于公司的，即使在自己的时间里用这台计算机工作，工作成果也是属于公司的。所以，当你完成了工作，要删除文件或先把文件复制到磁盘中再删除该文件的时候，应首先问一下经理的意见，以确保你的做法是否妥当。

8.4.3　计算机病毒

1．计算机病毒的危害

计算机病毒是一种具有破坏性的特殊计算机程序。计算机接入网络很容易受到病毒的攻击。传入某一工作站的病毒会很快传播到其他工作站。有一种称做蠕虫的病毒，专门针对网络上的服务器。这类病毒，通常会使服务器上做一些重复的工作，导致服务器繁忙，不能响应网络上其他计算机提出的要求。

目前，计算机病毒的主要目的已经不仅仅是破坏系统中的数据，木马形式的病毒越来越多，这些病毒的目的是盗取用户的个人信息，使用户遭受经济、名誉等方面的损失。

2．计算机病毒的防范

防范计算机病毒的首要任务是养成安全的使用习惯，例如，杀毒后再使用闪存盘、不打开不明来源邮件的附件、仔细查看网站弹出窗口提示，使用杀毒软件和正版操作系统并定期更新等。

8.5 课后作业

1. 添加一个宽带连接，用户名：100100100，密码：567567，在桌面上创建该连接的快捷方式。

2. 使用命令查看当前计算机的网卡型号，以及连接状态。

3. 使用命令查看本机网卡数量 IP 地址和 MAC 地址。

4. 在 C 盘下建立一个名为"123"的文件夹，设置仅用户 abc 可进行读取。

5. 在什么条件下可共享本机的 Internet 连接？

6. 如何提高无线网络安全性？

7. 不能发现局域网内的其他计算机应该如何处理？

8. 上网学习如何在自己的计算机上搭建 FTP 和 WWW 服务器。

参 考 文 献

[1] 钟山林. 上网实战技术 1000 例[M]. 北京：中国铁道出版社，2009.

[2] 教育部考试中心. 全国计算机等级考试一级 MS Office 教程[M]. 2009 版. 天津：南开大学出版社，2008.

[3] 彭宗勤，张留常，穆杰. Word 专家案例与技巧[M]. 北京：电子工业出版社，2009.

[4] 美国 CCI Learning Solutions Inc. Microsoft Office Word 2007 专业级认证教程[M]. 北京：中国铁道出版社，2010.

[5] FAITHE WEMPEN. PowerPoint 2007 宝典[M]. 田玉敏，译. 北京：人民邮电出版社，2010.

[6] 创锐文化. PowerPoint 2007 幻灯片制作从入门到精通[M]. 北京：中国铁道出版社，2010.

[7] 宋翔. PowerPoint 2007 办公专家从入门到精通[M]. 多媒体版. 北京：希望电子出版社，2008.

[8] 石云. 现代办公 PowerPoint2007 情境案例教学[M]. 北京：电子工业出版社，2009.

[9] 王仲麟. 国际性 MOS EXCEL CORE 2010 认证教材[M]. 台北：碁峰咨询，2011.

[10] 许晞. 计算机应用基础[M]. 北京：高等教育出版社，2007.

[11] 宋翔. Excel 2010 办公专家从入门到精通[M]. 北京：石油工业出版社，2011.